全国高等职业教育规划教材

单片机原理及应用
（C51版）

赵全利　张之枫　主　编
忽晓伟　周　伟
袁红斌　孙爱芬　等编著
刘瑞新　主　审

机械工业出版社

本书在介绍51系列及其兼容单片机的硬件结构、工作原理、指令系统、内部功能、系统扩展的基础上，详尽描述了单片机C语言的知识特点、功能应用及单片机应用系统的开发过程，突显了C51程序在各章节的功能描述和应用项目编程。书中通过大量的例题和由浅入深的单片机应用项目实例，引导读者逐步认识、熟知、实践和应用单片机。各章详细设计了可行性、易操作的实训项目，以加强读者对单片机的实践操作能力；书后配有相关思考与练习，以巩固读者所学的知识。本书思路清晰、概念准确、层次结构分明、注重实践和知识的内在联系与规律，便于自学。

本书依据中国计算机学会高等教育学会最新审定的编写大纲编写，既可作为高职高专电力、电子、自动化、通信、机电及计算机等专业的教学用书，又可作为高等学校同类专业的教学参考用书。

本书配套授课电子课件及电子版程序代码及部分思考与练习答案，读者可登录 www. cmpedu. com 免费注册、审核通过后下载，或联系编辑索取（QQ：1239258369，电话：010-88379739）

图书在版编目(CIP)数据

单片机原理及应用（C51版）/赵全利，张之枫主编．—北京：机械工业出版社，2012. 7（2014. 1 重印）

全国高等职业教育规划教材

ISBN 978-7-111-38631-5

Ⅰ. ①单… Ⅱ. ①赵… ②张… Ⅲ. ①单片微型计算机—高等职业教育—教材 Ⅳ. ①TP368. 1

中国版本图书馆 CIP 数据核字(2012)第 117509 号

机械工业出版社(北京市百万庄大街22号　邮政编码 100037)

责任编辑：王　颖　版式设计：霍永明

责任校对：闫玥红　责任印制：李　洋

北京瑞德印刷有限公司印刷（三河市胜利装订厂装订）

2014年1月第1版第2次印刷

184mm×260mm · 17. 25 印张 · 423 千字

3001—5500 册

标准书号：ISBN 978-7-111-38631-5

定价：35.00 元

凡购本书，如有缺页、倒页、脱页，由本社发行部调换

电话服务	网络服务
社服务中心：(010) 88361066	教材网：http：//www. cmpedu. com
销售一部：(010) 68326294	机工官网：http：//www. cmpbook. com
销售二部：(010) 88379649	机工官博：http：//weibo. com/cmp1952
读者购书热线：(010) 88379203	**封面无防伪标均为盗版**

出版说明

根据《教育部关于以就业为导向深化高等职业教育改革的若干意见》中提出的高等职业院校必须把培养学生动手能力、实践能力和可持续发展能力放在突出的地位，促进学生技能的培养，以及教材内容要紧密结合生产实际，并注意及时跟踪先进技术的发展等指导精神，机械工业出版社组织全国近60所高等职业院校的骨干教师对在2001年出版的“面向21世纪高职高专系列教材”进行了全面的修订和增补，并更名为“全国高等职业教育规划教材”。

本系列教材是由高职高专计算机专业、电子技术专业和机电专业教材编委会分别会同各高职高专院校的一线骨干教师，针对相关专业的课程设置，融合教学中的实践经验，同时吸收高等职业教育改革的成果而编写完成的，具有“定位准确、注重能力、内容创新、结构合理和叙述通俗”的编写特色。在几年的教学实践中，本系列教材获得了较高的评价，并有多个品种被评为普通高等教育“十一五”国家级规划教材。在修订和增补过程中，除了保持原有特色外，针对课程的不同性质采取了不同的优化措施。其中，核心基础课的教材在保持扎实的理论基础的同时，增加实训和习题；实践性较强的课程强调理论与实训紧密结合；涉及实用技术的课程则在教材中引入了最新的知识、技术、工艺和方法。同时，根据实际教学的需要对部分课程进行了整合。

归纳起来，本系列教材具有以下特点：

1）围绕培养学生的职业技能这条主线来设计教材的结构、内容和形式。

2）合理安排基础知识和实践知识的比例。基础知识以“必需、够用”为度，强调专业技术应用能力的训练，适当增加实训环节。

3）符合高职学生的学习特点和认知规律。对基本理论和方法的论述要容易理解、清晰简洁，多用图表来表达信息；增加相关技术在生产中的应用实例，引导学生主动学习。

4）教材内容紧随技术和经济的发展而更新，及时将新知识、新技术、新工艺和新案例等引入教材。同时注重吸收最新的教学理念，并积极支持新专业的教材建设。

5）注重立体化教材建设。通过主教材、电子教案、配套素材光盘、实训指导和习题及解答等教学资源的有机结合，提高教学服务水平，为高素质技能型人才的培养创造良好的条件。

由于我国高等职业教育改革和发展的速度很快，加之我们的水平和经验有限，因此在教材的编写和出版过程中难免出现问题和错误。我们恳请使用这套教材的师生及时向我们反馈质量信息，以利于我们今后不断提高教材的出版质量，为广大师生提供更多、更适用的教材。

机械工业出版社

前　言

随着计算机技术的高速发展和日趋强盛的社会需求，单片机的应用已经广泛深入到各个领域。单片机应用技术已经成为电子技术产业的核心。为了适应新形势下学习单片机的需要，编者从单片机应用开发的角度出发，在多年来高等（职业）教育单片机原理及应用课程教学经验、实践操作、应用项目开发及全国大学生电子（单片机）设计竞赛（获国家奖）辅导实践经验的基础上，结合当前单片机市场应用的特点，编写了本书，以利于广大读者循序渐进地学习单片机，并更加适应各类高职高专及高等院校的教学需要。

事实已经证明，以 C51 系列及兼容单片机组成的单片机应用系统，以其通用性强、价廉、设计灵活等特点而遍及各个领域，有着广泛和稳定增长的市场。

本书以单片机应用为主要目的，结合高等教育各专业的特点，以当前仍处于繁荣之势的 C51 系列及兼容单片机为对象，在介绍单片机基本工作原理及内部资源的基础上，突显了 C51 程序设计及项目实例的开发设计。

本书概念清楚，注重知识的内在联系与规律，采用归纳、类比的方法，系统地介绍了单片机的结构原理及应用系统的组成与设计方法。书中通过大量的例题和由浅入深的单片机应用项目实例，引导读者逐步认识、熟知、实践和应用单片机。各章详细设计了可行性、易操作的实训项目，以加强读者的单片机实践操作能力；书后配有相关思考与练习，以巩固读者所学的知识。

本书是依据中国计算机学会高等教育学会最新审定的编写大纲编写的，所有例题和源程序都经上机调试通过。建议授课学时为 60 课时。本书可作为高职高专相关专业“单片机原理与应用”课程的教学用书，也可作为高等学校同类专业的教学参考用书，同时还可供从事单片机技术开发、应用的工程技术人员阅读和参考。

本书由赵全利、张之枫主编，忽晓伟、周伟、袁红斌、孙爱芬等编著。参与本书编写的还有薛迪杰、马凯、刘云、董锐、陈利娟、周毅、陈军、宋国林、张会敏、曹会群、李会萍、范龙、李锐君、胡楠、王瑶、骆秋容。全书由刘瑞新教授主审，赵全利统稿。在本书编写过程中，得到郭志善和项仕标教授的指导，并提出许多建设性的意见，在此表示感谢。

本书电路图大部分为专用单片机电路设计及仿真软件实际制作图。受环境限制，书中部分原理图使用了一般符号表示。为此，附录中特附“非标准符号与国标的对照表”，以便于读者查阅。

计算机硬件技术发展速度很快，限于编者水平，书中难免有不足和遗漏之处，恳请老师、同学及读者朋友们提出宝贵意见和建议。

编　者

目　录

第1章　单片机的基础知识

本章主要介绍单片机及其相关的基础知识，包括单片机基本概念、特点、应用领域及单片机系列产品；与单片机相关的常用的数制及其不同数制相互间的转换及编码。在本章最后，介绍了单片机应用系统的组成，并通过一个简单的单片机实训项目，引导读者对单片机应用有一个初步的了解，以激发读者学习单片机的兴趣。

1.1　单片机简介

1.1.1　单片机的基本概念

在一块集成电路芯片上集成了由微处理器、存储器、输入接口、输出接口、定时器/计数器、中断等基本电路构成的单片微型计算机，简称为单片机（Single Chip Microcomputer）。

单片机有较强的控制功能，这主要取决于单片机结构上的设计，包括在单片机硬件、指令系统及I/O处理功能等方面都有独到之处。虽然单片机只是一个芯片，但无论从组成还是从其逻辑功能上来看，它都具有微机系统的含义。只需要对单片机外加所需的输入、输出设备及简单的接口电路，在其软件的支持下，就能够很方便地组成一个单片机应用系统。

1.1.2　单片机技术的发展历程和趋势

1976年，Inter公司推出了MCS-48系列8位单片机，该单片机以体积小、功能全、价格低等自身魅力得到了广泛的应用，成为单片机发展过程中的一个重要标志。

MCS-48系统的成功应用，使单片机系列及单片机应用技术迅速发展，到目前为止，世界各地厂商已相继研制出大约50个系列、300多个品种的单片机产品。代表产品有Intel公司的MCS-51系列（以下简称为51系列）机（8位机）、Motorola公司的MC6801系列机、Zilog公司的Z-8系列机等。单片机的应用领域不断得到扩大，除了在工业控制、智能化仪器仪表、通信、家用电器等领域应用外，在智能化、高档电子玩具产品中也大量采用单片机作为核心控制部件。

在8位单片机的基础上，又推出超8位单片机，其功能进一步加强，同时16位单片机也相继产生，代表产品有Intel公司的MCS-96系列以及ATMEL推出的AVR单片机。随着集成电路的发展，随之出现内核为32位的ARM处理器，并得到大范围的推广。

然而，在单片机家族的众多成员中，51系列单片机以其优越的性能、成熟的技术及高可靠性和高性能价格比，迅速占领了工业测控和自动化工程应用的主要市场，成为国内单片机应用领域中的主流。应用领域大量需要的仍是性价比较高的8位单片机，世界各大单片机厂商都在MCS-51上投入了大量的资金和人力。目前，市场上的主流产品是51系列兼容机：由STC公司推出的高性价比的STC89系列单片机和Atmel公司生产的AT89系列单片机。

目前，单片机正朝着高性能和多品种发展，51系列单片机仍能满足绝大多数应用领域的需要。可以肯定，以51系列为主流的兼容单片机，将在今后相当长的一段时期内仍然占据单片机应用的主导地位。

1.1.3 单片机系列产品的介绍

除了Inter公司的51系列单片机，当前各种系列单片机也得到普遍应用。单片机系列产品主要有以下几种。

1. PIC单片机

PIC单片机是Microchip公司的产品。该单片机的特点是：体积小、功耗低、精简指令集、抗干扰性好、可靠性高、有较强的模拟接口、代码保密性好、大部分芯片有其兼容的Flash程序存储器的芯片。

2. STC单片机

STC单片机是由深圳宏晶科技生产的51内核单片机。该单片机是新一代增强型产品，其特点是可实现在线编程（ISP）下载方式。STC单片机软硬件完全兼容传统8051，但其功能大大增强，速度较8051要快8～12倍，大部分产品内置A/D转换功能、多路脉冲宽度调制（PWM）、多串口，程序加密性好，抗干扰能力强。

3. EMC单片机

EMC单片机是中国台湾的产品。该产品大部分与PIC单片机兼容，并且资源比PIC多，价格低，但抗干扰能力较差。

4. ATMEL公司的单片机

ATMEL公司的8位单片机有AT89、AT90两个系列。AT89系列是与8051系列单片机软硬件兼容的8位单片机，内置Flash，静态时钟模式；AT90系列单片机是增强精简指令集计算机（RISC）结构、全静态工作方式、内载在线可编程Flash的单片机，也称为AVR单片机，AVR还包括有16位单片机。

5. 51LPC系列单片机（51单片机）

51LPC系列单片机是Philips公司的产品。该产品是基于80C51内核的单片机，嵌入了掉电检测、模拟以及片内*RC*振荡器等功能，这使51LPC在高集成度、低成本、低功耗的应用设计中可以满足多方面的性能要求。

6. TI公司单片机（51单片机）

德州仪器单片机产品主要有TMS370和MSP430两大系列。TMS370系列单片机是8位互补金属氧化物半导体（CMOS）单片机，具有多种存储模式、多种外围接口模式，适用于复杂的实时控制场合；MSP430系列单片机是一种超低功耗、功能集成度较高的16位低功耗单片机，特别适用于要求功耗低的场合。

7. 凌阳单片机

凌阳单片机是中国台湾的产品，有8位处理器及自主知识产权的μ'nSP内核16位单片机，目前推出其32位的S＋core微处理器。该16位单片机有功能强、效率高的指令系统，低功耗、低电压，并且有较强的语音功能，内部有较大的Flash存储，抗干扰能力较好。

1.1.4 单片机的特点及应用

单片机以其自身的特点，已渗透入各个应用领域中。

单片机的主要特点是体积小、功耗低、价格低廉、使用方便、控制功能强，便于进行位运算且具有逻辑判断、定时计数等多种功能。

单片机的主要应用领域如下。

1）智能仪器仪表。该仪表设备内嵌单片机且具有智能化的测量仪器。

2）智能家用电器。目前各种家用电器普遍采用单片机取代传统的控制电路，如全自动洗衣机、电冰箱、空调、彩色电视机、微波炉、电风扇及高级电子玩具等。由于配上了单片机，所以其功能增强，深受用户的欢迎。

3）实时工业控制。工业实时控制系统的快速发展很大程度上归功于单片机，如数控机床、工业生产线、可编程序顺序控制等。

4）机电一体化。机电一体化是机械工业发展的方向，机电一体化产品是指集机械技术、微电子技术、计算机技术于一体，具有智能化特征的机电产品。

单片机除以上各方面应用之外，还广泛应用于办公自动化领域（如复印机）、汽车电路、通信系统（如手机）、计算机外围设备等，成为计算机发展和应用的一个重要方向。

单片机应用系统设计灵活，在系统硬件不变的情况下，可通过不同的程序实现不同的功能，因此，从根本上改变了传统控制系统的设计思想和设计方法。过去必须由模拟电路、数字电路及继电器控制电路实现的大部分功能，现在已能用单片机并通过软件方法实现。随着软件技术的飞速发展，各种软件系列产品的大量涌现，可以极大地简化硬件电路。“软件就是仪器”已成为单片机应用技术发展的主要特点，这种以软件取代硬件并能提高系统性能的控制技术，称为微控制技术。微控制技术标志着一种全新概念的出现，是对传统控制技术的一次革命。随着单片机应用的推广普及，单片机技术无疑将是21世纪最为活跃的新一代电子应用技术。随着微控制技术（以软件代替硬件的高性能控制技术）的发展，单片机的应用必将导致传统控制技术发生巨大变革。

单片机应用系统是典型的嵌入式系统。单片机以较小的体积、现场运行环境的可靠性满足了许多对象的嵌入式应用要求。在嵌入式系统中，单片机是最重要，也是应用最多的智能核心器件。

将单片机系统嵌入到对象体系中后，单片机就成为对象体系的专用指挥中心。嵌入式系统的广泛应用和不断发展的美好前景，极大地影响着每个人的学习、工作、生活。嵌入式计算机系统就在人们身边，人们必须适应这一新形势的变化，改变传统的处理问题的方式，以求嵌入式系统给人类带来更加舒适的生活方式和工作环境。

1.2 数制和编码

单片机就是一个由超大规模数字集成电路组成的计算机。由于计算机只能识别二进制数据，为了便于理解、掌握计算机的工作原理及其存储数据、处理数据的方法，在这一节中简单介绍与计算机相关的数制与编码的基础知识。

1.2.1 数制

计算机科学技术的发展在不断地改变着世界，计算机具有的神奇般的功能以及它对人类社会所产生的重大影响，使一些人仍然把它看得十分神秘。其实，计算机只是一种以二进制数据形式内部存储信息、以程序存储为基础、由程序自动控制的电子设备。

在计算机中，由于所采用的电子逻辑器件仅能存储和识别两种状态的特点，所以计算机内部的一切信息存储、处理和传送均采用二进制数的形式。可以说，二进制数是计算机硬件能直接识别并进行处理的惟一形式。

人们需要计算机所做的任何工作，都必须以计算机所能识别的指令形式转换为二进制数据送入计算机内存中。一条条有序指令的集合称为程序。计算机的工作过程也就是执行程序的过程，计算机所做的任何工作都是执行程序的结果。可以说，二进制数据存储信息和程序存储是计算机的基本工作机制。

数制就是计数方式。人们在日常生活中一般都是用十进制来计数的，而计算机内部使用的是二进制数据，在向计算机输入数据及计算机输出数据时，一般都是按十进制或者十六进制处理的。因此，计算机在处理数据时，必须进行各种数制之间的相互转换。

1. 二进制数

二进制数只有两个数字符号：0 和 1。计数时按“逢二进一”的原则进行计数，也称其基数为二。一般情况下，二进制数可表示为 $(110)_2$ $(110.11)_2$ 10110B 等。

根据位权表示法，每一位二进制数在其不同位置表示不同的值。例如：

1 → 1（即2^0）

1+1=10 → 2（即2^1）

1+1+1+1=100 → 4（即2^2）

1+1+1+1+1+1+1+1=1000 → 8（即2^3）

对于 8 位二进制数（由低位～高位分别用 D0～D7 表示），则各位所对应的权值为

2^7	2^6	2^5	2^4	2^3	2^2	2^1	2^0
D7	D6	D5	D4	D3	D2	D1	D0

对于任何二进制数，可按位权求和展开为与之相应的十进制数，则有

$$(10)_2=1\times2^1+0\times2^0=(2)_{10}$$

$$(11)_2=1\times2^1+1\times2^0=(3)_{10}$$

$$(101)_2=1\times2^2+0\times2^1+1\times2^0=(5)_{10}$$

$$(111)_2=1\times2^2+1\times2^1+1\times2^0=(7)_{10}$$

$$(1101)_2=1\times2^3+1\times2^2+0\times2^1+1\times2^0=(13)_{10}$$

$$(10101)_2=1\times2^4+0\times2^3+1\times2^2+0\times2^1+1\times2^0=(21)_{10}$$

例如，二进制数 10110111，按位权展开求和计算可得

$$\begin{aligned}(10110110)_2&=1\times2^7+0\times2^6+1\times2^5+1\times2^4+0\times2^3+1\times2^2+1\times2^1+0\times2^0\\&=128+0+32+16+0+4+2+0\\&=(182)_{10}\end{aligned}$$

对于含有小数的二进制数，小数点右边第一位小数开始向右各位的权值分别为

$$.2^{-1}\quad 2^{-2}\quad 2^{-3}\quad 2^{-4}\quad\cdots$$

例如，二进制数 10110.101，按位权展开求和计算可得

$$(10111.111)_2 = 1\times2^4+1\times2^2+1\times2^1+1\times2^0+1\times2^{-1}+1\times2^{-2}+1\times2^{-3}$$
$$=16+4+2+1+0.5+0.25+0.125$$
$$=(23.875)_{10}$$

必须指出，在计算机中，一个二进制数（如8位、16位或32位）既可以表示数值，又可以表示一种符号的代码，还可以表示某种操作（即指令、机器码），计算机在程序运行时按程序的规则自动识别，这就是本节开始所述及的，一切信息都是以二进制数据进行存储的。

2. 十六进制数

十六进制数是学习和研究计算机中二进制数的一种比较方便的工具。计算机在信息输入和输出或书写相应程序或数据时，可采用简短的十六进制数表示相应的位数较长的二进制数。

十六进制数有16个数字符号，其中0~9与十进制相同，剩余6个为A~F，分别表示十进制数的10~15，见表1-1。十六进制数的计数原则是逢“十六进一”，也称其基数为十六，整数部分各位的权值由低位到高位分别为16^0、16^1、16^2、16^3…。例如：

$$(15)_{16}=1\times16^1+5\times16^0=(21)_{10}$$
$$(\mathrm{EDC})_{16}=14\times16^2+13\times16^1+12\times16^0=(3804)_{10}$$

为了便于区别不同进制的数据，一般情况下可在数据后跟一扩展名：

二进制数用“B”表示，如100110B。

十六进制数用“H”表示，如EDCH。

十进制数用“D”表示，如34D或34。

表1-1　十进制、二进制、十六进制对应数的转换关系表

十　进　制	二　进　制	十六进制	十　进　制	二　进　制	十六进制
0	0000	0	8	1000	8
1	0001	1	9	1001	9
2	0010	2	10	1010	A
3	0011	3	11	1011	B
4	0100	4	12	1100	C
5	0101	5	13	1101	D
6	0110	6	14	1110	E
7	0111	7	15	1111	F

3. 不同数制之间的转换

前已述及，计算机中的数只能用二进制表示，十六进制数只适合人们读写方便的需要，在日常生活中使用的是十进制数。因此，计算机必须根据需要对各种进制数据进行转换。

（1）二进制数转换为十进制数

对任意二进制数均可按权值展开，将其转化为十进制数。例如：

$$10110110\mathrm{B}=1\times2^7+0\times2^6+1\times2^5+1\times2^4+0\times2^3+1\times2^2+1\times2^1+0\times2^0=182$$
$$10111.001\mathrm{B}=1\times2^4+0\times2^3+1\times2^2+1\times2^1+1\times2^0+0\times2^{-1}+0\times2^{-2}+1\times2^{-3}=23.125\mathrm{D}$$

（2）十进制数转换为二进制数

1）方法1。十进制数转换为二进制数，可对整数部分和小数部分分别进行转换，然后合并。其中整数部分可采用“除2取余法”进行转换。小数部分可采用“乘2取整法”进行转换。

例如：采用“除2取余法”将37D转换为二进制数。

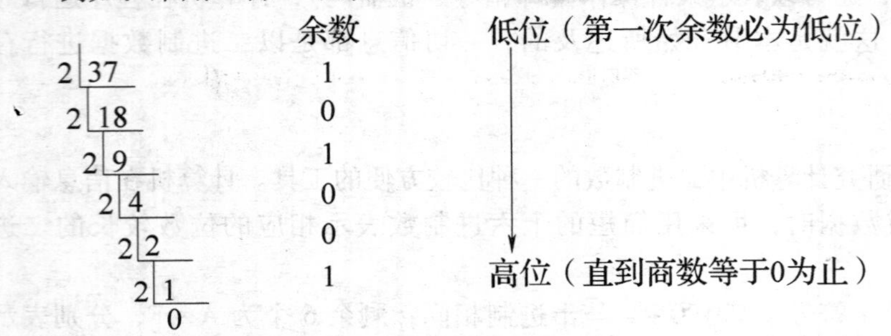

把所得余数由高到低排列出来可得

$$37 = 100101\text{B}$$

例如：采用“乘2取整法”将0.625转换为二进制数小数。

```
  0.625
×     2
———————
  1.250  ——取整数1     高位（第一次整数1必为二进制数小数权值
×     2                     最高位）
———————                  |
  0.500  ——取整数0        |
×     2                   ↓
———————
  1.000  ——取整数1     低位
```

把所得整数由高到低排列起来可得

$$0.625 = 0.101\text{B}$$

同理，把37.625转换为二进制数，只需要将以上转换合并起来，可得

$$37.625 = 100101.101\text{B}$$

2）方法2。可将十进制数与二进制数位权从高位到低位进行比较，若十进制数大于或等于二进制某位权值，则该位取“1”，否则该位取“0”，采用按位分割法进行转换。

例如：将37.625转换为二进制数。

2^7	2^6	2^5	2^4	2^3	2^2	2^1	2^0
128	64	32	16	8	4	2	1
0	0	1	0	0	1	0	1

将整数部分37与二进制各位权值从高位到低位进行比较，$37 > 32$，则该位取1，剩余$37 - 32 = 5$，逐位比较，得00100101B。

将小数部分0.625按同样方法，得0.101B。

结果为37.625D = 100101.101B。

（3）二进制数与十六进制数的相互转换

在计算机进行输入、输出时，常采用十六进制数。可将十六进制数看做是二进制数的简化表示。因为$2^4=16$，所以4位二进制数相当于1位十六进制数，其二进制、十进制、十六进制对应数的转换关系见表1-1。

在将二进制数转换为十六进制数时，其整数部分可由小数点开始向左每4位为一组进行分组，直至高位。若高位不足4位，则补0使其成为4位二进制数，然后按表1-1所示的对应关系进行转换。其小数部分由小数点向右每4位为一组进行分组，不足4位则末位补0，使其成为4位二进制数，然后按表1-1所示的对应关系进行转换。

例如：1000101B =0100 0101B =45H

10001010B =1000 1010B =8AH

100101. 101B =0010 0101. 1010B =25. AH

若当需要将十六进制数转换为二进制数时，则为上述方法的逆过程。

例如：45. AH =0100 0101. 1010 B

例如：7ABFH = 0111 1010 1011 1111 B

7 A B F

即7ABFH =111101010111111B。

（4）十进制数与十六进制数的相互转换

十进制数与十六进制数的相互转换可直接进行，也可先转换为二进制数，然后再把二进制数转换为十六进制数或十进制数。

例如：将十进制数37D转为十六进制数，即

37D =100101B = =00100101B =25H

1.2.2 编码

计算机通过输入设备（如键盘）输入信息和通过输出设备输出信息有多种形式，既有数字符号表示的数值型数据，又有字符、字母及汉字等符号表示的非数值型数据。计算机内部所有数据均用二进制代码的形式表示。前面所提到的二进制数，没有涉及正、负符号问题，实际上是一种无符号数的表示。在解决实际问题中，有些数据确有正、负之分。为此，需要对常用的数据及符号等进行编码，以表示不同形式的信息。这种以编码形式所表示的信息既便于存储，又便于由输入设备输入、输出设备输出相应的信息。

1. 二进制数的编码

（1）机器数与真值

一个数在计算机中的表示形式叫做机器数，而这个数本身（含符号“+”或“-”）称为机器数的真值。通常在机器数中，用最高位“1”表示负数，“0”表示正数（以下均以8位二进制数为例）。

例如，设两个数为N1、N2，其真值为

N1 =105 = +01101001B

N2 = -105 = -01101001B

则对应的机器数为

N1 =0 1101001B(最高位“0”表示正数)

N2 =1 1101001B(最高位“1”表示负数)

必须指出，对于一个有符号数，可因其编码不同而有不同的机器数表示法，如下面将要介绍的原码、反码和补码。

（2）原码、反码和补码

1）原码。按上所述，正数的符号位用“0”表示，负数的符号位用“1”表示，其数值部分随后表示，称为原码。

仍以上面 N1、N2 为例，则

$$[N1]_{原}=0\ 1101001B$$

$$[N2]_{原}=1\ 1101001B$$

原码表示方法简单，便于与真值进行转换。但在进行减法时，为了把减法运算转换为加法运算（计算机结构决定了加法运算），必须引进反码和补码。

2）反码、补码。

在计算机中，任何有符号数都是以补码形式存储的。

对于正数，其反码、补码与原码相同。

例如： $N1=+105$

则 $[N1]_{原}=[N1]_{补}=[N1]_{反}=01101001B$

对于负数，其反码为原码的符号位不变，其数值部分按位取反。

例如： $N2=-105$

则 $[N2]_{原}=11101001B$

$[N2]_{反}=10010110B$

负数的补码为原码的符号位不变，其数值部分按位取反后再加 1（即负数的反码 +1），称为求补。

例如： $N2=-105$

则 $[N2]_{补}=[N2]_{反}+1$

$=10010110B+1=10010111B$

如果已知一个负数的补码，对该补码再进行求补码（即一个数的补码的补码），就可得到该数的原码，即 $[[X]_{补}]_{补}=[X]_{原}$，而求出真值。

例如：已知 $[N2]_{补}=10010111B$

$[N2]_{原}=11101000B+1=11101001B$

可得真值：$N2=-105$

必须指出，所有负数在计算机中都是以补码形式存放的。对于 8 位二进制数，作为补码形式，它所表示的范围为 −128 ~ +127；而作为无符号数，它所表示的范围为 0 ~ 255。对于 16 位二进制数，作为补码形式，它所表示的范围为 −32 768 ~ +32 767；而作为无符号数，它所表示的范围为 0 ~ 65 536，因而，计算机中存储的任何一个数据，由于解释形式的不同，所代表的意义也不同，计算机在执行程序时自动地进行识别。

例如，某计算机存储单元的数据为 84H，其对应的二进制数表现形式为 10000100B。若将该数解释为无符号数编码，则其真值为 128 +4 =132；若将该数解释为有符号数编码，最高位为 1 可确定为负数的补码表示，则该数的原码为 11111011B +1B =11111100B，其真值为 −124；若将该数解释为 BCD 编码，则其真值为 84D（下面介绍）；若该数作为 8051 单片机指令时，则表示一条除法操作（见附录 A）。

2. 二-十进制编码

二-十进制编码又称为 BCD 编码。它既具有二进制数的形式，便于存储，又具有十进制数的特点，便于进行运算和显示结果。在 BCD 码中，用 4 位二进制代码表示 1 位十进制数。常用的 8421BCD 码的对应编码见表 1-2。

表 1-2　常用的二-十进制编码（8421BCD 码）的对应编码

十进制数	8421BCD 码	十进制数	8421BCD 码
0	0000B（0H）	5	0101B（5H）
1	0001B（1H）	6	0110B（6H）
2	0010B（2H）	7	0111B（7H）
3	0011B（3H）	8	1000B（8H）
4	0100B（4H）	9	1001B（9H）

例如，将 27 转换为 8421BCD 码，即

$$27D = (0010\ 0111)_{8421BCD码}$$

将 105 转换为 8421BCD 码，即

$$105D = (0001\ 0000\ 0101)_{8421BCD码}$$

因为在 8421BCD 码中只能表示 0000B ~ 1001B（0 ~ 9）这 10 个代码，不允许出现代码 1010B ~ 1111B（因其值大于 9），所以，计算机在进行 BCD 加法（即二进制加法）过程中，若和的低 4 位大于 9（即 1001B）或低 4 位向高 4 位有进位时，为保证运算结果的正确系性，低 4 位必须进行加 6 修正。同理，若和的高 4 位大于 9（即 1001B）或高 4 位向更高 4 位有进位时，为保证运算结果的正确性，高 4 位必须进行加 6 修正。

例如：$17 = (0001\ 0111)_{8421\ BCD}$

$24 = (0010\ 0100)_{8421\ BCD}$

17 + 24 = 41 在计算机中的操作为

```
  00010111B
 +0010 0100B
 ───────────
  00111011B  ←——— 个位超过9，结果错误。
 +0000 0110B ←——— 进行加6修正
 ───────────
  01000001B  ←——— (01000001) 8421BCD=41D，结果正确。
```

3. ASCII 码

以上介绍的是计算机中的数值型数据的编码，对于计算机中非数值型数据，如十进制数字符号：“0”，“1”，…，“9”，（不是指数值）；26 个大小写英文字母。键盘专用符号：“#”、“$”、“&”、“+”、“=”。键盘控制符号：“CR”（回车）、“DEL” 等。

上述这些符号在由键盘输入时，不能直接装入计算机，而必须将其转换为特定的二进制代码（即将其编码），以二进制代码所表示的字符数据的形式装入计算机。

ASCII（American Standard Code for Information）码是一种国际标准信息交换码，它利用 7 位二进制代码来表示字符，再加上 1 位校验位，故在计算机中用 1 个字节 8 位二进制数来表示一个字符，这样有利于对这些数据进行处理及传输。常用字符的 ASCII 码见表 1-3。

表 1-3 常用字符的 ASCII 码

字　符	ASCII 码	字　符	ASCII 码
0	00110000B（30H）	C	01000011B（43H）
1	00110001B（31H）	⋮	⋮
2	00110010B（32H）	a	01100001B（61H）
⋮	⋮	b	01100010B（62H）
9	00111001B（39H）	c	01100011B（63H）
A	01000001B（41H）	⋮	⋮
B	01000010B（42H）	CR（回车）	00001101B（0DH）

例如，字符“A”的 ASCII 码为 41H（65）。

字符“B”的 ASCII 码为 42H（66）。

字符“1”的 ASCII 码为 31H（49）。

字符“2”的 ASCII 码为 32H（50）。

<Enter>（回车）键的 ASCII 码为 0DH（13）。

1.3 单片机应用系统的组成

单片机已经被广泛应用在工业控制、仪器仪表、家用电器产品等各个领域。尽管单片机应用系统因组成不同，其规模有着较大的差别，但其系统整体结构与一般计算机系统是一样的，主要包括单片机硬件系统和软件系统。

1. 单片机的硬件系统

单片机硬件系统包括单片机（芯片），输入、输出接口电路，输入、输出设备，通信口及标准总线等。

1）在一般简单系统中，单片机芯片（如 89S51）的内部功能是能够满足对象控制需求的。当单片机内部功能不能满足对象要求时，可以通过单片机芯片并行总线引脚进行系统扩展，构成功能更强的单片机系统，以满足控制对象的要求。

2）输入、输出接口电路是单片机与外部设备进行信息交换的桥梁。单片机自身提供的地址线（AB）、控制线（CB）和数据线（DB）必须通过接口电路与外部设备连接在一起，以实现对外部设备（对象）的控制要求。对于 51 系列单片机来说，可提供地址线为 16 位、数据线 8 位及若干个控制（位）线。在任一时刻，地址线上的地址信息唯一对应某一存储单元或外部设备；数据线用于单片机与存储单元或外部设备进行数据交换；单片机 CPU 产生的控制信号是通过控制线向存储器或外部设备发出控制命令的。

3）输入、输出设备即单片机需要控制的对象。输入设备一般指键盘、数据采集系统的传感器、触摸屏等；输出设备一般是指显示器、控制系统的伺服驱动等设备。

4）单片机应用系统的控制程序必须通过单片机开发环境调试后，由上位机（PC）通过编程器或编程软件直接下载到单片机的程序存储器中，单片机才能独立工作。因此，单片机必须通过通信口和 PC 标准总线，以实现与上位机的通信。

5）单片机应用系统硬件组成按其系统扩展及配置状况，可分为最小系统、最小功耗系统、典型系统等。单片机最小应用系统是指单片机嵌入一些简单的控制对象（如开关状态的输入/输出控制等），并能维护单片机运行的控制系统。这种系统成本低，结构简单，其功能完全取决于单片机芯片技术的发展水平。单片机最小功耗应用系统使系统功耗最小，当设计该系统时，必须使系统内所有器件及外设都有最小的功耗。最小功耗应用系统常用在一些袖珍式智能仪表及便携式仪表中。单片机典型系统一般是指通过系统扩展后的系统。

单片机典型应用系统也是单片机控制系统的一般模式，它是单片机要完成（工业）检测、控制功能必须具备的硬件结构系统。其系统框图如图 1-1 所示。

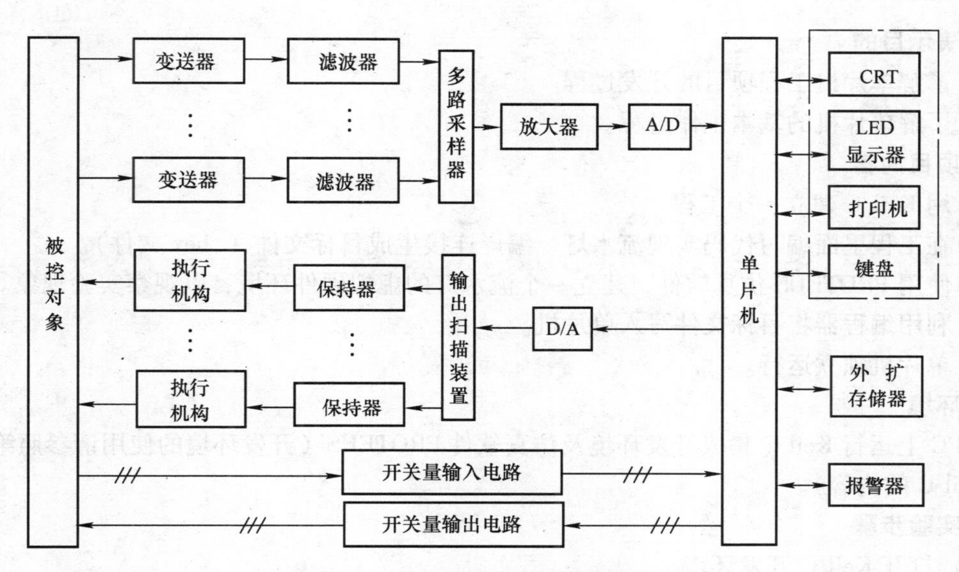

图 1-1　单片机典型应用系统框图

下面简要说明图中主要部分的作用。

通过变送器把被控对象的物理量转换成标准的模拟电量（例如，把 0～500℃ 温度转换成 4～20mA 标准直流电流）输出。该输出经滤波器滤除输入通道的干扰信号，然后送入多路采样器中。多路采样开关分时地对多个模拟量进行采样、保持，在应用程序的控制下，A/D 转换器能将某时刻的模拟量转换成相应的数字量，然后该数字量输入单片机。单片机根据程序所实现的功能要求，在对输入的数据进行运算处理后，经输出通道输出相应的数字量，该数字量经 D/A 转换器转换为相应的模拟量，该模拟量经保持器控制相应的执行机构，对被控对象的相关参数进行调节，从而控制被调参数的物理量，使之按照程序给定规律变化。这样的系统也称为单片机闭环控制系统。

2. 单片机软件系统

单片机的软件系统包括系统软件和应用软件。应用软件是用户为实现系统功能要求编写的程序，系统软件是处于底层硬件和应用软件之间的桥梁。但是，由于单片机的资源有限，应综合考虑设计成本及单片机运行速度等因素，所以设计者必须在系统软件和应用软件实现的功能与硬件配置之间，仔细地寻求平衡。

单片机的系统软件构成有以下两种模式。

1）监控程序。用非常紧凑的代码，编写系统的底层软件。这些软件实现的功能，往往是实现系统硬件的管理及驱动，并内嵌一个用于系统开机初始化等功能的引导（BOOT）模块。

2）操作系统。当前已有许多种适合 8～32 位单片机的操作系统进入实用阶段，在操作系统的支持下，嵌入式系统会具有更好的技术性能，如：程序的多进程结构；与硬件无关的设计特性；系统的高可靠性；软件开发的高效率等。

1.4 实训项目一　单片机实现流水灯仿真过程演示

1. 演示目的

1）了解单片机工程项目的开发过程。

2）了解单片机的基本工作过程。

2. 项目内容

1）用 Keil C 建立一个工程。

2）在工程里面编写代码实现流水灯，编译连接生成目标文件（. hex 文件）。

3）使用 PROTEUS 仿真软件，建立一个流水灯的虚拟硬件环境，以观察实验现象。

4）利用编程器将目标文件写入单片机。

5）单片机独立运行。

3. 环境

在 PC 上运行 Keil C 集成开发环境及仿真软件 PROTEUS（开发环境的使用请参照第 4 章关于 Keil C 的内容）。

4. 实验步骤

（1）打开 Keil C 开发环境

新建工程 Project1。在工程内新建一个源程序文件，输入下列代码后文件名保存为 main. asm。

```
        ORG 0000H
   INIT: MOV    A,    #7FH          ; FEH 为点亮第一个发光二极管的代码
  START: MOV    P1,    A            ; 点亮 P1.7 位控制的发光二极管
         LCALL  DELAY               ; 调用延迟一段时间的子程序
         RR     A                   ; "0" 右移一位
         SJMP   START               ; 不断循环
  DELAY: MOV    R0,   #00H          ; 延时子程序入口
     LP: MOV    R1,   #00H
    LP1: DJNZ   R1,   LP1
         DJNZ   R0,   LP
         RET                        ; 子程序返回
         END
```

（2）编译连接

对源程序文件进行编译，生成扩展名为 hex 的目标文件，工程窗口如图 1-2 所示。

（3）仿真调试

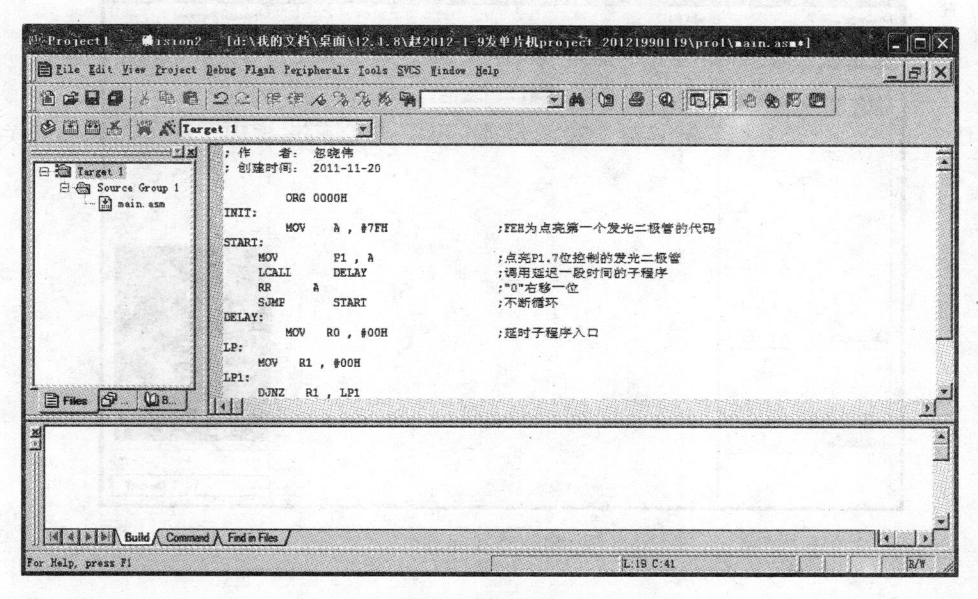

图 1-2 工程窗口

1）打开仿真软件 PROTEUS，添加新元器件如图 1-3 所示。单击对象，然后选择P，打开如图 1-4 所示的查找元器件对话框，在对话框中输入 89C51，选择 AT89C51，单击“OK”按钮将 AT89C51 加入工程。按照上述方法，分别添加晶振（CRYSTAL）、发光二极管（LED－YELLOW）、按钮（BUTTON）、普通电容（CAP），电解电容（CAP-POL）以及电阻（RES）。添加完成之后的元器件列表如图 1-5 所示。

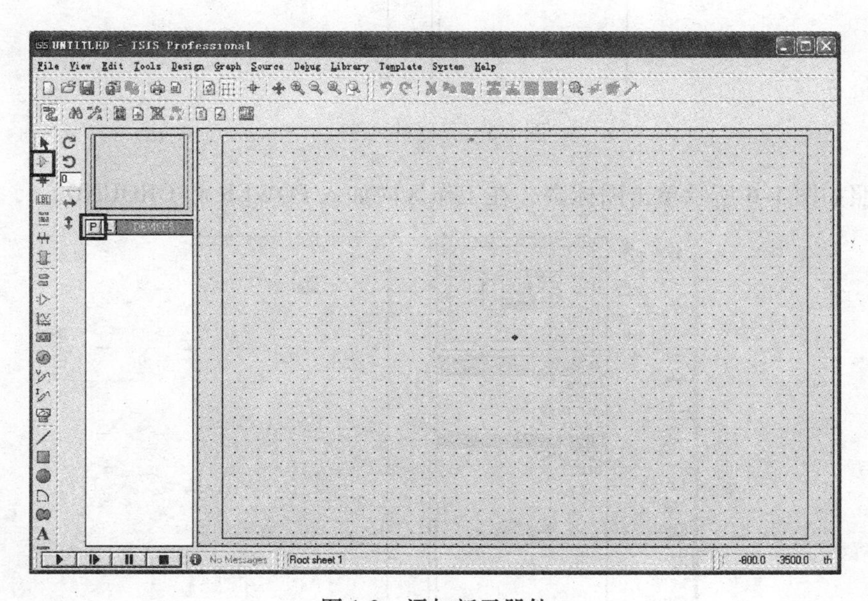

图 1-3 添加新元器件

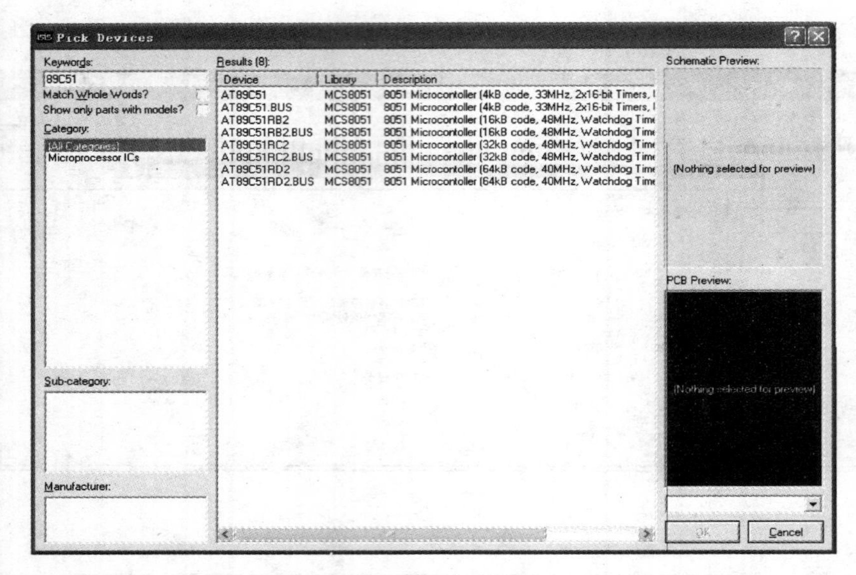

图 1-4　查找元器件

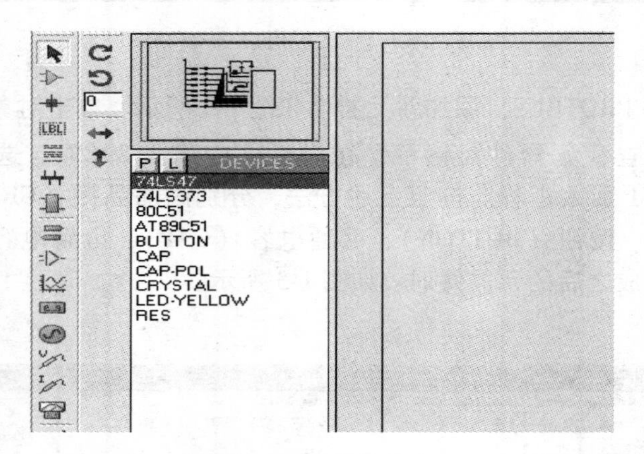

图 1-5　元器件列表

2）按照如图 1-6 所示单击图标，在工作区内加入 POWER 和 GROUND。

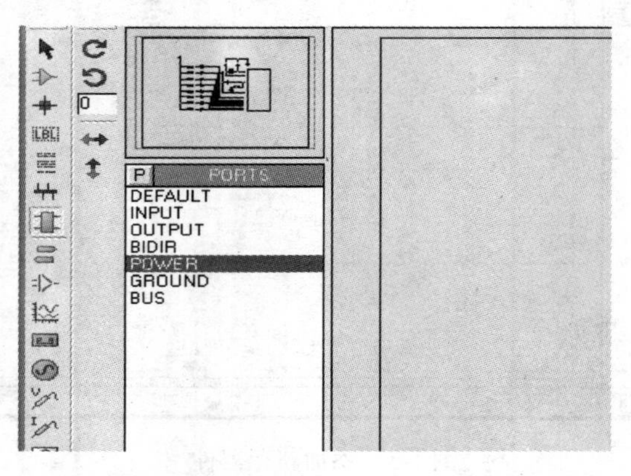

图 1-6　在工作区内加入 POWER 和 GROUND

3）将各种元器件放入工作区，双击工作区内的电阻图标，出现如图 1-7 所示的“修改电阻值”对话框，将电阻值改为 200Ω，然后连接各个元器件，形成如图 1-8 所示的单片机流水灯硬件电路图。

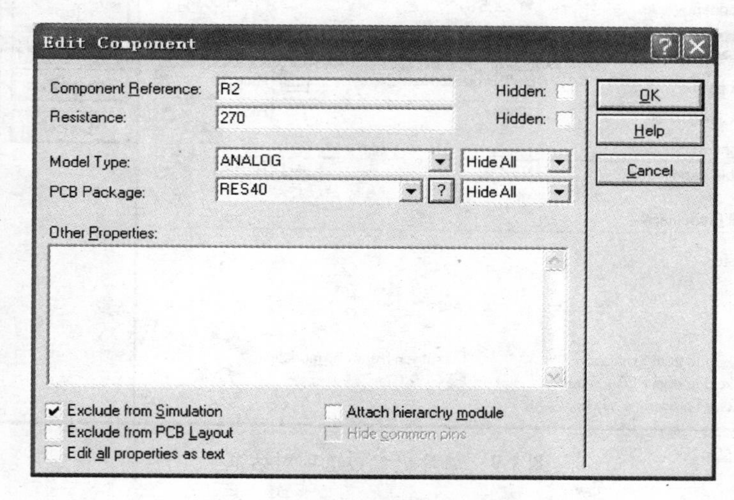

图 1-7 “修改电阻值”对话框

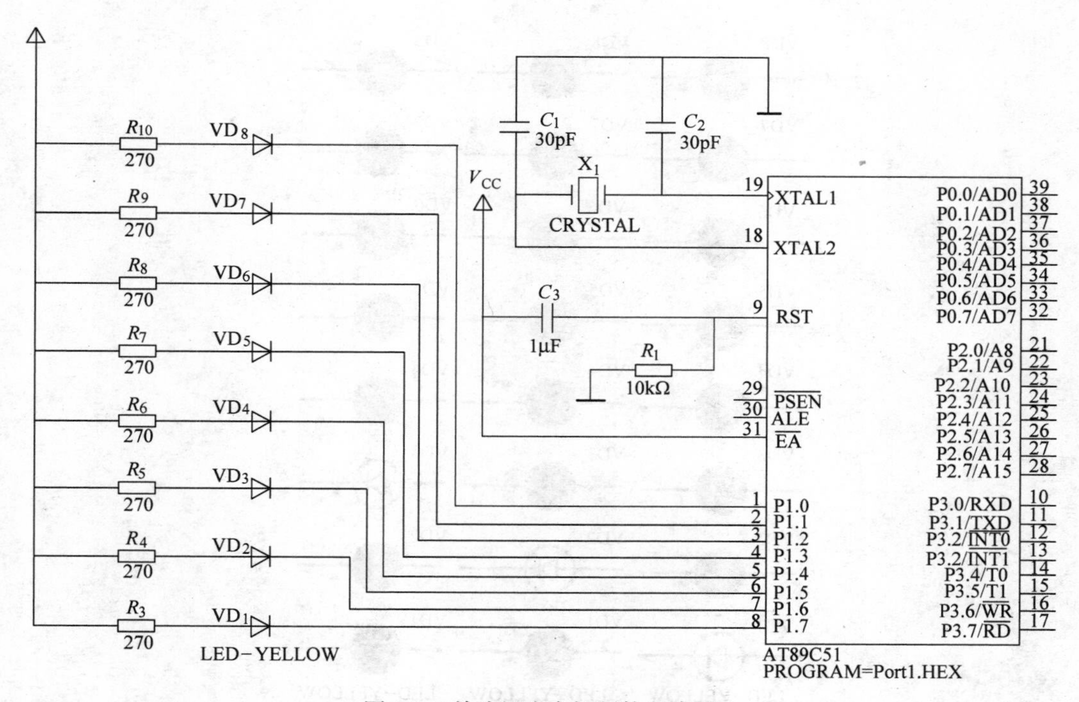

图 1-8 单片机流水灯硬件电路图

4）双击图 1-8 中的单片机，弹出单片机参数选项对话框，如图 1-9 所示，单击按钮，选择步骤 3）生成的 Project1. hex 文件，并将晶振（Clock Frequency）设置为 12MHz，单击“OK”按钮完成设置。

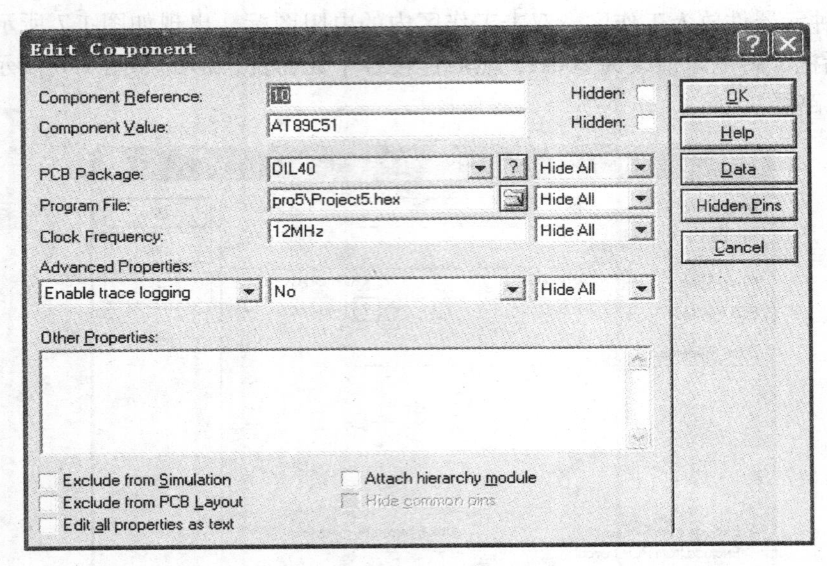

图 1-9　单片机参数选项对话框

5）在图 1-3 中左下角单击 ▶ 按钮，系统进行仿真，可观察到数码管从下到上循环点亮，实现流水灯，仿真实验结果如图 1-10 所示。

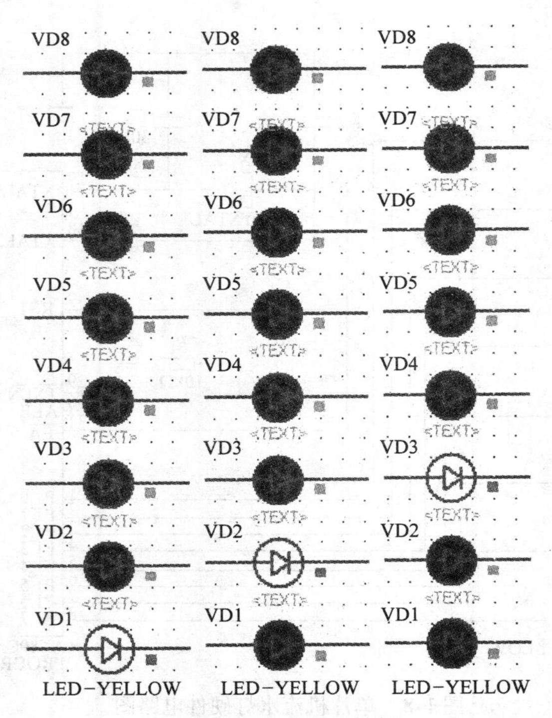

图 1-10　仿真实验结果

6）仿真成功后，可利用编程器（或在线）将目标文件写入硬件电路中的单片机（略）。

7）单片机独立运行，观察运行状态，当程序需要修改时可重复以上步骤，直至调试成功。

1.5 思考与练习

1. 什么是单片机？
2. 单片机应用的灵活性体现在哪些方面？
3. 简述单片机的发展历程，指出当前 51 系列兼容单片机主流芯片的型号。
4. 计算机能够识别的数值是什么？为什么要引进十六进制数？
5. 对以下数进行数值转换。

① 37 = (　　) B = (　　) H　　　② 12.875 = (　　) B = (　　) H

③ 10110011B = (　　) H = $(\quad)_{10}$　　　④ 10111.101B = (　　) H = $(\quad)_{10}$

⑤ 56H = (　　) B = $(\quad)_{10}$　　　⑥ 3DFH = (　　) B = $(\quad)_{10}$

⑦ 1A.FH = (　　) B = $(\quad)_{10}$　　　⑧ 3C4DH = (　　) B = $(\quad)_{10}$

6. 对于二进制数 10001001B，若理解为无符号数，则该数对应十进制数为多少？若理解为有符号数，则该数对应十进制数为多少？若理解为 BCD 数，则该数对应十进制数为多少？
7. 列出下列数据的反码、原码和补码。

① +123　　② -127　　③ +45　　④ -278

8. 简述单片机的仿真过程和开发过程。

第 2 章　MCS-51 单片机的基本结构

本章主要介绍 51 系列单片机的典型结构，芯片引脚功能，输入、输出端口，存储器配置及单片机工作时序等内容。通过本章的学习，使用户熟悉单片机的基本结构及各部件功能特点，为后续程序设计和单片机系统应用奠定良好的基础。

2.1　MCS-51 单片机的基本组成

51 系列的单片机又分为 51 子系列和 52 子系列。51 子系列单片机的典型产品有 8031、8051、80C31、80C51、8751、AT89S51 等；52 子系列单片机的典型产品有 8032、8052、80C32、80C52、8752、AT89S52 等。同一子系列不同型号单片机的主要差别反映在片内存储器的配置上有所不同。本章以 MCS-51 的典型产品 8051 及其兼容芯片 AT89S51 为例，主要介绍单片机的结构组成、引脚排列、存储器地址分布及其系统主要模块的功能和工作原理。

2.1.1　8051 单片机的基本组成

8051 单片机内部由 CPU（8 位）、ROM（4KB）、RAM（128B）、4 个 8 位的 I/O 并行端口（P0、P1、P2、P3）、一个异步全双工串行口、两个 16 位定时/计数器（T0、T1）及中断系统（5 个中断源）、时钟电路等组成。其内部的基本结构框图如图 2-1 所示。

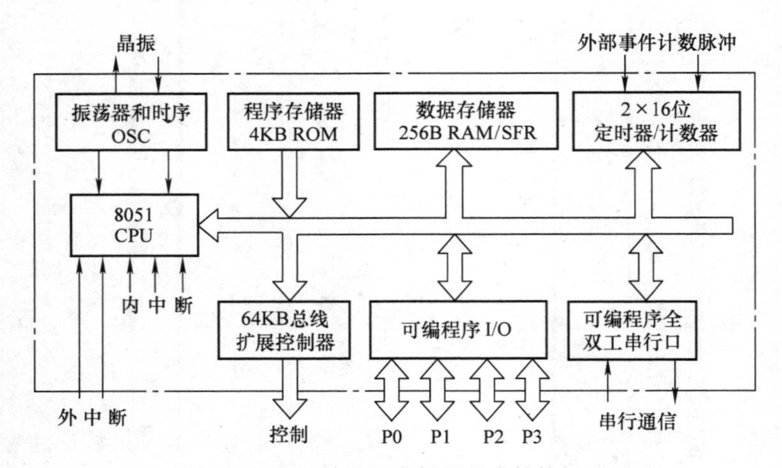

图 2-1　8051 单片机内部的基本结构框图

单片机内部各功能部件通常都挂在内部总线上，各部件之间通过内部总线传送地址信息、数据信息和控制信息。如图 2-2 所示为 8051 单片机系统的结构原理框图。

对 8051 单片机主要功能部件的作用简述如下。

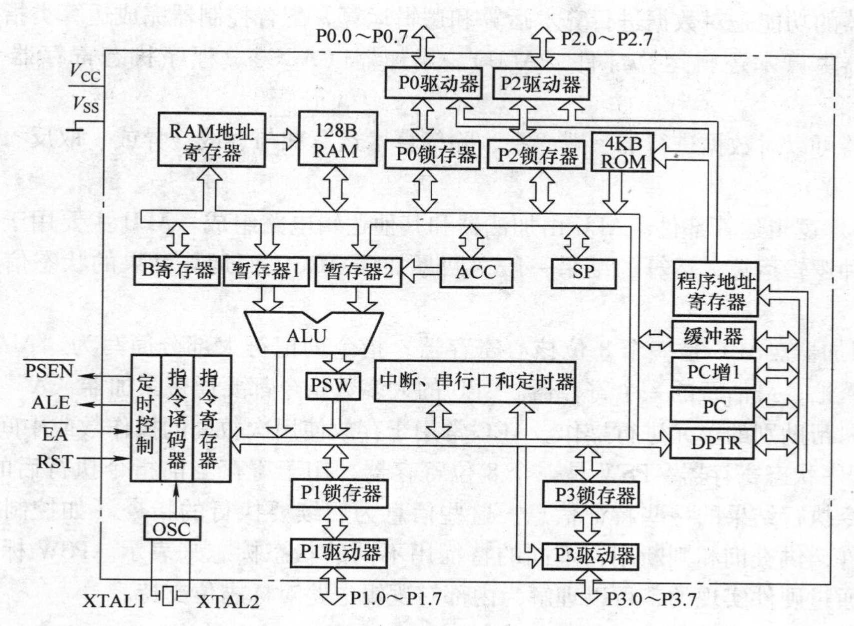

图 2-2　8051 单片机系统的结构原理框图

1. CPU

CPU 是单片机内部的核心部件，负责指令的执行。CPU 主要分为控制器和运算器两大功能部件。

（1）控制器

控制器的功能是接受来自程序存储器 ROM 存储单元的指令，并对其进行译码，通过定时和控制电路，按时序要求发出指令功能所需要的各种（内部和外部）控制信息，使各部分协调工作，以完成指令功能所需的操作。

控制器主要包括程序计数器 PC、指令寄存器 IR、指令译码器 ID 及定时控制电路等。

程序计数器（Program Count，PC）是一个 16 位的专用寄存器，用户不能直接读写，取出一个字节的指令后有自动加 1 的功能，它用来存放 CPU 要执行的、存放在程序存储器中的下一存储单元的地址。当 CPU 要取指令时，CPU 首先将 PC 的内容（即指令在程序存储器的地址）送往地址总线（AB）上，从程序存储器取出当前要执行的指令，若为操作码，则经指令译码器对指令进行译码，由定时、控制电路发出各种控制信息，完成指令所需的操作。同时，PC 的内容自动递增或按上一条指令的要求，指向 CPU 要执行的下一存储单元（可能是当前指令的操作数，也可能是下一条指令的操作码）的地址。在当前指令执行完后，CPU 重复以上操作。CPU 就是这样不断地取指令，分析执行指令，从而保证程序的正常运行。

由此可见，程序计数器实际上是将要取出指令所在地址的指示器。CPU 所要执行的每一条指令，都必须由 PC 提供指令的地址。对于一般顺序执行的指令，PC 的内容自动指向下一条指令；而对于控制类指令，则是通过改变 PC 的内容，来改变指令所执行的顺序。

在单片机复位后，PC 的内容为 0000H，CPU 便从该入口地址开始执行程序。所以，编程时单片机主程序的首地址自然应定位为 0000H。

（2）运算器（ALU）

运算器的功能是对数据进行算术运算和逻辑运算，配合控制器完成运算类指令的执行。

运算器由算术逻辑运算部件（ALU）、累加器（ACC）、程序状态寄存器（PSW）等组成。

运算器可以对数据进行加、减、乘、除等算术运算和与、或、异或、取反、移位等逻辑运算。

1）算术逻辑运算部件。ALU 由加法器和其他逻辑电路组成。ALU 主要用于对数据进行算术和各种逻辑运算，运算的结果一般送回累加器 ACC，而运算结果的状态信息送程序状态 PSW。

2）累加器。ACC 是一个 8 位核心寄存器，指令助记符大部分简写为“A”，它是 CPU 工作时最繁忙、最活跃的一个寄存器。CPU 的大多数指令都要通过累加器“A”与其他部件交换信息，帮助别的单元进行操作。ACC 常用于存放使用次数高的操作数或中间结果。

3）程序状态寄存器。PSW 是一个 8 位寄存器，用于寄存当前指令执行后的某些状态，即反映指令执行结果的一些特征信息。这些信息为后续要执行的指令（如控制类指令）提供状态条件，供查询和判断用，不同的特征用不同的状态标志来表示。PSW 标志位的状态大部分是通过硬件实现的，可以理解为内部有逻辑电路对标志位支持。

PSW 各位定义见表 2-1。

表 2-1　PSW 各位定义

位	D7	D6	D5	D4	D3	D2	D1	D0
位地址	D7H	D6H	D5H	D4H	D3H	D2H	D1H	D0H
位名称	CY	AC	F0	RS1	RS0	OV	F1	P

① CY（PSW.7）：进位/借位标志。在进行加、减运算时，如果运算结果的最高位 D7 有进位或借位时，CY 就置“1”，否则 CY 就置“0”。在执行某些运算指令时，可被置位或清零。在进行位操作时，Cy 是位运算中的累加器，又称为位累加器。MCS-51 有较强的位处理能力，一些常用的位操作指令，都是以位累加器为核心而设计的。

CY 的指令助记符用“C”（作为位累加器使用）或是“CY”（作为普通位单元使用）表示。

② AC（PSW.6）：辅助进位标志。在进行加、减法运算时，如果运算结果的低 4 位（低半字节）向高 4 位（高半字节）产生进位或借位时，AC 就置“1”，否则 AC 就置“0”。AC 位可用于 BCD 码运算调整时的判断位。

③ F0（PSW.5）及 F1（PSW.1）：用户标志位。可由用户根据需要置位、复位，作为用户自行定义的状态标志，无硬件支持。F1 在 51 字系列中不存在属于保留位，在 52 字系列中才有。

④ RS1 及 RS0（PSW.4 及 PSW.3）：工作寄存器组选择位。RS1 及 RS0 用于选择当前工作的寄存器组，可由用户通过指令设置 RS1、RS0，以确定当前程序中选用的寄存器组。当前寄存器组的指令助记符为工作寄存器 R0 ~ R7，它们实际占用单片机内部 RAM 地址空间，可以理解为对当前选择使用的工作寄存器组的每一个单元赋予一个方便使用的别称。

RS1、RS0 的状态与寄存器组的对应关系见表 2-2。

表 2-2 RS1、RS0 的状态与寄存器组的对应关系表

RS1	RS0	寄存器组	片内 RAM 地址	对应工作寄存器
0	0	0 组	00H ~ 07H	R0 ~ R7
0	1	1 组	08H ~ 0FH	R0 ~ R7
1	0	2 组	10H ~ 17H	R0 ~ R7
1	1	3 组	18H ~ 1FH	R0 ~ R7

由此可见，单片机内的寄存器组，实际上是片内 RAM 中的一些固定的存储单元。但是需注意，虽然工作寄存器与对应的存储单元存放数据的物理位置完全一样，但在使用上应有所区别。

在单片机复位后，RS1 = RS0 = 0，CPU 自动选中 0 组，片内 RAM 地址为 00H ~ 07H 的 8 个单元是当前工作寄存器 R0 ~ R7 所在位置。

⑤ OV（PSW.2）：即 PSW 的 D2 位，溢出标志。MCS-51 单片机的 CPU 在运算时的字长为 8 位，在硬件生成 OV 时，单片机将参与的操作数据均视为有符号数（补码表示）。对于补码来说，其表示范围为 -128 ~ +127，运算结果超出此范围即产生溢出。

⑥ P（PSW.0）：奇偶标志位。在每个指令周期由硬件根据累加器 A 中 1 的个数的奇偶性对 P 进行置位或复位。若 A 中含有 1 的个数为奇数，P = 1；若 A 中含有 1 的个数为偶数，P = 0。

2. 片内数据存储器

片内数据存储器包括片内 RAM 和特殊功能寄存器（SFR）。片内 RAM 为单片机内部数据存储器，主要用于存储运算的中间结果；SFR 主要用于控制、管理和存储单片机的工作方式、状态结果等。

3. 片内程序存储器

片内程序存储器（ROM）为单片机内部程序存储器。主要用于存放处理程序，具体包括指令和表格数据。

4. 并行 I/O 口

P0 ~ P3 是 4 个 8 位（二进制）并行 I/O 口，每个口既可作为输入，又可作为输出。单片机在与外部存储器及 I/O 端口设备交换信息时，必须由 P0 ~ P3 口完成。

P0 ~ P3 口提供 CPU 访问外部存储器时所需的地址总线、数据总线及控制总线。

P0 ~ P3 口作为输入时，具有缓冲功能；作为输出时，数据可以锁存。每个口既可按 8 位（一个字节）同时使用，又可按位单独使用。

5. 定时器/计数器

定时器/计数器用于定时和对外部事件进行计数。当它对具有固定时间间隔的单片机内部时钟电路提供的机器周期信号进行计数时，它是定时器；当它对外部事件数字化处理后所产生的脉冲进行计数时，它是计数器。

6. 中断系统

MCS-51 单片机有 5 个中断源，中断处理系统灵活、方便，使单片机处理问题的灵活性和实时性大大提高。

7. 串行接口

串行接口对数据各位按序一位一位地传送。MCS-51 中的串行接口是一个全双工异步通信接口，即能同时进行发送和接收数据。

8. 时钟电路

CPU 执行指令的一系列动作都是在时序电路的控制下一拍一拍有序进行的，时钟电路（OSC）用于产生单片机中最基本的时间单位。

本书在后续章节中将对存储器、定时器、中断系统、串行口等主要部件分别进行详细介绍。

2.1.2 AT89S51 单片机的引脚及功能

MCS-51 单片机主要采用 40 引脚双列直插式 DIP 封装。当前主流使用机型 AT89S51（与 8051 兼容）单片机 DIP 封装芯片的引脚图及逻辑符号如图 2-3 所示。

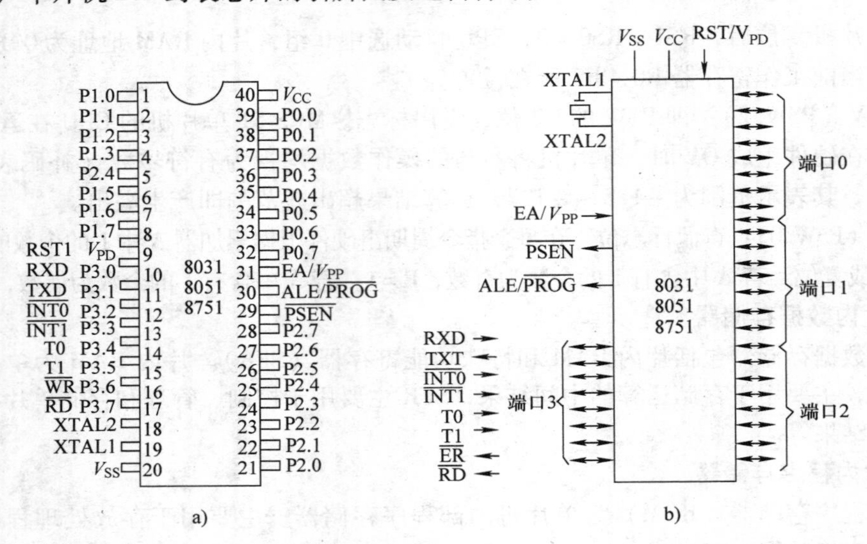

图 2-3 AT89S51 单片机 DIP 封装芯片的引脚图及逻辑符号

a）DIP 封装芯片的引脚图 b）逻辑符号

需要注意的是，由于受引脚数目的限制，所以部分引脚具有双重功能。下面分别说明各引脚的含义和功能。

1. 主电源引脚 V_{CC} 和 V_{SS}

V_{CC}：接主电源 +5V。

V_{SS}：电源接地端。

2. 时钟电路引脚 XTAL1 和 XTAL2

为了产生时钟信号，在 AT89S51 内部设置了一个正弦波振荡电路，XTAL1 是片内振荡器反相放大器的输入端，XTAL2 是片内振荡器反相放大器的输出端，也是内部时钟发生器的输入端。当使用自激振荡方式时，XTAL1 和 XTAL2 外接晶振（材料为石英晶体）作为选频网络，使内部振荡器最终生成晶振固有频率的振荡信号，即产生时钟信号基准频率振荡信号。

当使用外部时钟源为 AT89S51 提供时钟信号时，XTAL1 应接地，XYAL2 接外部时钟源，其时钟频率可达 24MHz。

3. I/O 口 P0 ~ P3 端口引脚

MCS-51 单片机具有 4 个 8 位 I/O 口 P0 ~ P3，即 32 个 I/O 引脚，可并行输入、输出数据，其中 P0 和 P2 口可同时供扩展使用，P3 口且具有第二功能。

4. 控制信号引脚

（1） RST/V_{PD}

RST/V_{PD}为复位/备用电源输入端。

1） 复位功能。单片机上电后，在该引脚上出现两个机器周期（24 个振荡周期）宽度以上的高电平，就会使单片机复位。单片机复位电路就是一个 *RC* 充放电回路，通过充放电过程中电压信号的变化，即可实现单片机复位。

2） 复用功能。在主电源 V_{CC}掉电期间，该引脚 V_{PD}可接 +5V 电源，当 V_{CC}下降到低于规定的电平、而 V_{PD}在其规定的电压范围内时，V_{PD}就向片内 RAM 提供备用电源，以保持片内 RAM 中信息不丢失，以保证电压恢复正常后单片机能接着正常运行。

（2） ALE/$\overline{\text{PROG}}$

ALE/$\overline{\text{PROG}}$为低 8 位地址锁存有效信号/编程脉冲输入端。

1） 地址锁存有效信号 ALE。当单片机访问外部 RAM 时，外部存储器的 16 位地址信号由 P0 口输出低 8 位，P2 口输出高 8 位，ALE 可用做低 8 位地址锁存控制信号；当不用做外部存储器地址锁存控制信号时，该引脚仍以时钟振荡频率的 1/6 固定地输出正脉冲，可以驱动 8 个 LS 型 TTL 负载。

2） 编程序脉冲输入端$\overline{\text{PROG}}$。在对 8751 片内可擦除可编程序只读存储器（EPROM）编程序（固化程序）时，该引脚用于输入编程序脉冲。

（3） $\overline{\text{PSEN}}$

$\overline{\text{PSEN}}$为外部程序存储器读选通信号，可以驱动 8 个 LS 型 TTL 负载。

CPU 在访问外部程序存储器时，在每个机器周期中，$\overline{\text{PSEN}}$信号两次有效。

（4） $\overline{\text{EA}}$/V_{PP}

$\overline{\text{EA}}$/V_{PP}为外部程序存储器允许访问/编程电源输入。

1） $\overline{\text{EA}}$。当$\overline{\text{EA}}$ =1 时，CPU 从片内程序存储器开始读取指令，读完后从片外程序存储器的下一地址继续读取指令；当 EA =0 时，CPU 只读取片外程序存储器存放的指令。

2） V_{PP}。在对 8751 内部 EPROM 编程序时，此引脚应接 21V 编程序电源。

应特别注意的是，不同芯片有不同的编程序电压 V_{PP}，应仔细阅读芯片说明。

2.1.3 AT89S51 单片机并行口的结构和功能

单片机实现对外部设备的控制功能，必须通过引脚（I/O 口）与外部设备进行通信联系（即信息交换）。为了正确设计和使用 I/O 接口电路，必须熟悉 I/O 口的硬件工作原理。

AT89S51 并行 I/O 口 P0 ~ P4 端口引脚的结构原理图如图 2-4 所示。

由于 P0 口与 P1、P2、P3 口的内部结构不同，其功能也不相同，它们的负载能力和接口要求也不尽相同，在使用时应注意以下方面。

1） P0 ~ P3 都是准双向 I/O 口，即 CPU 在读取数据时，必须先向相应端口的锁存器写入“1”。各端口名称与锁存器名称在编程序时相同，均可用 P0 ~ P3 表示（当前操作的是端

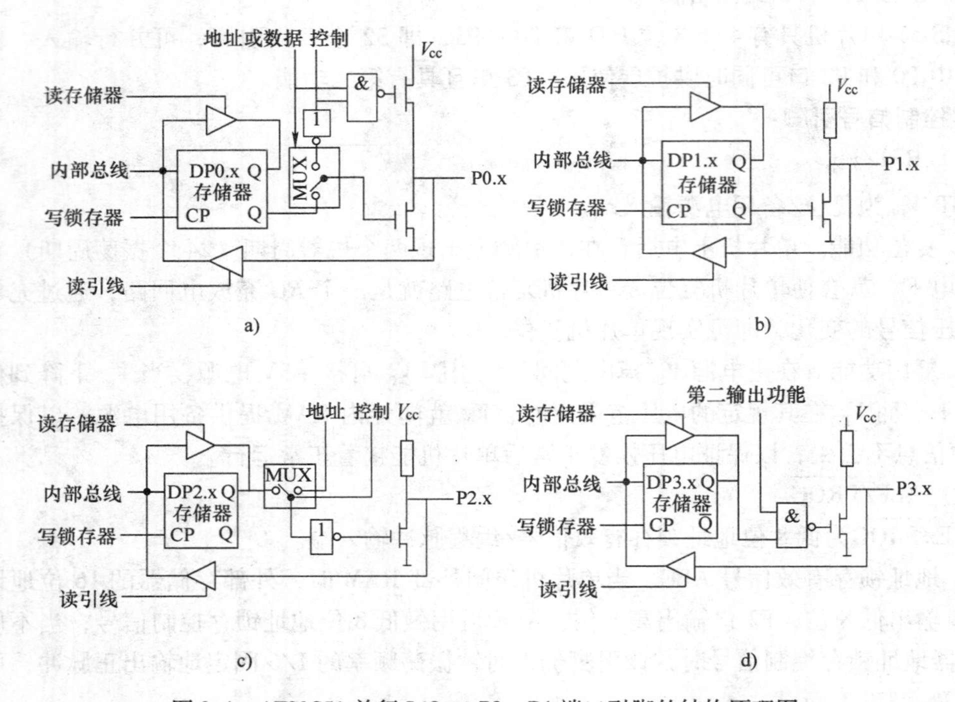

图 2-4 AT89S51 并行 I/O 口 P0 ~ P4 端口引脚的结构原理图

a）P0 口引脚的结构图 b）P1 口引脚的结构图 c）P2 口引脚的结构图 d）P3 口引脚的结构图

口引脚数据还是锁存器数据，要看引脚外部是否接有输入输出设备，当有输入输出设备时，读写的才是引脚数据）。当系统复位时，P0 ~ P3 端口锁存器全为“1”，故可直接对其进行读取数据。

2）P0 口每一输出位可驱动 8 个 LS 型 TTL 负载，P0 口可作为通用输入、输出端口使用，此时，当要驱动 NMOS 或其他拉电流负载时，需外接上拉电阻，才能使该位高电平输出有效。

在单片机进行外部存储器扩展时，P0 口必须作为地址/数据复用线使用，此时，不必外接上拉电阻，P0 也不能作为通用 I/O 口使用。

3）P1、P2、P3 口输出均接有内部上拉电阻，输入端无需再外接上拉电阻，每一位输出可以驱动 4 个 LS 型 TTL 电路。

4）P0、P2 口除可以作为通用 I/O 端口、以实现与外部进行数据交换外，更主要的是，当 CPU 访问外部存储器时，CPU 将自动地把外部存储器的地址线信号（16 位）送 P0、P2 口，作为地址总线（P0 口输出低 8 位地址，P2 口输出高 8 位地址），向外部存储器输出 16 位存储单元地址。在控制信号作用下，该地址低 8 位被锁存后，P0 口自动切换为数据总线，这时经 P0 口可向外部存储器进行读、写数据操作。此时，P2 口不再作为通用 I/O 端口，P0 口为地址/数据复用口。

P3 口除了具有 I/O 功能外，还可以根据需要作为第二功能使用。P3 口各位的第二功能各引脚定义见表 2-3。

表 2-3　P3 口各位的第二功能各引脚定义表

P3 口引脚	第 二 功 能
P3.0	RXD（串行口输入端）
P3.1	TXD（串行口输出端）
P3.2	$\overline{\text{INT0}}$（外部中断 0 输入端）
P3.3	$\overline{\text{INT1}}$（外部中断 1 输入端）
P3.4	T0（定时器 0 的外部输入）
P3.5	T1（定时器 1 的外部输入）
P3.6	$\overline{\text{WR}}$（外部数据存储器“写”控制输出信号）
P3.7	$\overline{\text{RD}}$（外部数据存储器“读”控制输出信号）

2.2　存储器配置

2.2.1　AT89S51 单片机存储配置简介

51 系列单片机的存储器结构与一般计算机存储器的配置方法不同，一般计算机把程序和数据共存同一存储空间，各存储单元对应唯一的地址。而 51 系列的存储器把程序和数据的存储空间严格区分开。

1. 51 系列存储器的划分方法

51 系列存储器的划分方法如下。

1）从物理结构上划分，有 4 个存储空间。

① 片内程序存储器，即片内 ROM。

② 片外程序存储器，即片外 ROM。

③ 片内数据存储器，即片内 RAM 和 SFR。

④ 片外数据存储器，即片外 RAM。

2）从用户使用的角度，即从逻辑上划分，有 3 个存储器地址空间。

① 片内外统一编址的 64KB（$K = 2^{10} = 1024$、B 表示字节单元）的程序存储器地址空间。

② 片内数据存储器 256B（包括片内 RAM 的 128B 和离散分布在高 128B 的特殊功能寄存器）。

③ 片外 64KB 的数据存储器地址空间。

显然，51 系列单片机的存储器结构较一般计算机复杂。很好地掌握 51 系列单片机存储器结构对单片机应用程序设计是大有帮助的，因为单片机应用程序就是面向 CPU、面向存储器进行设计的。MCS-51（8051）存储结构如图 2-5 所示。

由图 2-5 可以看出，片内程序存储器（ROM）地址空间为 0000H ~ 0FFFH，片外程序存储器地址空间为 0000H ~ FFFFH。

片内数据存储器（RAM）地址空间为 00H ~ 7FH，特殊功能寄存器（共 21 个）在 RAM 的 80H ~ FFH 地址空间内。而片外数据存储器地址空间为 0000H ~ FFFFH。

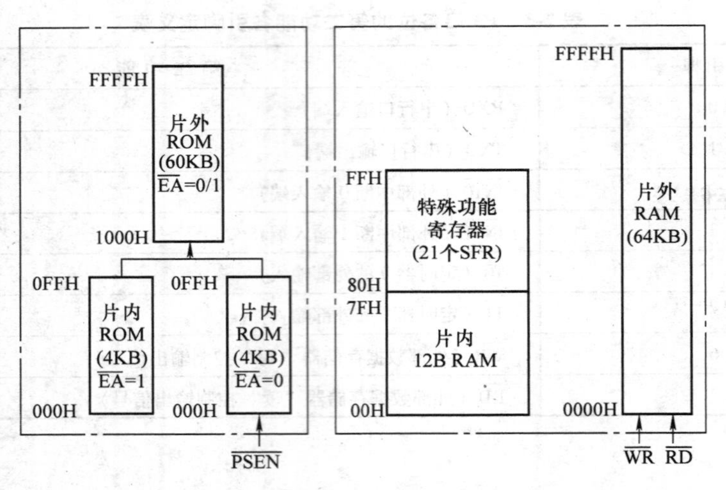

图 2-5　MCS-51（8051）存储结构

2. 51 系列单片机提供的不同形式的指令

对于同一地址信息，可表示不同的存储单元，故在访问不同的逻辑存储空间时，51 系列单片机提供了不同形式的指令：

1）MOV 指令用于访问内部数据存储器。

2）MOVC 指令用于访问片内外程序存储器。

3）MOVX 指令用于访问外部数据存储器。

2.2.2　程序存储器

程序存储器（ROM）用于存放已编制好的程序及程序中用到的常数。一般情况下，在程序调试运行成功后，由单片机开发机将程序写入程序储存器。程序在运行中不能修改程序存储器中的内容。程序存储器由 ROM 构成，单片机掉电后，ROM 内容不会丢失。

51 子系列单片机内部 ROM 为 4KB，片内、片外程序存储器的实际使用地址空间是连续的。52 子系列单片机内 ROM 为 8KB。

当引脚 $\overline{EA}=1$ 时，CPU 访问内部程序存储器（即 8051 的程序计数器 PC 在 0000H ~ 0FFFH 地址范围内）；当 PC 的值超过 0FFFH，CPU 自动转向访问外部程序存储器，即自动执行片外程序存储器中的程序。

当 $\overline{EA}=0$ 时，CPU 访问外部程序存储器（8051 程序计数器 PC 在 0000H ~ FFFFH 地址范围内），CPU 总是从外部程序存储器中取指令。

在程序存储器中，MCS-51 定义了 7 个单元用于特殊用途。

1）0000H：CPU 复位后，PC = 0000H，程序总是从程序存储器的 0000H 单元开始执行。

2）0003H：外部中断 0 中断服务程序入口地址。

3）000BH：定时器/计数器 0 溢出中断服务程序的入口地址。

4）0013H：外部中断 1 中断服务程序入口地址。

5）001BH：定时器/计数器 1 溢出中断服务程序的入口地址。

6）0023H：串行口中断服务程序的入口地址。

7）002BH：定时器/计数器 2 溢出或 T2EX（P1.1）端负跳变时的入口地址（仅 52 子

系列所特有）。

由于以上7个特殊用途的存储单元相距较近，所以在实际使用时，通常在入口处安放一条无条件转移指令。例如，在0000H单元可安排一条转向主控程序的无条件转移指令；在其他入口可安排无条件转移指令，使之转向相应的中断服务程序实际入口地址。

2.2.3 数据存储器

数据存储器（RAM）用于存放程序运算的中间结果、状态标志位等。数据存储器由RAM构成，一旦掉电，其数据就将丢失。

1. 数据存储器配置

在MCS-51单片机内，数据存储器分为片内数据存储器和片外数据存储器，这是两个独立的地址空间，应分别单独编址。

片内数据存储器256B包括片内RAM（51子系列中为128B，52子系列中为256B）地址空间和SFR（离散分布在高128B）。外部数据存储器最大可扩充为64KB，其指示地址靠数据指针DPTR（16位）。

片内数据存储器是最活跃、最灵活的存储空间，MCS-51指令系统寻址方式及应用程序大部分是面向内部数据存储器的。内部数据存储器由片内RAM和特殊功能寄存器SFR两大部分统一编址。片内数据存储器的配置如图2-6所示。可以看出：

1）片内RAM低128B，地址空间为00H~7FH。

2）高128B为特殊功能寄存器（SFR）区，地址空间为80H~FFH，其中仅有21个字节单元是有定义的。

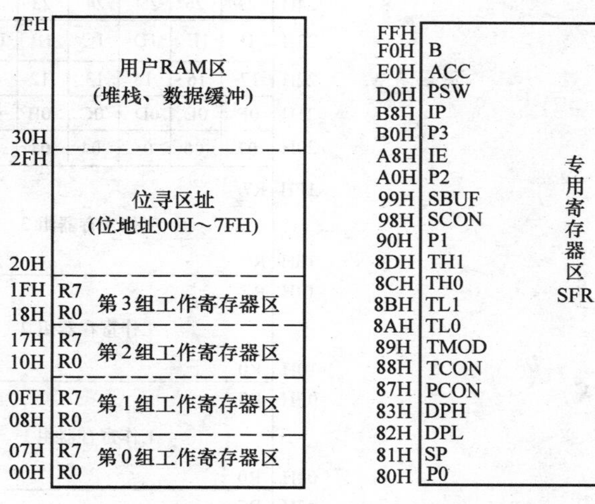

图2-6 片内数据存储器的配置

2. 工作寄存器区

在低128B的RAM区中，将地址00~1FH共32个单元设为工作寄存器区，这32个单元又分为4组，每组由8个单元按序组成通用寄存器R0~R7。

通用寄存器R0~R7不仅用于暂存中间结果，而且是CPU指令中寻址方式不可缺少的工作单元。任一时刻CPU只能选用其中一组工作寄存器为当前工作寄存器，因此，不会发生冲突。未选中的其他3组寄存器可作为一般数据存储器使用。

在CPU复位后，自动选中第0组工作寄存器。可以通过程序对程序状态字PSW中的RS1、RS0位进行设置，实现工作寄存器组的切换，RS1、RS0的状态与当前工作寄存器组的对应关系见表2-2。

3. 可位寻址区

地址为20H~2FH的16个RAM（字节）单元，既可以像普通RAM单元按字节地址进行存取，又可以按位进行存取，这16个字节共有128（16×8）个二进制位，每一位都分配一个位地址，编址为00H~7FH。片内RAM区字节地址及位地址分配如图2-7所示。

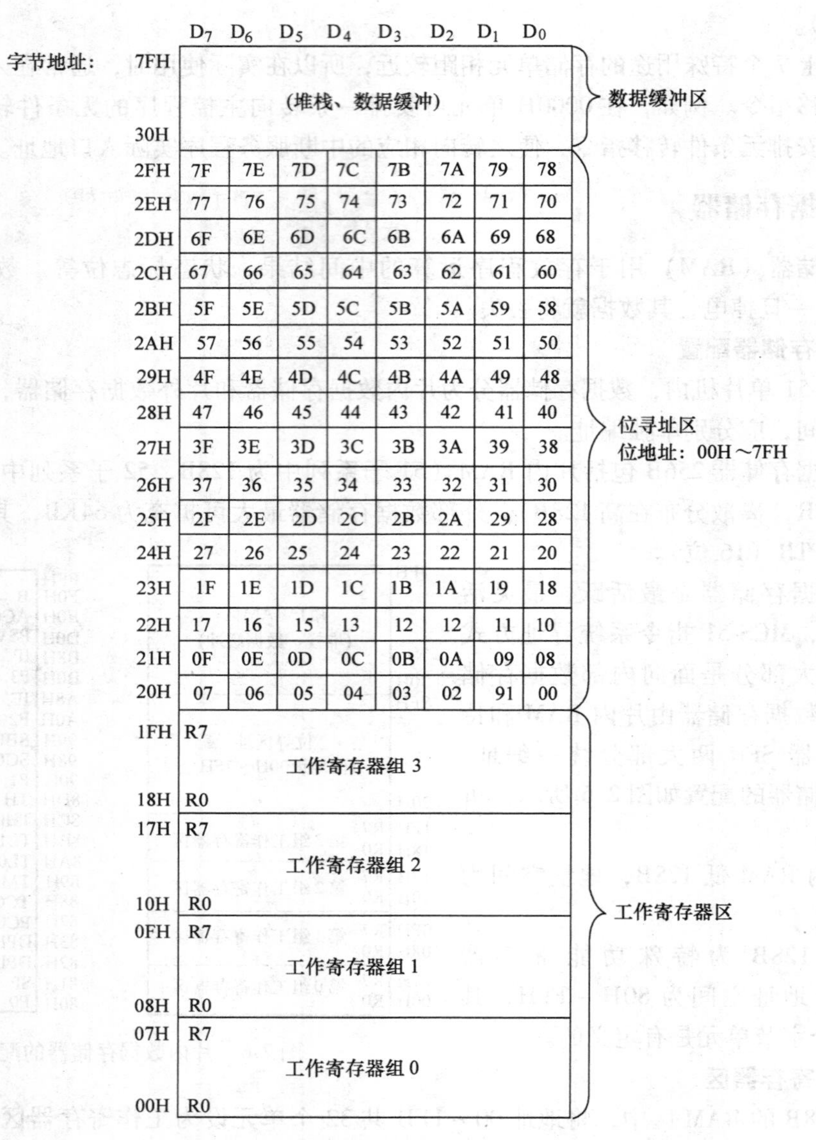

图 2-7　片内 RAM 区字节地址及位地址分配

由图 2-7 看出，位地址和字节地址都是用 8 位二进制数（2 位十六进制数）表示，但其含义不同，字节地址单元的数据是 8 位二进制数，而位地址单元的数据是 1 位二进制数。

那么，如何区分一个地址是字节地址还是位地址呢？可以通过指令中操作数的类型确定。在数据传送时，如果指令中的另一个操作数为字节数据，那么该地址必为字节地址；如果指令中的另一个操作数为一位数据，那么该地址必为位地址。

```
例如：MOV  A，20H        ；A 为字节单元，20H 为字节地址
      MOV  C，20H        ；C 为位单元，20H 为位地址，即 24H.0
```

4. 数据缓冲区

在 30H ~ 7FH 区的 80 个 RAM 单元为数据缓冲区（用户 RAM 区），该存储区只能按字节（8 位）整体存取。

在应用程序中，往往需要一个后进、先出的 RAM 缓冲区，用于子程序调用和中断响应时保护断点及现场数据，这种后进、先出的 RAM 缓冲区称为堆栈。原则上，堆栈区可设在内部 RAM 的 00H ~ 7FH 的任意区域，但由于 00H ~ 1FH 及 20H ~ 2FH 区域的特殊作用，所以堆栈区一般被设在 30H ~ 7FH 的范围内。由堆栈指针 SP 指向栈顶单元（当前堆栈操作中正在使用的最高的地址单元，入栈时往上继续存放数据，有时也称指向栈底单元，出栈时才有明确的栈顶单元的概念），在程序设计时，应对 SP 初始化来设置堆栈区，也可以根据情况使用默认堆栈区（堆栈的默认位置在第一组工作寄存器组区域，SP 默认值为 07H）。

2.2.4 特殊功能寄存器

在 8051 中，有 21 个单元作为专用寄存器（SFR），又称为特殊功能寄存器，与片内数据存储器低 128B 统一编址，离散分布在 80H ~ FFH 地址单元中。

MCS-51 单片机内部的 I/O 口（P0 ~ P3）、CPU 内的累加器 A 等统称为特殊功能寄存器，每一个寄存器都有一个确定的地址，并定义了寄存器符号名。特殊功能寄存器（SFR）的地址分布见表 2-4。

表 2-4 特殊功能寄存器（SFR）的地址分布表

SFR 名称	符 号	位地址及位名								字节地址
		D7	D6	D5	D4	D3	D2	D1	D0	
乘除寄存器	B	F7H	F6H	F5H	F4H	F3H	F2H	F1H	F0H	F0H
累加器	ACC	E7H	E6H	E5H	E4H	E3H	E2H	E1H	E0H	E0H
程序状态字寄存器	PSW	D7H	D6H	D5H	D4H	D3H	D2H	D1H	D0H	D0H
		Cy	AC	F0	RS1	RS0	OV	F1	P	
中断优先级寄存器	IP	BFH	BEH	BDH	BCH	BBH	BAH	B9H	B8H	B8H
					PS	PT1	PX1	PT0	PX0	
P3 端口锁存器	P3	B7H	B6H	B5H	B4H	B3H	B2H	B1H	B0H	B0H
		P3.7	P3.6	P3.5	P3.4	P3.3	P3.2	P3.1	P3.0	
中断允许控制寄存器	IE	AFH	AEH	ADH	ACH	ABH	AAH	A9H	A8H	A8H
		EA			ES	ET1	EX1	ET0	EX0	
P2 端口锁存器	P2	A7H	A6H	A5H	A4H	A3H	A2H	A1H	A0H	A0H
		P2.7	P2.6	P2.5	P2.4	P2.3	P2.2	P2.1	P2.0	
串行口接收/发送缓冲器	SBUF									99H
串口控制寄存器	SCON	9FH	9EH	9DH	9CH	9BH	9AH	99H	98H	98H
		SM0	SM1	SM2	REN	TB8	RB8	TI	RI	
P1 端口锁存器	P1	97H	96H	95H	94H	93H	92H	91H	90H	90H
		P1.7	P1.6	P1.5	P1.4	P1.3	P1.2	P1.1	P1.0	
T1 高 8 位	TH1									8DH
T0 低 8 位	TH0									8CH

（续）

SFR 名称	符　号	位地址及位名								字节地址
		D7	D6	D5	D4	D3	D2	D1	D0	
T1 高 8 位	TL1									8BH
T0 低 8 位	TL0									8AH
定时/计数器控制寄存器	TMOD	GATE	$C/\overline{T}$	M1	M0	GATE	$C/\overline{T}$	M1	M0	89H
定时/计数器控制寄存器	TCON	8FH	8EH	8DH	8CH	8BH	8AH	89H	88H	88H
		TF1	TR1	TF0	TR0	IE1	IT1	IE0	IT0	
电源控制寄存器	PCON									87H
数据指针高 8 位	DPH									83H
数据指针低 8 位	DPL									82H
堆栈指针	SP									81H
P0 端口锁存器	P0	87H	86H	85H	84H	83H	82H	81H	80H	80H
		P0.7	P0.6	P0.5	P0.4	P0.3	P0.2	P0.1	P0.0	

由于特殊功能寄存器并未占满 128 个单元，所以对空闲地址的操作是没有意义的。

对特殊功能寄存器的访问只能采用直接寻址方式。对其地址能被 8 整除的特殊功能寄存器，既可进行字节操作，又可对该寄存器的各位进行位寻址操作。

下面对部分特殊功能寄存器（SFR）进行简单介绍。

1）累加器（ACC）。51 内核寄存器，它是使用最频繁的单元，其字节地址为 E0H，并可对其 D0 ~ D7 各位进行位寻址。D0 ~ D7 位地址相应为 E0H ~ E7H。

2）程序状态字（PSW）。字节地址为 D0H，并可对其 D0 ~ D7 各位进行位寻址。D0 ~ D7 数据位的位地址相应为 D0H ~ D7H。主要用于寄存当前指令执行后的某些状态信息。

例如：Cy 表示进位/借位标志，指令助记符为 C，位地址为 D7H（也可表示为 PSW.7）。

3）堆栈指针（SP）。字节地址为 81H，不能进行位寻址。

4）端口 P1。字节地址为 90H，并可对其 D0 ~ D7 各位进行位寻址。D0 ~ D7 数据位的位地址相应为 90H ~ 97H（也可表示为 P1.0 ~ P1.7）。

2.3 CPU 时序与时钟电路

2.3.1 CPU 时序

时序是计算机在执行指令时各种微操作在时间上的顺序关系。计算机所执行的每一操作都是在时钟信号的控制下进行的。每执行一条指令，CPU 都要发出一系列特定的控制信号，以使指令得到正确执行。

学习 CPU 时序，有助于理解指令的执行过程，有助于灵活、更好地利用单片机的引脚进行硬件电路的设计。

1. 时钟周期、机器周期和指令周期

（1）时钟周期

时钟周期也称为振荡周期，即振荡器的振荡频率f_{osc}的倒数，是时序中最小的时间单位。例如，若时钟频率为 6MHz，则它的时钟周期应是 166.7ns。时钟脉冲是计算机的基本工作脉冲，它控制着计算机的工作节奏。

（2）机器周期

执行一条指令的过程可分为若干个阶段，每一阶段完成一个规定的操作。完成一个规定操作所需要的时间称为一个机器周期。

机器周期是单片机的基本操作周期，每个机器周期包含 6 个状态周期，用 S1、S2、S3、S4、S5、S6 表示，每个状态周期又包含两个节拍 P1、P2，每个节拍持续一个时钟周期。因此，一个机器周期包含 12 个时钟周期，分别表示为 S1P1、S1P2、S2P1、S2P2、…、S6P1、S6P2。

指令周期由若干个机器周期组成。通常包含一个机器周期的指令称为单周期指令，包含两个机器周期的指令称为双周期指令，依此类推。

（3）指令周期

指令周期定义为执行一条指令所用的时间。由于 CPU 执行不同的指令所用的时间不同，所以不同的指令其指令周期是不相同的，通常，一个指令周期含有 1～4 个机器周期。

MCS-51 单片机的指令可以分为单周期指令、双周期指令和四周期指令 3 种。只有乘法指令和除法指令是四周期指令，其余都是单周期指令和双周期指令。

例如，当 MCS-51 单片机外接石英晶体振荡频率为 12MHz 时，则有：时钟（振荡）周期为 1/12μs；状态周期为 1/6μs；机器周期为 1μs；指令周期为 1～4μs。

2. MCS-51 单片机的取指/执行时序

MCS-51 单片机当执行任何一条指令时，都可以分为取指令阶段和执行阶段（此处将分析指令阶段也包括在内）。取指令阶段把程序计数器（PC）中的指令地址送到程序存储器中，选中指定单元，并从中取出需要执行的指令。指令执行阶段对指令操作码进行译码，以产生一系列控制信号完成指令的执行。MCS-51 单片机的取指/执行时序如图 2-8 所示。

由图 2-8 可以看出，在指令的执行过程中，ALE 引脚上出现的信号是周期性的，每个机器周期出现两次正脉冲，第 1 次出现在 S1P2 和 S2P1 期间，第 2 次出现在 S4P2 和 S5P1 期间。

ALE 信号每出现一次，CPU 就进行一次取指令操作。

图 2-8a 为单字节单周期指令的时序，在一个机器周期中进行两次指令操作，但是第 2 次取出的内容不进行处理，称做假读。

图 2-8b 为双字节单周期指令的时序，在一个机器周期中 ALE 的两次有效期间各取一字节。

图 2-8c 为单字节双周期指令的时序，只有第 1 次指令是有效的，其余 3 次均为假读。

图 2-8d 为访问外部 RAM 指令“MOVX　A，@DPTR”（单字节双周期）的时序。

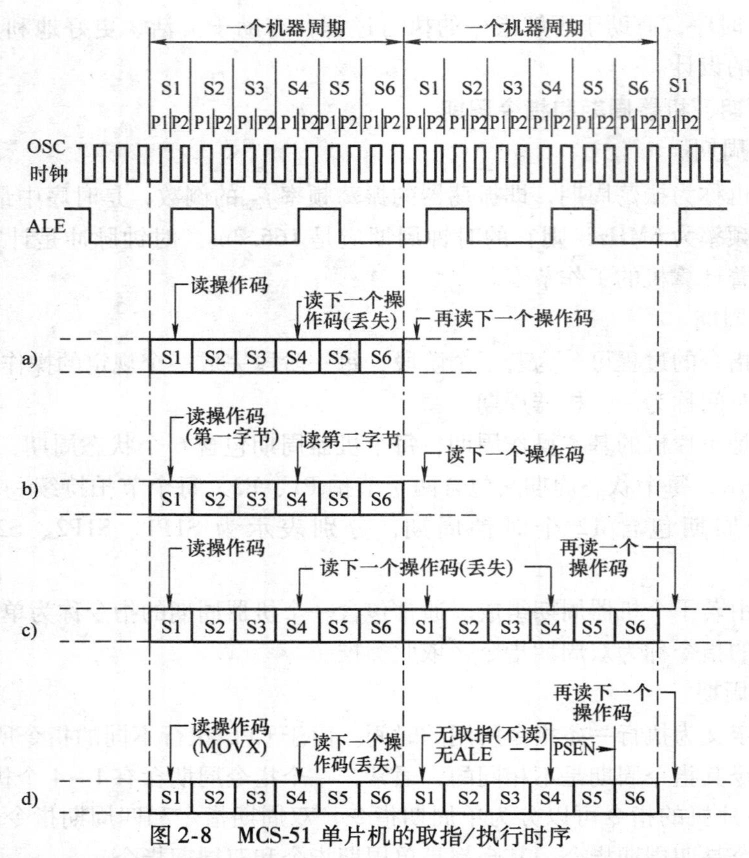

图 2-8　MCS-51 单片机的取指/执行时序

a）单字节单周期指令的时序，例如：INC　A　b）双字节单周期指令的时序，例如：ADD A，#data

c）单字节双周期指令的时序，例如：INC DPTR　d）访问外部 RAM 指令“MOVX A，@DPTR”（单字节双周期）的时序

2.3.2　时钟电路

MCS-51 时钟电路的 3 种接法如图 2-9 所示。在实际使用时，一般采用图 2-9a 的接法，即只需要一个晶振（频率根据需要选择）和两个 30pF 的微调电容（起稳定振荡频率的作用）。

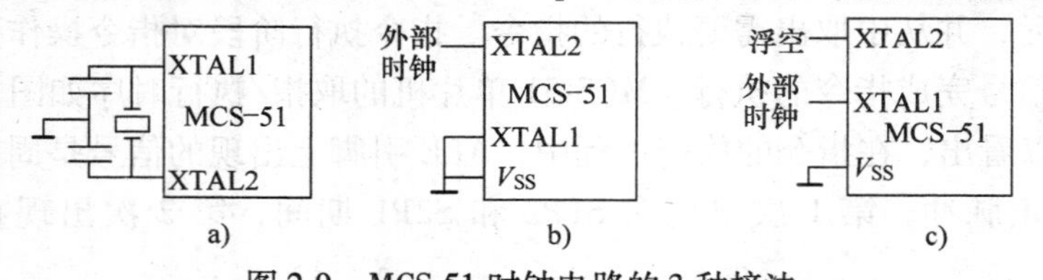

图 2-9　MCS-51 时钟电路的 3 种接法

a）外接晶振　b）8051 外部时钟　c）80C51 外部时钟

2.4　复位电路

2.4.1　复位的概念

单片机在启动运行时需要复位，使 CPU 以及其他功能部件处于一个确定的初始状态

（如 PC 的值为 0000H），并从这个状态开始工作，单片机应用程序必须以此作为设计前提。

另外，在单片机工作过程中，如果出现死机时，就必须对单片机进行复位，使其重新开始工作。

单片机复位后，其片内各寄存器的状态见表 2-5。

表 2-5　单片机复位后片内各寄存器的状态表

寄 存 器	内　容	寄 存 器	内　容
PC	0000H	TH0	00H
ACC	00H	TL0	00H
B	00H	TH1	00H
PSW	00H	TL1	00H
SP	07H	SBUF	不定
DPTR	0000H	TMOD	00H
P0～P3	0FFH	SCON	00H
IP	×××00000B	PCON（HMOS）	0×××××××B
IE	0×000000B	PCON（CMOS）	0×××0000B
TCON	00H		

由表 2-5 可以看出，单片机复位后，大部分寄存器中的内容都为低电平，特殊的有 SP 为 0TH，P0～P3 为 0FFH，程序计数器 PC 复位初值为 0000H，指向程序存储器 0000H 单元，使 CPU 从 ROM 首地址重新开始执行程序。当 MCS-51 复位时，其内部 RAM 中的数据保持不变。

2.4.2　复位电路的设计

MCS-51 的复位电路包括上电复位电路、按键脉冲复位电路和按键（手动）电平复位电路，如图 2-10 所示。

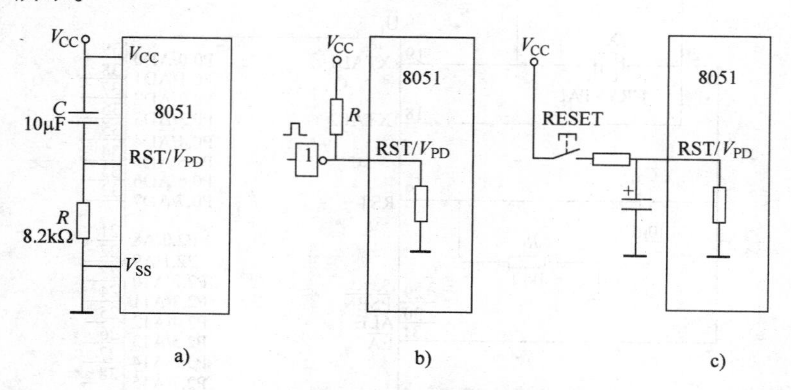

图 2-10　MCS-51 的复位电路

a）上电复位电路　b）按键脉冲复位电路　c）按键（手动）电平复位电路

不管是何种复位电路，都是通过复位电路产生的复位信号（高电平有效）由 RST/V_{PD}引脚送入到内部的复位电路，对 MCS-51 进行复位的。复位信号要持续两个机器周期（24 个时钟周期）以上，才能使 MCS-51 单片机可靠复位。

上电复位电路是利用电容充电来实现的。在图 2-10a 中可以看出，上电瞬时 RST/V_{PD}端的电位与 V_{CC}等电位，RST/V_{PD}为高电平，随着电容充电电流的减少，RST/V_{PD}的电位不断下降，其充电时间常数为 $10\times10^{-6}\times8.2\times10^{3}\mathrm{s}=82\times10^{-3}\mathrm{s}=82\mathrm{ms}$，此时间常数足以使 RST/$V_{PD}$保持为高电平的时间，以完成复位操作。

按键复位电路又包括按键脉冲复位和按键电平复位。图 2-10b 所示为按键脉冲复位电路，由外部提供一个复位脉冲，复位脉冲的宽度应大于两个机器周期。图 2-10c 所示为按键电平复位电路，按下复位按键，电容 C 被充电，RST/V_{PD}端的电位逐渐升高为高电平，实现复位操作；按键释放后，电容经内部下拉电阻放电，RST/V_{PD}端恢复低电平。

2.5 实训项目二 单片机的最小系统组成

1. 目的

1）熟悉单片机最小系统结构。

2）明确最小系统中每一部分的功能。

2. 项目内容

1）准备最小系统所需的电子元器件。

2）构成最小系统的硬件电路。

3）检测最小系统的工作状态。

3. 实训步骤

1）根据单片机的特点，设计 51 系列单片机（AT89C51）的最小系统电路，如图 2-11 所示。

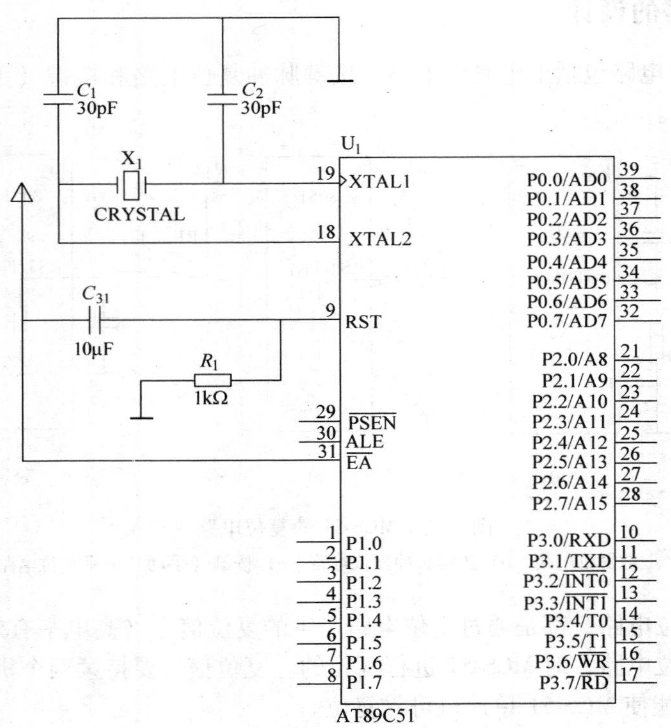

图 2-11 单片机的最小系统

注意：该图为原理图，图中引脚排列与单片机实际引脚位置并非一致。

2）根据原理图准备所需的电子元器件。单片机最小系统的元器件见表2-6。

表2-6　单片机最小系统的元器件表

元器件名称	参　数	数量/个
单片机	AT89S51 DIP-40	1
晶振	12 MHz	1
瓷片电容	30 pF	2
电解电容	10μF	1
按键		1
电阻	200Ω、10 kΩ	各1

3）利用万用板连接元器件，构成单片机最小系统的硬件电路。上电之后最小系统即可工作。

4）验证最小系统工作状态。验证方法是将最小系统上电，然后用示波器测试最小系统单片机的第30引脚（ALE），在晶振频率为12MHz时，该引脚输出为2MHz的方波，若观察到波形，则说明最小系统工作正常。

2.6　思考与练习

1. 51单片机包括哪些主要逻辑功能部件？各功能部件的主要作用是什么？简单说明不同型号的差别。

2. 程序状态字寄存器（PSW）各位的定义是什么？

3. 51单片机存储器结构的主要特点是什么？程序存储器和数据存储器各有何不同？

4. 51单片机内部RAM可分为几个区？各区的主要作用是什么？

5. 51单片机的P0～P3四个I/O端口在结构上有何异同？使用时应注意哪些事项？

6. 指出8051可进行位寻址的存储空间。

7. 在访问外部ROM或RAM时，P0和P2口各用来传送什么信号？P0口为什么要采用片外地址锁存器？

8. 什么是时钟周期？什么是机器周期？什么是指令周期？当振荡频率为12MHz时，一个机器周期为多少微秒？

9. 51单片机有几种复位方法？复位后，CPU从程序存储器的哪一个单元开始执行程序？

10. 8051单片机引脚ALE的作用是什么？当8051不外接RAM和ROM时，ALE上输出的脉冲频率是多少？其作用是什么？

11. 单片机最小系统包括哪些部分？各部分的功能是什么？

第3章　MCS-51单片机指令系统及汇编语言程序设计

本章主要介绍51系列单片机指令系统及汇编语言程序设计。指令系统是单片机能够执行全部命令的集合，是单片机系统功能和软工作原理的具体体现；汇编语言则是以指令系统为主要语句的一种编程语言。通过本章的学习，不仅可以深入理解单片机的工作原理和汇编语言的编程方法，而且可以为学习后续的当前广泛使用的单片机C语言程序设计打下坚实的编程基础。

3.1　指令系统简介及寻址方式

指令是单片机（CPU）用来执行某种操作的命令，单片机能够执行的全部命令的集合称为指令系统。CPU直接识别的是用二进制代码表示的机器语言指令，但由于其使用不方便，指令系统一般是以助记符表示相应的机器语言指令，也称为汇编指令。每一种CPU都有其独立的指令系统，本节主要介绍51系列单片机指令系统的分类、指令格式、寻址方式及符号说明。

3.1.1　指令分类

MCS-51单片机指令系统共有111条指令，按指令存储在程序存储器中所占的字节数，可分为单字节指令、双字节指令和3字节指令；按指令执行的快慢程度可将指令分成单周期、双周期和4周期指令。

按指令实现的功能可分为5大类。

1）数据传送指令。完成数据交换、存储。包括片内RAM、片外RAM、程序存储器的传送指令，交换及堆栈指令。

2）算术运算类。完成各种算术运算，包括加法和带进位加、减、乘、除、加1、减1指令。

3）逻辑运算类。完成逻辑运算，包括逻辑与、或、异或、测试及移位指令。

4）布尔变量操作类。完成单独一位的操作，分为位数据传送、位与、位或、位转移指令。

5）控制程序转移类。实现各种有条件和无条件的转移等，包括无条件转移、条件转移、子程序调用返回、中断返回及空操作指令。

3.1.2　指令格式

在用户程序中，MCS-51汇编语言指令格式由以下几个部分组成。

[标号:]　　操作码助记符　　[第一操作数]　　[，第二操作数]　　[；注释]

其中，操作码助记符描述指令要执行的操作，[ ] 中的项表示为可选项，说明指令可分为双操作数、单操作数和无操作数指令。

在程序存储器中，MCS-51单片机的指令格式即机器码形态为

操作码（第一字节）　　[第一操作变量]（第二字节）　　[第二操作变量]（第三字节）

其中，[ ] 中的项表示为可选项；( ) 中为说明。

在 MCS-51 指令系统中，不同功能的指令，操作数作用也不同。例如，传送类指令多为两个操作数，写在左面的称为目的操作数（表示操作结果需要存放的寄存器或存储器单元），写在右面的称为源操作数（指出操作数的来源）。

操作码与操作数之间必须用空格分隔，操作数与操作数之间必须用逗号“，”分隔。

3.1.3 寻址方式

指令一般是由操作码和操作数构成的，操作码指定操作类别，操作数是指令操作的对象，一般为指定参与运算的数据形式或操作数所在单元的地址。

所谓寻址方式就是寻找或获得操作数的方式。一般来说，单片机中不论是源操作数还是目的操作数，都需要首先确定操作数的位置或地址，即寻址方式。

寻址方式是指令系统中最重要的内容之一，寻址方式越多样，计算机的功能越强，灵活性越大。寻址方式的一个重要问题是：如何在整个存储范围内，灵活、方便地找到所需要的单元。MCS-51 单片机因它特有的存储器地址空间，设计了 7 种寻址方式，掌握这些寻址方式是学习指令系统的基础。在利用汇编指令编程时，灵活地运用寻址方式，可以提高程序效率、增强程序实现的功能。

MCS-51 指令系统的寻址方式有以下 7 种。

1. 立即寻址

在立即寻址方式中，操作数直接出现在指令中。操作数前加“#”号表示，也称为立即数。指令的操作数可以是 8 位或 16 位数据。

例如，将立即数传送给寄存器 R0、DPTR（16 位）的指令为

```
MOV   R0，#26H             ；R0←26H，即把立即数 26H 直接送到 R0 中
MOV   DPTR，#2000H         ；DPTR←2000H，即把立即数 2000H 送给 DPTR
```

在立即寻址方式中，立即数作为指令的一部分同操作码一起放在程序存储器中，其机器码指令格式中占 1 个字节或 2 个字节。

2. 直接寻址

在直接寻址方式中，操作数的存储单元地址直接出现在指令中，这一寻址方式可进行内部存储单元的访问。它操作的对象统称为直接单元地址（direct），包括片内 RAM 低 128（00H ~ 7FH）和特殊功能寄存器（SFR）。

（1）内部 RAM 的低 128 字节单元的直接寻址

对于内部 RAM 的低 128 字节（地址范围为 00H ~ 7FH）存储单元访问可以使用直接寻址。

例如，将内部 RAM 地址为 30H 的存储单元的数据传送给累加器 A 的指令为

```
MOV   A，30H               ；片内 RAM 将地址为 30H 单元的内容传送给 A
```

（2）特殊功能寄存器地址空间的直接寻址

直接寻址是唯一可寻址特殊功能寄存器（SFR）的寻址方式。

例如，将累加器 A 的数据传送给特殊功能寄存器 TCON 的指令为

```
MOV   TCON，ACC            ；ACC 的内容传送给寄存器 TCON
```

其中，TCON、ACC 是特殊功能寄存器 SFR，其对应的直接地址是 88H 和 E0H。指令

MOV TCON，ACC 与 MOV 88H，E0H 是等价的。

3. 寄存器寻址

在寄存器寻址方式中，寄存器中的内容就是操作数。操作对象包括寄存器 Rn（$n=0\sim7$）、累加器 A、累加器 C 等，在目的操作数中还包括 DPTR。在机器码指令中，它们的具体寄存器名隐含在操作码中。

例如，将寄存器 R1 的数据传送给累加器 A 的指令为

```
MOV   A，R1                 ；A←（R1），把寄存器 R1 中的内容送到累加器 A 中
```

4. 寄存器间接寻址

在寄存器间接寻址方式中，指定寄存器中的内容是操作数的地址，该地址对应存储单元的内容才是操作数。可见，这种寻址方式中，寄存器实际上是地址指针。寄存器名前用间址符“@”表示寄存器间接寻址。该方式主要用于编程时操作数单元地址不能确定，在执行时需要根据前提情况才能明确的场合。

寄存器间接寻址方式可用于对片内 RAM 的寻址，在对片外 RAM 进行读取操作时，则必须采用寄存器间接寻址方式。

例如，内部 RAM 的 30H 单元中数据为 20H，R0 中数据为 30H，则指令为

```
MOV   A，@R0     ；该指令的功能是将 R0 所指 30H 单元中数据 20H 送 A 中，执行结果：(A)=20H
```

可以进行寄存器间接寻址的间址寄存器有 8 位间址寄存器 R0、R1 和 16 位间址寄存器 DPTR；堆栈指针 SP 也是 8 位间址寄存器，在堆栈操作中由系统自动隐含间接寻址。

当访问内部数据存储器时，用当前工作寄存器 R0 和 R1 作间址，即@ R0、@ R1，在堆栈操作中则用堆栈指针 SP 作为隐含间址。例如：

```
MOV   A，@ R1
POP   ACC          ；相当于 MOV   ACC，@SP（本指令不存在，只表述系统隐含间接寻址）
```

当访问外部数据存储器时，对于前 256 单元（0000H～00FFH）用 R0 和 R1 工作寄存器进行间址寻址。若使用 16 位数据指针寄存器 DPTR 进行间址寻址时，则可以访问全部 64KB（0000H～FFFFH）地址空间的任一单元。

例如，对外部 RAM 存储单元访问的指令为

```
MOVX   A，@ R1
MOVX   @DPTR，A
```

5. 变址寻址

变址寻址方式是以程序指针 PC 或数据指针 DPTR 为基址寄存器，以累加器 A 作为变址寄存器，两者内容相加（即基地址+偏移量）形成 16 位的操作数地址。变址寻址方式主要用于访问固化在程序存储器中的某个字节。

变址寻址方式有以下两类。

1）用程序指针 PC 作为基地址，A 作为变址，形成操作数地址：@A+PC。

例如，执行下列指令：

地址	目标代码	汇编指令
2100	7406	MOV A，#06H
2102	83	MOVC A，@A+PC
2103	00	NOP
2104	00	NOP

```
⋮          ⋮              ⋮
2109       32             DB   32H
```

当执行到 MOVC　A，@ A + PC 时，当前 PC = 2103H，A = 06H，因此@ A + PC 指示的地址是 2109H，该指令的执行结果是（A）= 32H。

2）用数据指针 DPTR 作为基地址，A 作为变址，形成操作数地址：@ A + DPTR。

例如，执行下列指令，即

```
        MOV     A, #01H
        MOV     DPTR, #TABLE
        MOVC    A, @ A + DPTR
TABLE:  DB      41H
        DB      42H
```

在上面程序中，变址偏移量（A）= 01H，基地址为表的首地址 TABLE，指令执行后将地址为 TABLE + 01H 程序存储器单元的内容传送给 A，所以执行结果是（A）= 42H。

6. 相对寻址

相对寻址是以程序计数器 PC 的当前值作为基地址，与指令中的第二字节给出的相对偏移量 rel 进行相加，所得和即为程序的转移地址。

这种寻址方式用在相对转移指令中。相对偏移量 rel 是一个用补码表示的 8 位有符号数，程序的转移范围为相对 PC 当前值的 +127 ~ -128 字节。

例如，无条件转移相对寻址指令为

```
SJMP  08H         ; 双字节指令，相对偏移量 rel = 08H
```

设 PC = 2000H 为本指令的地址，则 PC 的当前值为 2002H，转移目标地址为

（2000H + 02H）+ 08H = 200AH

例如，条件转移相对寻址指令为

```
JZ    30H         ;若(A) =0 时,则程序跳转到 PC←(PC) +2 + rel(30H)
                  ; 若(A) ≠0 时,则程序顺序执行
```

这是一个零跳转指令，是双字节指令。

指令执行完后，PC 当前值为该指令首字节所在单元地址 +2，所以

目的地址 = 当前 PC 的值 + rel

在程序中，目的地址常以标号表示，在汇编时由汇编程序将标号汇编为相对偏移量，但标号的位置必须保证程序的转移范围为相对 PC 当前值的 +127 ~ -128 字节。例如：

```
JZ   LOP   ; 若（A）=0 时，则跳转到标号 LOP 处执行，即 PC←(LOP = ((PC) +2 + rel))
```

7. 位寻址

在 MCS-51 系列单片机中，有独立的性能优越的布尔处理器，包括位变量操作运算器、位累加器和位存储器，可对位地址空间的每个位进行位变量传送、状态控制、逻辑运算等操作。

位地址包括：内部 RAM 地址空间的可进行位寻址的 128 位和 SFR 中地址能被 8 整除的寄存器的所有位（11 个 8 位寄存器共 88 位）。位寻址给出的是直接地址。例如：

```
MOV   C, 07H          ;C←(07H)
```

07H 是内部 RAM 的位地址空间的 1 个位地址，该指令的功能是将 07H 内的操作数位送累加器 C 中。若（07H）= 1，则指令执行结果 C = 1。再如：

```
SETB   EX0                    ; EX0←1
```

EX0 是 IE 寄存器的第 0 位，相应位地址是 A8H，指令的功能是将 EX0 位置 1，指令执行的结果是 EX0 =1。

3.1.4 寻址空间及符号注释

1. 寻址空间

由上节所述的 7 种寻址方式可以看出，不同的寻址方式所寻址的存储空间是不同的。正确地使用寻址方式不仅取决于寻址方式的形式，而且取决于寻址方式所对应的存储空间。例如，位寻址的存储空间只能是片内 RAM 的 20H ~2FH 字节地址中的所有位（位地址为 00H ~7FH）和部分 SFR 的位，绝不能是该范围之外的任何单元的任何位。

MCS-51 的 7 种操作数的寻址方式与所涉及的存储器空间的关系如下。

1）立即寻址。立即数在程序存储器 ROM 中。

2）直接寻址。操作数的地址在指令中，操作数在片内 RAM 低 128B 和专用寄存器 SFR 中。

3）寄存器寻址。操作数在工作寄存器 R0 ~R7、A、B、Cy、DPTR 中。

4）寄存器间接寻址。操作数的地址在指令中，操作数在片内 RAM 低 128B（以@ R0、@ R1、SP（仅对 PUSH、POP 指令）形式寻址）；片外 RAM（以@ R0、@ R1、@ DPTR 形式寻址）中。

5）基址加变址寻址。操作数在程序存储器 ROM 中。

6）相对寻址。操作数在程序存储器中的范围是 -128 ~ +127B。

7）位寻址。操作数为片内 RAM 的 20H ~2FH 字节地址中的所有位（位地址为 00H ~7FH）和部分 SFR 的位。

2. 常用指令中的符号注释

在学习单片机指令系统过程中，对指令功能的描述常用到下列符号，下面简单介绍如下。

#data：表示指令中的 8 位立即数（data），“#”表示后面的数据是立即数。

#data16：表示指令中的 16 位立即数。

direct：表示 8 位内部数据存储器单元的地址。它可以是内部 RAM 的单元地址 0 ~127 或特殊功能寄存器的地址，如 I/O 端口、控制寄存器、状态寄存器等（128 ~255）。

Rn：n =0 ~7，表示当前选中的寄存器区的 8 个工作寄存器 R0 ~R7。

Ri：i =0 或 1，表示当前选中的寄存器区中的两个寄存器 R0、R1，可作地址指针即间址寄存器。

Addr11：表示 11 位的目的地址。用于 ACALL 和 AJMP 的指令中，目的地址必须存放在与下一条指令第一个字节同一个 2KB 程序存储器地址空间之内。

Addr16：表示 16 位的目的地址。用于 LCALL 和 LJMP 指令中，目的地址的范围在整个 64KB 的程序存储器地址空间之内。

rel：表示一个补码形式的 8 位带符号的偏移量。用在 SJMP 和所有的条件转移指令中，偏移字节相对于下一条指令的第一个字节计算，在 -128 ~ +127 内取值。

DPTR：为数据指针，可用做 16 位的地址寄存器。

bit：内部 RAM 或专用寄存器中的直接寻址位。

/：位操作数的前缀，表示对该位操作数取反。

A：累加器 ACC。

B：专用寄存器，用于 MUL 和 DIV 指令中。

C：进位/借位标志位，也可作为布尔处理机中的累加器。

@：间址寄存器或基址寄存器的前缀。如@ Ri、@ A + PC、@ A + DPTR。

$：当前指令的首地址。

←：表示将箭头右边的内容传送至箭头的左边。

3.2 指令系统及应用举例

本节以指令的使用形式为例分别介绍各类指令的格式、功能、寻址方式及应用。

3.2.1 数据传送指令

1. 片内数据传送指令

（1）以累加器 A 为目的操作数的指令

有以下形式，即

```
MOV  A,  Rn          ; A←(Rn)   源操作数为寄存器寻址
MOV  A,  @Ri         ; A←((Ri))  源操作数为寄存器间接寻址
MOV  A,  direct      ; A←(direct)  源操作数为直接寻址
MOV  A,  #data       ; A←data   源操作数为立即寻址
```

（2）以工作寄存器 Rn 为目的操作数的指令

有以下形式，即

```
MOV  Rn,  A          ; Rn←(A)
MOV  Rn,  direct     ; Rn←(direct)
MOV  Rn,  #data      ; Rn←data
```

（3）以直接地址为目的操作数的指令

有以下形式，即

```
MOV  direct,  A
MOV  direct,  Rn
MOV  direct,  direct
MOV  direct,  @Ri
MOV  direct,  #data
```

（4）以间接地址为目的操作数的指令

有以下形式，即

```
MOV  @Ri,  A
MOV  @Ri,  direct
MOV  @Ri,  #data
```

以上 4 小类指令中涉及 A、#data、direct、Rn 和@ Ri 共 5 个片内寻址的对象类别。其中，#data 为立即数寻址，只能作为源操作数且不具有存储单元性质，所以不能作为目的操

作数；Rn 和@ Ri 中寻址的对象之间也不能相互进行传送操作；除此之外的任意不同的两个对象之间都可以进行传送操作。片内传送指令主要用于参数设置、数据转存、端口读写等。

（5）16 位数据传送指令

有以下唯一形式，即

```
MOV  DPTR,  #data16
```

该指令的功能：把 16 位立即数传送至 16 位数据指针寄存器 DPTR。

当要访问片外 RAM 或 I/O 端口时，该指令一般用于将片外 RAM 或 I/O 端口的地址赋给 DPTR。

2. 片外数据存储器传送指令

片外数据存储器传送指令有以下形式，即

```
MOVX   A,  @Ri        ; A←((Ri))为寄存器间接寻址
MOVX   A,  @DPTR      ; A←((DPTR))为寄存器间接寻址
MOVX   @Ri,  A        ; (Ri)←(A)
MOVX   @DPTR, A       ; (DPTR)←(A)
```

单片机内部与片外数据存储器是通过累加器 A 进行数据传送的。

片外数据存储器的 16 位地址只能通过 P0 口和 P2 口输出，低 8 位地址由 P0 口送出，高 8 位地址由 P2 口送出，在地址输出有效且低 8 位地址被锁存后，P0 口作为数据总线进行数据传送。

CPU 对片外 RAM 的访问只能用寄存器间接寻址的方式。当以 DPTR（16 位）作间接寻址时，寻址的范围达 64KB；当以 Ri（8 位）作间接寻址时，仅能寻址低 256B 的范围。片外 RAM 的数据只能与累加器 A 之间进行数据传送。

必须指出，MCS-51 指令系统中没有设置访问外设的专用 I/O 指令，对于片外扩展的 I/O 端口与片外 RAM 是统一编址的，即 I/O 端口可看做独占片外 RAM 的一个地址单元，因此对片外 I/O 端口的访问均可使用这类指令。

3. 程序存储器数据传送指令

程序存储器数据传送指令有以下两种形式，即

```
MOVC   A,   @A+PC     ; A←(A+PC) 即基址寄存器 PC 的当前值与变址寄存器
                      A 的内容之和作为操作数的地址（可在程序存储器中的
                      当前指令下面 256 单元内）
MOVC   A,   @A+DPTR   ; A←(A+DPTR) 即基址寄存器 DPTR 的内容与变址寄存
                      器 A 的内容之和作为操作数的地址（可在程序存储器的
                      64KB 的任何空间）
```

在 MCS-51 指令系统中，这两条指令主要用于查表技术（PC 和 DPTR 与数据表的地址关联），在使用时应注意以下几点。

1）A 的内容为 8 位无符号数，即表格的变化范围为 256B。

2）PC 的内容为执行该指令时刻当前值，因为本指令是单字节指令，所以 PC 的内容为该指令首地址 +1。

3）MOVC A，@ A + PC 与 MOVC A，@ A + DPTR 两条指令的区别如下。

① 表格所在位置不同。前者表格中所有数据必须放在该指令之后的 256 个字节以内，而后者可以通过改变 DPTR 的内容将表格放到程序存储器 64KB 的任何地址开始的 256 个单

元之内。

② 表格首址的指示不同。前者 PC 指示的表格首地址总与实际表格首地址有一定的差值（一般为 2），后者 DPTR 的值就是表格首地址，不存在偏差值。

4）表格数据只能供查表指令查找，不能作为指令执行，因此，在表格之前必须设有控制转移类指令，以避免 PC 指向表内地址。

4. 数据交换指令

数据交换指令有以下形式。

1）字节交换指令。

```
XCH    A,  Rn          ; A 的内容与 Rn 的内容交换
XCH    A,  @Ri         ; A 的内容与(Ri)的内容交换
XCH    A,  direct      ; A 的内容与 direct 的内容交换
```

2）低半字节交换指令。

```
XCHD   A,  @Ri         ; A 的低 4 位与（Ri）的低 4 位交换
```

3）累加器 A 的高、低半字节交换指令。

```
SWAP   A               ; A 的低 4 位与高 4 位互换
```

由以上传送类指令可以看出，指令的功能主要由助记符和寻址方式来体现。只要掌握了助记符的含义和与之相对应的操作数的寻址方式，指令是很容易理解的。

5. 堆栈操作指令

堆栈操作指令有以下形式，即

```
PUSH   direct          ; SP←(SP) +1（先指针加 1）
                       ;（SP)←(direct)（再压栈）
POP    direct          ;（SP)←(direct)（先弹出）
                       ; SP←(SP) -1（再指针减 1）
```

在 MCS-51 中，堆栈只能设定在片内 RAM 中，由 SP 指向栈顶单元。

PUSH 指令是入栈（或称为压栈或进栈）指令，其功能是先将堆栈指针 SP 的内容加 1，然后将直接寻址 direct 单元中的数压入到 SP 所指示的单元中。

POP 是出栈（或称为弹出）指令，其功能是先将堆栈指针 SP 所指示的单元内容弹出到直接寻址 direct 单元中，然后将 SP 的内容减 1，SP 始终指向栈顶。

使用堆栈时，一般需重新设定 SP 的初始值。因为在系统复位或上电时，SP 的值为 07H，而 07H 是 CPU 工作寄存器区的一个单元地址，为了不占用寄存器区的 07H 单元，一般应在需使用堆栈前，由用户给 SP 设置初值（栈底），但应注意不能超出堆栈的深度。一般 SP 的值可以设置为 1FH 以上的片内 RAM 单元。

堆栈操作指令一般用于中断处理过程中，若需要保护现场数据（如内部 RAM 单元的内容），则可使用入栈指令，在中断处理过程执行完后，再使用出栈指令恢复现场数据。

【例 3-1】 设堆栈栈底为 30H，将现场 A 和 DPTR 的内容压栈。已知（A）= 12H，(DPTR) = 3456H。

可由以下指令完成。

```
MOV    SP,  #30H
PUSH   ACC
PUSH   DPL
```

```
PUSH    DPH
```

执行结果：（SP）=33H，片内 RAM 的 31H、32H、33H 单元的内容分别为 12H、56H、34H。

【例 3-2】 将上题中已压栈的内容弹出至原处，即恢复现场。

可由以下指令完成。

```
POP     DPH
POP     DPL
POP     ACC
```

执行结果：SP=30H，A=12H，DPTR=3456H。

在 MCS-51 中，堆栈常用于中断处理、子程序调用时程序断点和现场数据的临时存储单元。一般来说，在用户子程序及中断服务程序开始部分，首先执行现场数据的入栈操作、结束之前执行出栈操作，以用于保护现场；程序断点的入栈和出栈操作是系统自动执行的，不需要用户程序处理。

3.2.2 算术运算指令

算术运算类指令共有 24 条，包括加法、带进位加法、带借位减法、乘、除、加 1、减 1 和十进制调整指令等，其指令助记符分别为 ADD、ADDC、SUBB、MUL、DIV、INC、DEC、和 DA 等。

1. 加减运算

不带进位的加法指令有以下形式，即

```
ADD     A, #data        ; A←(A) + data
ADD     A, direct       ; A←(A) + (direct)
ADD     A, Rn           ; A←(A) + (Rn)
ADD     A, @Ri          ; A←(A) + ((Ri))
```

带进位的加法指令有以下形式，即

```
ADDC    A, Rn           ; A←(A) + (Rn) + Cy
ADDC    A, @Ri          ; A←(A) + ((Ri)) + Cy
ADDC    A, direct       ; A←(A) + (direct) + Cy
ADDC    A, #data        ; A←(A) + #data + Cy
```

带借位的减法指令有以下形式，即

```
SUBB    A, Rn           ; A←(A) - (Rn) - Cy
SUBB    A, @Ri          ; A←(A) - ((Ri)) - Cy
SUBB    A, direct       ; A←(A) - (direct) - Cy
SUBB    A, #data        ; A←(A) - data - Cy
```

利用加减法指令可实现的主要功能如下。

1）对 8 位无符号二进制数进行加减运算。

2）借助溢出标志对有符号的二进制整数进行加减运算。

3）借助进位标志，可以实现多字节的加减运算。

2. 乘法、除法指令

乘法指令有以下唯一形式，即

```
MUL    AB        ; A←A×B 低字节，B←A×B 高字节
```

该指令的功能：把累加器 A 和寄存器 B 中的两个 8 位无符号数相乘，将乘积又送回 A、B 内，A 中存放低位字节，B 中存放高位字节。若乘积大于 255，即 B 中非 0，则溢出标志 OV = 1，否则 OV = 0。而 Cy 总为 0。

除法指令有以下唯一形式，即

```
DIV    AB        ; A←(A)/(B)(商),B←(A)/(B)(余数)
```

该指令的功能：把 A 中的 8 位无符号数除以 B 中的 8 位无符号数，商存放在 A 中，余数存放在 B 中。Cy 和 OV 均清 0。若除数为 0，则执行该指令后结果不定，并将 OV 置 1。

3. 加 1、减 1 指令

加 1 指令有以下形式，即

```
INC    A         ; A←(A) +1
INC    Rn        ; Rn←(Rn) +1
INC    direct    ; (direct)←(direct) +1
INC    @Ri       ; (Ri)←((Ri)) +1
INC    DPTR      ; DPTR←(DPTR) +1
```

减 1 指令有以下形式，即

```
DEC    A         ; A←(A) -1
DEC    Rn        ; Rn←(Rn) -1
DEC    @Ri       ; (Ri)←((Ri)) -1
DEC    direct    ; (direct)←(direct) -1
```

加 1、减 1 指令主要用于调整寻址单元的数据进行加 1、减 1 操作，其结果仍存放在原数据单元。该指令常用于循环程序中对循环次数的控制。

4. 十进制调整指令

```
DA     A         ; A← (A) (BCD 码调整)
```

该指令的功能：将存放于 A 中的两个 BCD 码（十进制数）的和进行十进制调整，使 A 中的结果为正确的 BCD 码数。

算术逻辑单元 ALU 只能进行二进制运算，如果 BCD 码运算的结果超过 9，就必须对结果进行修正。此时只需在加法指令之后紧跟一条这样的指令，即可根据标志位 Cy、AC 和累加器的内容对结果自动进行修正，使之成为正确的 BCD 码形式。

算术运算指令对程序状态字 PSW 中的 Cy、AC、OV 3 个标志都有影响，根据运算的结果可将它们置 1 或清除。

3.2.3 逻辑操作指令

逻辑操作指令共有 24 条，包括双操作数的逻辑与、或、异或和单操作数的取反（即非逻辑）、清零和循环移位指令等，所有指令均对 8 位二进制数按位进行逻辑运算。

1. 双操作数的逻辑运算指令（与、或、异或）

1）逻辑“与”指令有以下形式，即

```
ANL A, Rn              ; A←(A)∧(Rn)
ANL A, @Ri             ; A←(A)∧((Ri))
ANL A, direct          ; A←(A)∧(direct)
```

```
ANL A, #data          ; A←(A)∧data
ANL direct, A         ; (direct)←(direct)∧(A)
ANL direct, #data     ; (direct)←(direct)∧data
```

该组指令的功能：将源操作数和目的操作数按对应位进行逻辑“与”运算，并将结果存入目的地址（前4条指令为A，后两条指令为直接寻址的direct单元）中。

与运算规则：与“0”相与，本位为“0”（即屏蔽）；与“1”相与，本位不变。

2）逻辑“或”指令有以下形式，即

```
ORL   A, Rn           ; A←(A)∨(Rn)
ORL   A, @Ri          ; A←(A)∨((Ri))
ORL   A, direct       ; A←(A)∨(direct)
ORL   A, #data        ; A←(A)∨data
ORL   direct, A       ; (direct)←(direct)∨(A)
ORL   direct, #data   ; (direct)←(direct)∨data
```

该组指令的功能：将源操作数和目的操作数按对应位进行逻辑“或”运算，并将结果存入目的地址。

或运算规则：与“1”相或，本位为“1”；与“0”相或，本位不变。

3）逻辑“异或”指令有以下形式，即

```
XRL   A,Rn            ; A←(A)⊕(Rn)
XRL   A,  @Ri         ; A←(A)⊕((Ri))
XRL   A,  direct      ; A←(A)⊕(direct)
XRL   A,  #data       ; A←(A)⊕ data
XRL   direct,  A      ; (direct)←(direct)⊕(A)
XRL   direct,  #data  ; (direct)←(direct)⊕ data
```

该组指令的功能：将源操作数和目的操作数按对应位进行逻辑“异或”运算，并将结果存入目的地址。

异或运算的运算规则：与“1”异或，本位为非（即求反）；与“0”异或，本位不变。

2. 单操作数的逻辑运算指令（清零、求反）

1）累加器A清0指令

```
CLR   A               ; A←0
```

2）累加器A求反指令

```
CPL   A               ; A← (Ā)
```

3. 循环移位指令

累加器A循环移位指令有以下形式，即

```
RL    A               ; A的各位依次左移一位，A.0←A.7
RR    A               ; A的各位依次右移一位，A.7←A.0
```

该指令连续执行4次，与指令SWAP A的执行结果相同。

左移相当于乘以2、右移相当于除以2功能的实现，限于乘积不超限（A的最高位ACC.7为0时）、相除无余数（A的最低位ACC.0为0时）的情况。

带进位标志Cy的累加器A循环移位指令有以下形式，即

```
RLC   A               ; A的各位依次左移一位，Cy←A.7，A.0←Cy
```

```
RRC    A                    ; A的各位依次右移一位，Cy←A.0，A.7←Cy
```

3.2.4 位操作指令

位操作指令即对位单元的一位数据进行操作的指令。位指令包含两个对象类别：C（位累加器）、bit（包含位寻址区00H－7FH和SFR中能位寻址的位单元）。

在汇编指令中，位地址可用以下4种方式表示。

- 直接位地址方式。如0E0H为累加器A的D0位的位地址，标志位F0的位地址为0D5H。
- 点操作符表示方式。用操作符“.”将具有位操作功能单元的字节地址或寄存器名与所操作的位序号（0～7）分隔。例如：PSW.5，说明是程序状态字的第5位，即F0。
- 位名称方式。对于可以位寻址的特殊功能寄存器，在指令中直接采用位定义名称。例如：EA为中断允许寄存器的第7位。
- 用户定义名方式。在用伪指令“OUT BIT P1.0”定义后，允许指令中用OUT代替P1.0。

1. 位传送指令

位传送指令有以下形式，即

```
MOV   C, bit          ; Cy← (bit)
MOV   bit, C          ; (bit) ← (Cy)
```

指令中其中一个操作数必须是进位标志C，bit可表示任何直接位地址。

【例3-3】 将ACC中的最高位送入P1.0输出。可执行以下指令，即

```
MOV   C,    ACC.7
MOV   P1.0,   C
```

2. 位修改指令

1）位置位指令有以下形式，即

```
SETB      C           ; Cy←1
SETB      bit         ; (bit)←1
```

2）位清0指令有以下形式，即

```
CLR C                 ; Cy←0
CLR bit               ; (bit)←0
```

采用这类指令可以对C和指定位置1或清零。

3）位逻辑“非”指令有以下形式，即

CPL　　C　　; Cy←($\overline{Cy}$)

CPL　　bit　　;(bit)←($\overline{bit}$)

该组指令的功能：对进位标志Cy或直接寻址位bit的布尔值进行位逻辑“非”运算，将结果送入Cy或bit。

3. 位逻辑运算指令

1）位逻辑“与”指令位逻辑“与”指令有以下形式，即

ANL　C，bit　　; C←(C) ∧ (bit)

ANL　C，/bit　　; C←(C) ∧ ($\overline{bit}$)

该组指令的功能：进位标志Cy与直接寻址位的布尔值进行位逻辑“与”运算，结果送

入 Cy。

注意： bit 前的斜杠表示对（bit）求反，求反后再与 Cy 的内容进行逻辑操作，但并不改变 bit 原来的值。

2）位逻辑“或”指令有以下形式，即

```
ORL      C, bit      ; C←(C)∨(bit)
ORL      C, /bit     ; C←(C)∨(/bit)
```

该组指令的功能：进位标志 Cy 与直接寻址位的布尔值进行位逻辑“或”运算，结果送入 Cy。

【例 3-4】 由 P1.0、P1.1 输入两个位数据（“0”或“1”）存放在位地址 X、Y 中，使 Z 满足逻辑关系式：$Z=\overline{X\bar{Y}+\bar{X}}$，然后，Z 经 P1.3 输出。

可执行以下指令。

```
X     BIT     20H.0
Y     BIT     20H.1
Z     BIT     20H.2
MOV  C,      P1.0
MOV  X,      C
MOV  C,      P1.1
MOV  Y,      C
MOV  C,      X
ANL  C,      /Y
ORL  C,      /X
CPL  C
MOV  Z,      C
MOV  P1.3,   C
```

3.2.5 控制转移类指令

程序一般是顺序执行的（由程序计数器 PC 自动递增实现），但有时因为操作的需要或比较复杂的程序，需要改变程序的执行顺序，即将程序跳转到某一指定的地址（即将该地址赋给 PC）后再执行，此时，就可以使用控制转移指令。

MCS-51 控制转移指令共 17 条，可分为 3 类，即无条件转移指令、条件转移指令及子程序调用与返回指令。

1. 无条件转移指令

不受任何条件限制的转移指令称为无条件转移指令。

（1）长转移指令

有以下唯一形式，即

```
LJMP      addrl6
```

该指令的功能：把 16 位地址（addr16）送给 PC，从而实现程序转移。允许转移的目标地址在整个程序存储器空间。

在实际使用时，addr16 常用标号表示，该标号即为程序要转移的目标地址，在汇编时把该标号汇编为 16 位地址。

（2）绝对转移指令

有以下唯一形式，即

```
AJMP    addr11              ; PC10 ~ 0←addr10 ~ 0 ，PC15 ~ 11 不变
```

该指令的功能：把 PC 当前值（加 2 修改后的值）的高 5 位与指令中的 11 位地址拼接在一起，共同形成 16 位目标地址送给 PC，从而使程序转移。允许转移的目标地址在程序存储器现行地址的 2KB（即 2^{11}）字节的空间内。

在实际使用时，addr11 常用标号表示，注意所引用的标号必须与该指令下面第一条指令处于同一个 2KB 范围内，否则会发生地址溢出错误。该标号即为程序要转移的目标地址，在汇编时把该标号汇编为 16 位地址。

（3）相对转移指令（也称为短转移指令）

有以下唯一形式，即

```
SJMP    rel          ; PC← (PC) +2 + rel
```

该指令的功能：根据指令中给出的相对偏移量 rel，即相对于当前 PC =（PC）+2，计算出程序将要转移的目标地址（PC）+2 + rel，并把该目标地址送给 PC。

注意：*因为相对偏移量 rel 是一个用补码形式表示的有符号数，其范围为 -128 ~ +127，所以该指令控制程序转移的空间不能超出这个范围，故也称该指令为短转移指令。*

在实际使用时，rel 常用标号来表示，该标号即为程序要转移的目标地址。

在实际应用中，常使用该指令完成程序“原地踏步”功能，等待中断事件的发生。此时，可用以下指令，即

```
LOOP: SJMP LOOP
```

或

```
SJMP  $                                   ; $ 表示当前指令的首地址
```

以上两条指令执行结果是相同的。

（4）间接长转移指令

有以下唯一形式，即

```
JMP     @A + DPTR             ; PC←(A) + (DPTR)
```

该指令也称为散转指令，其功能是把累加器 A 中 8 位无符号数与数据指针 DPTR 的 16 位数相加，结果作为下一条指令地址送入 PC，指令执行后不改变 A 和 DPTR 中的内容，也不影响标志位。

该指令可根据 A 的内容进行跳转，而 A 的内容又可随意改变，故可形成程序分支。本指令跳转范围为 64KB。

例如，下面程序段可根据累加器 A 的数值决定转移的目标地址，形成多分支散转结构。

```
            …
            MOV     A, #DATA          ; 数据 DATA 决定程序的转移目标
            MOV     DPTR, #TABLE      ; 设置基址寄存器初值
            CLR     C                 ; 进位标志清零
            RLC     A                 ; 对(A)进行乘 2 操作
            JMP     @A + DPTR         ; PC←(A) + (DPTR)
            …
TABLE:  AJMP    ROUT0             ; 若(A) =0，则转标号 ROUT0
```

```
AJMP    ROUT1          ; 若（A）=2，则转标号 ROUT1
AJMP    ROUT2          ; 若（A）=4，则转标号 ROUT2
…
```

注意：累加器 A 的内容一般都需要经过预先程序处理为偶数，以保证指令可靠执行。

2. 条件转移指令

条件转移指令主要用于单分支转移程序设计中，根据指令中给定的判断条件决定程序是否转移。当条件满足时，就按指令给定的相对偏移量进行转移；否则，程序顺序执行。

MCS-51 的条件转移指令中目标地址的形成属于相对寻址，其指令转移范围、偏移量的计算及目标地址标号的使用均同 SJMP 指令。

1）累加器判零转移指令有以下形式，即

```
JZ      rel      ; 若（A）=0，则 PC←（PC） +2 +rel（满足条件作相对转移）
                 ; 否则，PC←（PC）+2（顺序执行）
JNZ     rel      ; 若 A≠0，则 PC←（PC）+2 +rel（满足条件作相对转移）
                 ; 否则，PC←（PC）+2（顺序执行）
```

这两条指令均为双字节指令，以累加器 A 的内容是否为 0 作为转移的条件。本指令执行前，累加器 A 应有确定的值。

2）位测试转移指令有以下形式，即

```
JC      rel      ; 若 Cy =1，则 PC←（PC）+2 +rel（满足条件作相对转移）
                 ; 否则，PC←（PC）+2（顺序执行）
JNC     rel      ; 若 Cy =0，则 PC←（PC）+2 +rel（满足条件作相对转移）
                 ; 否则，PC←（PC）+2（顺序执行）
```

该组指令通常与 CJNE 指令一起使用，可以比较出两个数的大小，从而形成大于、小于、等于 3 个分支。

```
JB      bit，rel  ; 若（bit）=1，则 PC←（PC）+3 +rel（满足条件作相对转移）
                  ; 否则，PC←（PC）+3（顺序执行）
JNB     bit，rel  ; 若（bit）=0，则 PC←（PC）+3 +rel（满足条件作相对转移）
                  ; 否则，PC←（PC）+3（顺序执行）
JBC     bit，rel  ; 若（bit）=1，则 PC←（PC）+3 +rel 且 bit←0（满足条件作相
                  ; 对转移）
                  ; 否则，PC←（PC）+3（顺序执行）
```

JBC　　bit，rel 经常在查询方式处理中断时使用。

3）比较不相等转移指令有以下形式，即

```
CJNE    A，#data，rel
CJNE    A，direct，rel
CJNE    Rn，#data，rel
CJNE    @ Ri，data，rel
```

两数在比较时按减法操作并影响标志位 Cy，但指令的执行结果不影响任何一个操作数的内容。

该组指令为三字节指令，其功能是比较前面两个操作数（无符号数）的大小，若两数不相等为条件满足，则作相对转移，由偏移量 rel 指定地址；若相等为条件不满足，则顺序执行下一条指令。经常用于比较两数大小和循环程序设计中判断循环是否终止。

4）减 1 不为 0 转移指令有以下形式，即

```
DJNZ    Rn,rel            ; Rn←(Rn) -1
                          ; 若(Rn)≠0,则条件满足转移, PC←(PC) +2 +rel
                          ; 否则, PC←(PC) +2
DJNZ    direct,rel        ; (direct)←(direct) -1
                          ; 若(direct)≠0,则 PC←(PC) +3 +rel
                          ;否则, PC←(PC) +3
```

该组指令中第 1 条指令为二字节指令，第 2 条指令为三字节指令。

该组指令对控制已知循环次数的循环过程十分有用，在应用程序中，当需要多次重复执行某程序段时，可指定任何一个工作寄存器 Rn 或 RAM 的 direct 单元为循环计数器，对计数器赋初值以后，每完成一次循环，执行该指令使计数器减 1，直到计数器值为 0 时循环结束。

3. 子程序调用与返回指令

在程序设计时，常常有一些程序段被多次反复执行。为了缩短程序、节省存储空间，把具有多处使用的且逻辑上相对独立的某些程序段编写成子程序。当某个程序（可以是主程序或子程序）需要引用该子程序时，可通过子程序调用指令转向该子程序执行，在子程序执行完毕，可通过子程序返回指令返回到子程序调用指令的下一条指令继续执行原来程序。

MCS-51 子程序调用与返回指令有以下形式。

1）子程序绝对调用指令格式，即

```
ACALL   addrl1            ; PC←(PC) +2
                          ; SP←(SP) +1, SP←PC0 ~7
                          ; SP←(SP) +1, SP←PC8 ~15
                          ; PC0 ~10←addrl1
```

该指令和绝对转移指令非常相似，主要区别在于绝对调用指令在调用子程序的执行结束后要返回。

2）子程序长调用指令格式，即

```
LCALL   addrl6            ; PC←(PC) +3
                          ; SP←(SP) +1, (SP)←PC0 ~7
                          ; SP←(SP) +1, (SP)←PC8 ~15
                          ; PC←addrl6
```

该指令和长转移指令非常相似，主要区别在于长调用指令在调用子程序的执行结束后要返回。

3）子程序调用返回指令格式，即

```
RET                       ; PC8 ~15←((SP)), SP←(SP) -1
                          ; PC0 ~7←((SP)), SP←(SP) -1
```

当程序执行到本指令时，自动从堆栈中取出断点地址送给 PC，程序返回断点，即调用指令（ACALL 或 LCALL）的下一条指令处，然后继续往下执行。

RET 指令为子程序的最后一条指令。

4）中断子程序返回指令格式，即

```
RETI                      ; PC8 ~15←((SP)), SP←(SP) -1
                          ; PC0 ~7←((SP)), SP←(SP) -1
```

该指令除具有 RET 指令的功能外，RETI 在返回断点的同时，还要释放中断逻辑以接受新的中断请求。中断服务程序（中断子程序）必须用 RETI 返回。

RETI 指令为中断子程序的最后一条指令。

5）空操作指令格式，即

```
NOP                    ；单周期指令，延时一个机器周期，本周期内仅 PC 自加 1
```

常用 NOP 指令实现等待或延时。

3.3 汇编语言程序设计

3.3.1 伪指令

汇编语言源程序是由汇编语句组成的。一般情况下，汇编语言语句可分为指令性语句（即汇编指令）和指示性语句（即伪指令）。

1. 指令性语句

指令性语句（可简称为指令）是进行汇编语言程序设计的可执行语句，每条指令都产生相应的机器语言的目标代码。源程序的主要功能是由指令性语句去完成的。指令性语句的格式在本章 3.1.1 节已介绍，这里不再详述。

2. 指示性语句

指示性语句（伪指令）又称为汇编控制指令。它是控制汇编（翻译）过程的一些命令，是程序员通过伪指令要求汇编程序在进行汇编时的一些操作。因此，伪指令不产生机器语言的目标代码，是汇编语言程序中的不可执行语句。

伪指令主要用于指定源程序存放的起始地址、定义符号、指定暂存数据的存储区以及将数据存入存储器、结束汇编等。一旦源程序被汇编成目标程序后，伪指令就不再出现（即它并不生成目标程序），而仅仅在对源程序的汇编过程中起作用。因此，伪指令给程序员编制源程序带来较多的方便。

必须说明的是，汇编过程和程序的执行过程是两个不同的概念。汇编过程是将源程序翻译成机器语言的目标代码，此代码按照伪指令的安排存入存储器中。程序的执行过程是由 CPU 从存储器中逐条取出目标代码并逐条执行，以完成程序设计的主要功能。

MCS-51 单片机汇编语言中常用的伪指令如下。

（1）汇编起始地址 ORG

ORG 伪指令格式：

```
ORG    16 位地址
```

功能：规定紧跟在该伪指令后的源程序经汇编后产生的目标程序在程序存储器中存放的起始地址，如

```
        ORG     3000H
START:  MOV     A,    R1
        …
```

汇编结果：ORG 3000H 下面的程序或数据存放在存储器 3000H 开始的单元中，标号 START 为符号地址，其值为 3000H。

(2) 结束汇编伪指令 END

END 伪指令格式：

END 或 END　　标号

功能：汇编语言源程序的结束标志，即通知汇编程序不再继续往下进行。

如果源程序是一段子程序，在 END 后就不加标号。

如果是主程序，在加标号时，所加标号就应为主程序模块的第一条指令的符号地址，汇编后的程序从标号处开始执行。若不加标号，则汇编后程序从 0000H 单元开始执行。

(3) 赋值伪指令 EQU

EQU 伪指令格式：

标识符　EQU　数或汇编符号

功能：把数或汇编符号赋给标识符，且只能赋值一次。

注意：在 EQU 与前面的标号之间不要使用冒号，而只用一个空格来进行分隔。

(4) 定义字节伪指令 DB

DB 伪指令格式：

[标号:]　DB　项或项表

功能：将项或项表中的字节（8 位）数据依次存入标号所指示的存储单元中。

注意：项与项之间用“,”分隔；字符型数据用" " 括起来；数据可以采用二进制、十六进制及 ASCII 码等形式表示；省去标号不影响指令的功能；负数需转换成补码表示；可以多次使用 DB 定义字节。

(5) 定义字伪指令 DW

DW 伪指令格式：

[标号:]　DW　项或项表

功能：将项或项表中的字（16 位）数据依次存入标号所指示的存储单元中。

若要定义多个字时，则可以多次使用 DB 定义字节。

在查表指令应用时，应注意 DB、DW 的区别和共性，虽然两者都行，但应尽量按程序可读性来衡量使用。

(6) 数据地址定义伪指令 DATA

DATA 伪指令格式：

标识符　DATA　字节地址

(7) 位单元定义伪指令 BIT

BIT 伪指令格式：

标识符　BIT　位地址

功能：将位地址赋以标识符（注意，不是标号）。

上述 EQU、DATA、BIT 这 3 种伪指令有相似之处，都是为增强程序可读性而设置的指令，要掌握其共性和区别。

(8) 定义存储单元伪指令 DS

DS 伪指令格式：

标号：DS　数字

功能：从标号所指示的单元开始，根据数字的值保留一定数量的字节存储单元，留给以后存储数据用。例如：

```
SPACE:    DS   10                ；表示从SPACE所在的程序存储单元开始保留10个存储单
                                 ；元，下一条指令将从SPACE+10处开始存放
```

3.3.2 汇编语言程序结构及实例

1. 程序设计步骤

汇编语言程序设计一般经过以下几个步骤。

1）分析问题，明确任务要求，即要解决哪些问题。

2）确定算法，即根据实际问题和指令系统确定完成这一任务需经历的步骤。

3）根据所选择的算法，确定内存单元的分配；使用哪些存储器单元；使用哪些寄存器；程序运行中的中间数据及结果存放在哪些单元，以利于提高程序的效率和运行速度。然后制定出解决问题的步骤和顺序，画出程序的流程图（C语言程序设计时无需指定具体单元）。

4）根据流程图，编写源程序。

5）上机对源程序进行汇编、调试。

2. 程序设计技术

在进行汇编语言程序设计时，同一个问题会有不同的编程方式，但应按照结构化程序设计的要求，即程序的基本结构应采用顺序、选择和循环3种基本结构，而实现基本结构的指令语句也会有多种不同的形式，因而在执行速度、所占内存空间、易读性和可维护性等方面就有所不同。用汇编语言编写程序，对于初学者来说是会遇到困难的，程序设计者只有通过实践，不断积累经验，才能编写出较高质量的程序。

3. 几种常见汇编语言程序设计结构

（1）顺序程序结构

顺序程序结构是按照程序编写的顺序逐条依次执行的，是程序最基本的结构（功能完成前无控制转移类指令）。

【例3-5】 拼字。将外部数据存储器3000H和3001H的低4位取出拼成一个字，送3002H单元中。

程序如下。

```
ORG    2000H
MOV    DPTR, #3000H          ；DPTR←外部数据存储器地址
MOVX   A, @DPTR              ；取3000H单元数据送A
ANL    A, #0FH               ；屏蔽高4位
SWAP   A                     ；将A的低4位与高4位交换
MOV    R1, A                 ；暂存于R1
INC    DPTR                  ；指向下一单元
MOVX   A, @DPTR              ；3001H单元数据送A
ANL    A, #0FH               ；屏蔽高4位
ORL    A, R1                 ；拼成一个字节
INC    DPTR                  ；指向下一单元
MOVX   @DPTR, A              ；拼字结果送3002H单元
```

```
    SJMP    $
    END
```

说明：

1）本例中最后一条指令是原地踏步指令 SJMP　$。

2）凡访问外部数据的存储器，都必须先建立外部数据存储器地址指针（一般使用 DPTR）。访问外部数据存储器的指令为 MOVX。

（2）分支程序

分支程序是根据程序中给定的条件进行判断，然后根据条件的“真”与“假”决定程序是否转移。主要分为单分支和多分支。单分支程序结构针对对立的条件（比如等于 0、不等于 0 两种情况下的分别处理），使用条件转移指令进行分支转移；多分支程序结构针对平行的条件（如等于 1、等于 2、等于 3 等多种情况下的分别处理），使用散转指令进行多分支程序设计。

【例 3-6】　求符号函数。

$$Y=\begin{cases}1 & \text{当 } X>0\\ 0 & \text{当 } X=0\\ -1 & \text{当 } X<0\end{cases}$$

设 X、Y 分别为 30H、31H 单元。

分析：有 3 条路径需要选择，条件分为等于 0、不等于 0（又可以分为大于 0 和小于 0），因此需要采用两次单分支程序设计。符号函数流程图如图 3-1 所示。

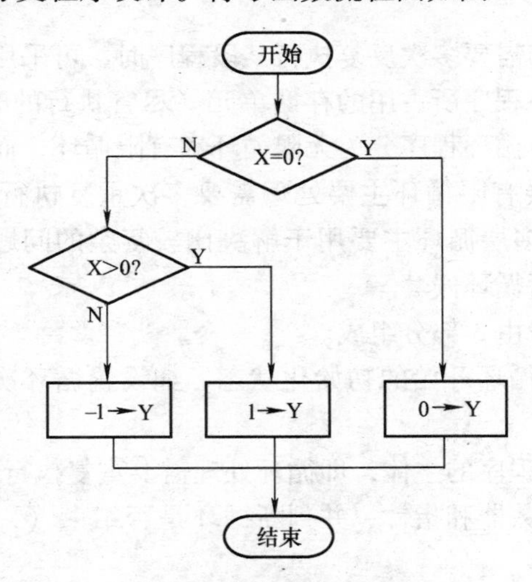

图 3-1　符号函数流程图

程序代码如下。

```
        ORG     2000H
        X       EQU     30H
        Y       EQU     31H
        MOV     A,      X               ; A←（X）
        JZ      LOOP0                   ; A 为 0 值，转 LOOP0
        JB      ACC.7，LOOP1            ; 最高位为 1 为负数
```

```
        MOV     A,    #01H            ; A←1
        SJMP    LOOP0
LOOP1:  MOV     A,    #0FFH           ; A← -1（补码）
LOOP0:  MOV     Y,    A               ;（Y）←A
        SJMP    $
        END
```

【例 3-7】 根据 A 中保存的某参数值（0，1，2…）执行不同的程序段进行处理，处理程序段分别为（ROUT0、ROUT1、ROUT2…）。

```
        …
        MOV     A,    #DATA           ; 数据 DATA 为某参数值决定程序的转移目标即
                                      ; 处理方式
        MOV     DPTR,   #TABLE        ; 设置基址寄存器初值
        CLR     C                     ; 进位标志清零
        RLC     A                     ; 对（A）进行乘 2 操作
        JMP     @A+DPTR               ; PC←(A)+(DPTR)
        …
TABLE:  AJMP    ROUT0                 ; 若（A）=0，则转标号 ROUT0
        AJMP    ROUT1                 ; 若（A）=2，则转标号 ROUT1
        AJMP    ROUT2                 ; 若（A）=4，则转标号 ROUT2
        …
```

（3）循环程序

在程序执行过程中，当需要多次反复执行某段程序时，可采用循环程序。循环程序可以简化程序的编制，大大缩短程序所占用的存储单元（尽管执行的时间不会减少），它是程序设计中最常用的方法之一。循环程序分为无限循环和有限循环，而有限循环又分为两种，即单层循环和多层循环。单层有限循环主要处理需要多次重复执行的事务，主要使用 CJNE、DJNZ 指令完成循环判终；多层循环主要用于解决比较复杂的问题或延时，多使用 DJNZ 完成循环次数，根据问题进行循环嵌套。

单层有限循环程序一般由 3 部分组成。

1）初始化。用于确定循环开始的初始化状态，如设置循环次数（计数器）、地址指针及其他变量的起始值等。

2）循环体。这是循环程序的主体，即循环处理需要重复执行的部分。

3）循环控制。修改计数器和指针，并判断循环是否结束（一般使用加 1、减 1 指令配合 CJNE、DJNZ 指令完成）。

【例 3-8】 有 20 个数存放在内部 RAM 从 41H 开始的连续单元中，试求其和，并将结果存放在 40H 单元（和数是一个 8 位二进制数，不考虑进位问题）。

程序代码如下。

```
        ORG     2000H
        MOV     A,      #00H          ; 清累加器 A
        MOV     R7,     #14H          ; 建立循环计数器 R7 初值
        MOV     R0,     #41H          ; 建立内存数据指针
LOOP:   ADD     A, @R0                ; 累加
```

```
        INC     R0                      ；指向下一个内存单元
        DJNZ    R7，    LOOP            ；修改循环计数器，判循环结束条件
        MOV     40H，   A               ；存累加结果于40H
        SJMP    $
        END
```

【例 3-9】 较长时间的延时子程序，可以采用多重循环来实现。利用 CPU 中每执行一条指令都有固定的时序这一特征，令其重复执行某些指令，从而达到延时的目的。

子程序代码如下。

```
          源程序                     机器周期数
DELAY：MOV R7，#0FFH                    1
LOOP1：MOV R6，#0FFH                    1
LOOP2：NOP                              1
       NOP                              1
       DJNZ R6，LOOP2                   2
       DJNZ R7，LOOP1                   2
       RET                              2
```

程序中：

内循环一次所需机器周期数 = （1 + 1 + 2） 个 = 4 个，内循环共循环 255 次的机器周期数 = 4 × 255 个 = 1020 个。

外循环一次所需机器周期数 = （4 × 255 + 1 + 2） 个 = 1023 个，外循环共循环 255 次，所以该子程序总的机器周期数 = （255 × 1023 + 1 + 2） 个 = 260868 个。

因为一个机器周期为 12 个时钟周期，所以该子程序最长延时时间 = 260868 × 12/f_{osc}。

注意：当用软件实现延时时，不允许有中断，否则会严重地影响定时的准确性。若需要延时更长的时间，则可采用更多重的循环，如延时 1min，可采用三重循环。

程序中所用标号 DELAY 为该子程序的入口地址，以便由主程序或其他子程序调用。最后一句 RET 指令，可实现子程序返回。

（4）子程序设计

1）主程序和子程序的概念。在程序设计中，可能多处使用同一个功能的程序段，若重复书写，则会多消耗程序存储单元，而且使程序冗余、可读性很差。为避免这种情况，对这样多处使用的同一功能的程序段作为子程序来设计。子程序就像图书馆的书一样，是作为公共资源存在的。调用子程序的事物主进程称为主程序，主程序调用子程序执行，结束后要使用子程序返回指令返回主程序。

2）采用子程序结构的优点。子程序结构的使用增强了程序的可读性；将一些常用功能的程序写成子程序形式，可为编程人员进行程序开发提供方便。

3）现场保护、现场恢复。单片机程序操作的常用对象和单元是有限的，不可避免地会出现调用前后都使用同一对象的可能，为防止数据覆盖性丢失，因此，在子程序执行过程中，对主程序占用、影响的单元、对象要进行现场信息保存，子程序结束后要进行现场信息恢复。现场保存和恢复主要使用堆栈方式，特殊对象（如工作寄存器）也可以通过切换使用的工作寄存器组来完成。

【例 3-10】 编写一子程序，将 8 位二进制数转换为 BCD 码。

设要转换的二进制数在累加器 A 中，子程序的入口地址为 BCD1，转换结果存入 R0 所指示的 RAM 中。

程序代码如下。

```
BCD1:     MOV B, #100
          DIV AB              ; A←百位数，B←余数
          MOV @R0, A          ;（R0）←百位数
          INC R0
          MOV A, #10
          XCH A, B
          DIV AB              ; A←十位数，B←个位数
          SWAP A
          ADD A, B            ; 十位数和个位数组合到 A
          MOV @R0, A          ; 存入（R0）
          RET
```

【例 3-11】 用查表法将累加器 A 中的低 4 位（十六进制数）转换成 ASCII 码，且保留在 A 中，子程序的入口地址为 HASC。

程序代码如下。

```
HASC: ANL A, #0FH                   ; 取 A 的低 4 位
      INC A                         ; 根据表的首地址与查表指令的位置调整 A = A + 1
      MOVC A, @A + PC               ; 查表（该指令为单字节指令）
      RET                           ; 子程序返回，单字节指令
      DB 30H, 31H, 32H, …, 39H      ; 建立 ASCII 数据表
      DB 41H, 42H, …, 46H
```

【例 3-12】 编写一子程序，将累加器 A 中的 ASCII 码转换为十六进制数。

根据十六进制数和它的 ASCII 字符编码之间的关系，可以得出：十六进制数 0 ~ 9 的 ASCII 为 30H ~ 39H，其差值为 30H；十六进制数 A ~ F 的 ASCII 为 41H ~ 46H，其差值为 37H。

程序代码如下。

```
ASCH:    CLR C
         SUBB A, #30H
         CJNE A, #0AH, NEXT
NEXT:    JC DONE
         SUBB A, #07H
DONE:    RET
```

（5）查表程序

查表是程序设计中使用的基本方法。只要适当地组织表格，就可以十分方便地利用表格进行多种代码转换和算术运算等。

【例 3-13】 利用表格计算内部 RAM 的 30H 单元中一位 BCD 数的平方值，并将结果存入 31H 单元。首先组织平方表，且把它作为程序的一部分。

程序代码如下。

```
          ORG 2000H
```

```
        MOV A, 30H                 ; 内部RAM30H单元中的一位BCD数据送A
        MOV DPTR, #SQTAB
        MOVC A, @A+DPTR            ; 查SQTAB表
        MOV 31H, A
        SJMP $
SQTAB:  DB 0, 1, 4, 9, 16, 25, 36, 49, 64, 81  ; 建立首地址为SQTAB的数据表
```

说明：

1）本例因为将平方表作为程序的一部分，因此采用程序存储器访问指令MOVC。

2）用MOVC A，@A+DPTR指令查表，必须事先给基址寄存器（即DPTR）赋值。使用本查表指令，数表可以安放在程序存储器64KB空间的任何地方。

3）查表所需的执行时间较少，但需较多的存储单元。

（6）运算程序

在程序中通过运算指令，直接实现算术运算尤为方便。

【例3-14】 编写一子程序，实现多字节加法。

两个多字节数分别存放在起始地址为FIRST和SECOND的连续单元中（从低位字节开始存放），两个数的字节数存放在NUMBER单元中，最后求得的和存放在FIRST开始的区域中。使用MCS-51字节加法指令进行多字节的加法运算，可用循环程序来实现。

程序代码如下。

```
SUBAD:  MOV R0, #FIRST
        MOV R1, #SECOND            ; 置起始地址
        MOV R2, NUMBER             ; 置计数初值
        CLR C                      ; 清Cy
LOOP:   MOV A, @R0
        ADDC A, @R1                ; 进行一次加法运算
        MOV @R0, A                 ; 存结果
        INC R0
        INC R1                     ; 修改地址指针
        DJNZ R2, LOOP              ; 计数及循环控制
        RET
```

3.4 实训项目三 单片机指令系统及汇编语言程序设计练习

3.4.1 汇编指令程序段项目练习

1. 目的

1）了解单片机的基本指令及基本寻址方法。

2）掌握汇编语言程序基本的分支及循环程序。

2. 项目内容

1）用Keil C新建一个工程。

2）在工程内添加程序文件。

3）通过 Keil C 的仿真功能来观察程序运行过程及结果。

3. 环境

在 PC 安装 Keil C 集成开发环境（开发环境的使用请参照本书第 4 章 4.8 节 C51 开发工具的使用）。

4. 实验步骤

1）打开 Keil C 开发环境，并新建工程 Project3。

2）在工程内新建一个源程序文件，输入下列代码后将文件名保存为 main. asm。

```
        ORG 0000H
  INIT: MOV R0, #20H
        MOV R1, #30H
        MOV@ R0, #69H
        INC R0
        MOV @ R0, #93H
        INC R0
        MOV @ R0, #89H
        MOV@ R1, #68H
        INC R1
        MOV @ R1, #85H
        INC R1
        MOV @ R1, #66H                    ；初始化各加数值
        CLRF0                             ；清除 F0
BCDADD: MOV A, @ R0
        MOV C, F0                         ；F0 位值存入 CY
        ADDC A, @ R1                      ；按字节相加，带进位的加法
        DA A                              ；十进制调整
        MOV F0, C                         ；F0 位值存入 CY
        MOV @ R0, A                       ；将和存回［R0］中
        DEC R0                            ；调整数据指针
        DEC R1
        CJNE R0, #1FH, BCDADD             ；处理完所有字节
        MOVC, F0
        SJMP $
        END
```

3）对源程序文件进行编译连接。

4）利用 Keil C 的仿真功能来观察程序运行过程中寄存器和内存单元的变化。

RAM 内容查看方法：

寄存器窗口及工具栏如图 3-2 所示。单击工具栏按钮▣，在如图 3-3 所示的内部存储单元窗口输入“D：20h”，即可查看内部存储单元数值。

5）运行程序，并思考下列问题。

① 该程序实现什么功能？

② 语句“CJNE R0，#1FH，BCDADD”的主要作用是什么？

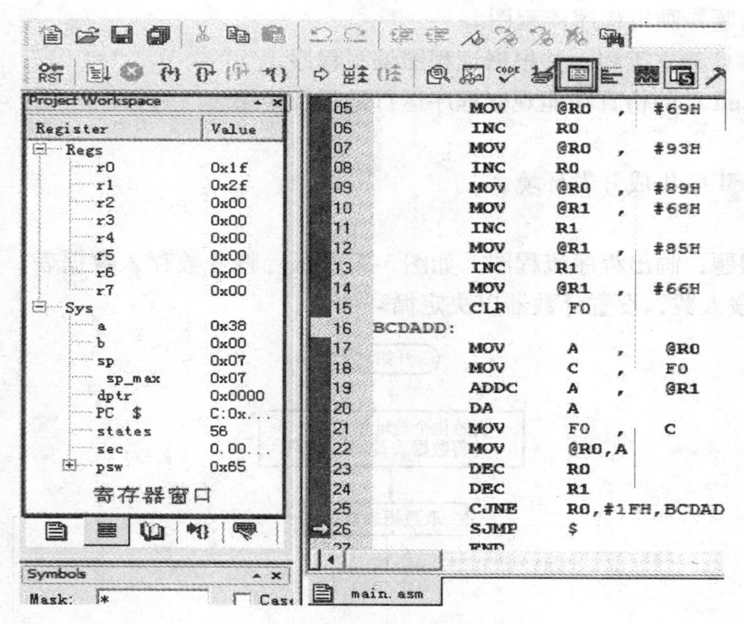

图 3-2　寄存器窗口及工具栏

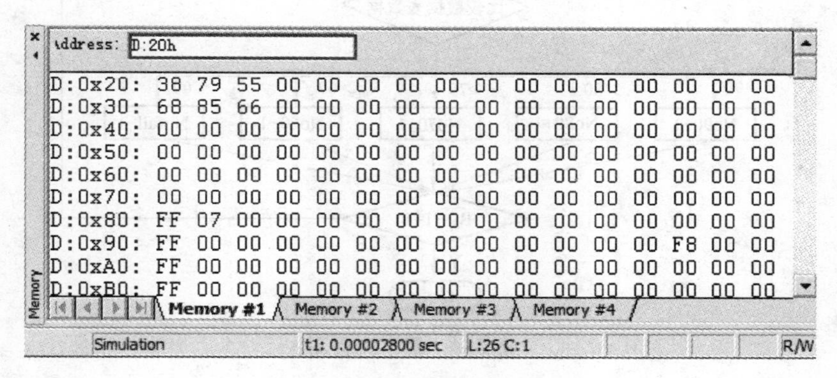

图 3-3　内部存储单元窗口

③ ADDC 可否替换为 ADD？

④ F0 在程序中起什么作用？

6）根据以上问题修改程序，并运行，验证问题答案。

3.4.2　汇编语言程序设计项目

1. 目的

1）了解单片机的程序设计方法。

2）掌握汇编基本的分支及循环程序。

2. 项目内容

现有 15 个学生的成绩，根据成绩段，统计每个成绩段的人数。成绩按 100 ~ 90、89 ~ 80、79 ~ 70、69 ~ 60、59 以下进行分段。

1）分析问题，画出程序流程图。

2）用 Keil C 建立工程，并根据流程图编写程序。

3）通过 Keil C 的仿真功能观察程序运行过程及结果。

3. 环境

PC 运行 Keil C 集成开发环境。

4. 步骤

1）分析问题，画出程序流程图，如图 3-4 所示。将分数存入数据表，定义 5 个地址单元存放各成绩段人数，设置计数器以决定循环次数。

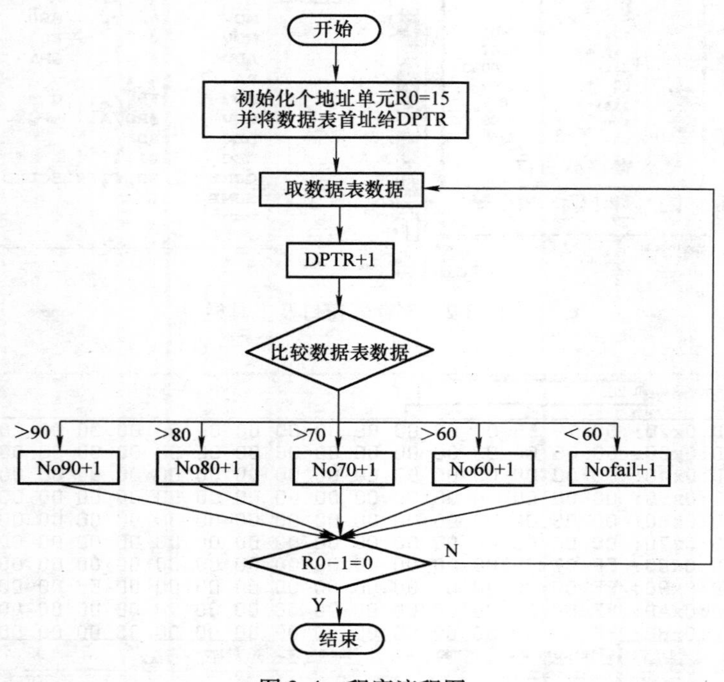

图 3-4 程序流程图

汇编指令代码如下。

```
      ORG 0000H
      NO90    EQU 30H
      NO80    EQU 31H
      NO70    EQU 32H
      NO60    EQU 33H
      NOFAIL EQU 34H                  ；定义各成绩段人数存放地址单元
    INIT：
      MOV R0 ，#15                    ；设置循环计数器
      MOV DPTR ，#SCORE               ；取数据表首址
      CLR  A
      MOV NO90 ，A
      MOV NO80 ，A
      MOV NO70 ，A
```

```
    MOV   NO60 , A
    MOV   NOFAIL, A                       ; 对各地址单元进行清零
LOOP:
    CLR    A
    MOVC  A, @A + DPTR                    ; 查表取数据
    INC    DPTR                           ; 表地址 +1
    CLR   C                               ; 清除进位标志位
    MOV   B, A                            ; 暂存数据表数据
    SUBB  A, #90                          ; 比较是否大于 90
    JC      LOOP_CMP80                    ; 小于 90 跳转至与 80 比较
    INC    NO90                           ; 90 分人数 +1
    SJMP  ENDP                            ; 跳转至程序结束
LOOP_CMP80:
    MOV   A, B
    SUBB  A, #80
    JC      LOOP_CMP70
    INC    NO80
    SJMP  ENDP
LOOP_CMP70:
    MOV   A, B
    SUBB  A, #70
    JC      LOOP_CMP60
    INC    NO70
    SJMP  ENDP
LOOP_CMP60:
    MOV   A, B
    SUBB  A, #60
    JC     LOOP_FAIL
    INC   NO60
    SJMP  ENDP
LOOP_FAIL:
    INC   NOFAIL
ENDP:
    DJNZ  R0, LOOP                        ; 循环计数器 -1, 并比较是否等于 0
    SJMP  $
SCORE:
DB 95, 73, 62, 41, 86
DB 65, 88, 76, 54, 55
DB 78, 32, 87, 93, 88
END
```

2）新建工程，输入源程序文件代码。

3）对源程序文件进行编译连接。

4）利用 Keil C 的仿真功能来观察程序运行过程中寄存器和内部 RAM 单元数据的变化。

3.5 思考与练习

1. MCS-51 汇编指令格式是什么？如何通过汇编指令格式来判断指令字节数？

2. 51 单片机有哪几种寻址方式？其特征对象分别是什么？制出表格进行说明。

3. 位寻址和字节寻址如何区分？在使用时有何不同？

4. 要访问专用寄存器和片外数据寄存器，应采用什么寻址方式？举例说明。

5. 什么是堆栈？其主要作用是什么？如何使用？

6. 编程：将片外数据存储器 2000H ~ 20FFH 单元内容清零。

7. 已知 A = 83H，R0 = 17H，(17H) = 34H，写出下列程序段执行完后的 A 中的内容。

```
ORLA，#17H
ANL 17H，A
XRL A，@ R0
CPL A
```

8. 已知单片机的 f_{osc} = 6MHz，分别设计延时为 0.1s、1s、1min 的子程序。

9. MCS-51 汇编语言中有哪些常用的伪指令？各起什么作用？

10. 比较下列各题中的两条指令是否相同？若不同，则指出其区别？

```
① MOV   A,    R1;        MOV   ACC,    R1
② MOV   A,    P0;        MOV   A,      80H
③ LOOP: SJMP   LOOP;  SJMP    $
```

11. 在对下列程序段进行汇编后，从 3000H 开始各有关存储单元的内容是什么？

```
            ORG3000H
TAB1        EQU 1234H
TAB2        EQU 5678H
            DB 65，13，"A"
            DW TAB1，TAB2，9ABCH
```

12. 为了提高汇编语言程序的可读性和编译效率，在编写时应注意哪些问题？

13. 有一个输入设备，其端口地址为 20H，要求在 1 s 时间内连续采样 10 次读取该端口数据，求其算术平均值，结果存放在内部 RAM 区 20H 单元。

14. 现需对外部某两个信号进行异或操作，试使用单片机完成其要求。

15. 简单说明两条查表指令在使用上的区别。

第4章　单片机C语言程序设计基础

本章主要介绍单片机C语言编程基础、C51编程环境及单片机应用程序开发。

一般情况下，单片机常用的程序设计语言有两种：

- 汇编语言。汇编语言具有执行速度快、占存储空间少、对硬件可直接编程等特点，因而特别适合在对实时性能要求比较高的情况下使用。若使用汇编语言编程，则要求程序设计人员必须熟悉单片机内部结构和工作原理。编写程序比较麻烦一些。
- C语言。C语言克服了汇编语言的不足之处，同时又增加了代码的可读性。C语言大多数代码被翻译成目标代码后，其效率与汇编语言相当。特别是C语言的内嵌汇编功能，使C语言对硬件操作更加方便。

虽然用C语言写出来的代码会比汇编代码占用的空间大一些，但是在电子技术飞速发展的今天，单片机的存储容量也大幅度提高，代码的大小已经不是主要问题，采用先进的开发工具所带来的优势更明显，因此，使用C语言开发单片机程序已是大势所趋。

C语言的优点如下。

1）语言紧凑，使用灵活。

2）与汇编相比，可移植性好。

3）生成目标代码质量高，程序执行效率高。

4）运算符较为丰富。

现有多种可以对51系列单片机开发的C语言，可以通称为C51。

本章所涉及的程序在Keil C μVision2 V7.06 C语言开发环境下调试通过，所使用的单片机型号为AT89C52。该芯片是美国ATMEL公司生产的高性能CMOS 8位单片机，其指令、引脚定义与51系列单片机完全兼容。AT89C52内置8KB的可反复擦写Flash只读程序存储器，完全可以满足一般控制程序需要。

4.1　Keil C简介与环境设置

Keil C μVision 2开发环境是德国Keil Software Inc. and Keil Elektronik GmbH开发的微处理器开发平台。在这个开发平台上可以开发多种8051兼容单片机程序。由于其环境和Microsoft Visual C ++环境类似，所以赢得了众多用户的青睐。Keil C μVision 2运行后的主窗口如图4-1所示。

Keil Software-Cx51编译器（该编译器包含C51编译器和Cx51编译器，以下简称为C51编译器）兼容ANSI C语言标准。

C51有两种使用方式。第一种方式是在命令提示符下使用，需要设置如下变量。

1）PATH = E:\Keilc\C51\BIN

2）TMP = E:\Keilc\Tmp

3）C51INC = E:\Keilc\C51\INC

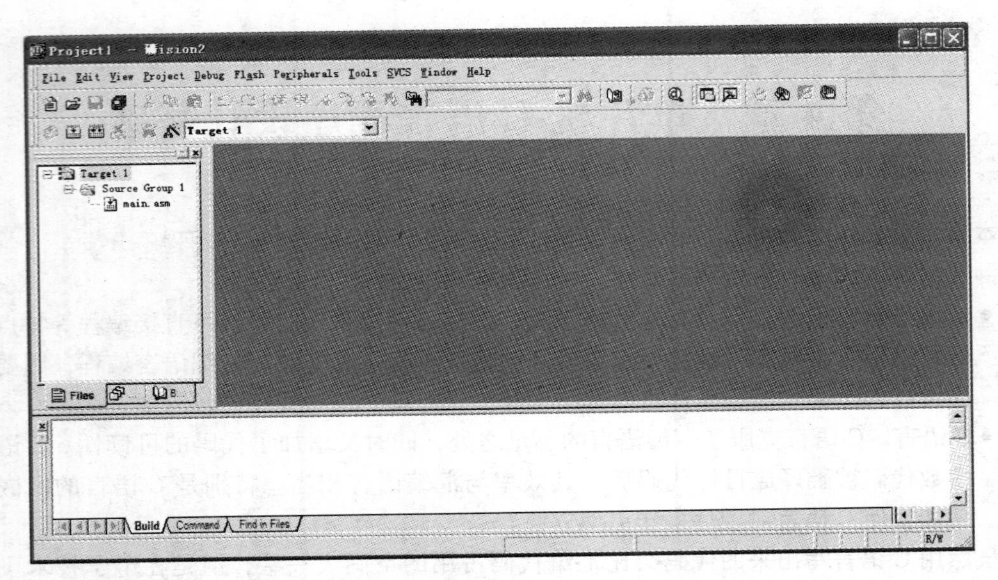

图 4-1　Keil C µVision2 运行后的主窗口

4）C51LIB = E:\Keilc\C51\LIB

（**注意**：E:\Keilc 这个路径是 Keil C 安装的路径。）

在 Windows 环境下进入设置方式，操作步骤是：在桌面用鼠标右键单击“我的电脑”→“属性”→选择“高级”选项→单击“环境变量”标签→在“新建”对话框输入设置变量。

设置好运行环境后就可以在命令提示符下编译 C 语言源程序，其格式为

C51 源文件名［控制命令……］

目前常用的第二种方式是在 µVision2 IDE 中使用（Windows 窗口命令操作），不需要进行设置。

经过编译后产生 4 个文件。

1）与源文件名相同名的 .lst 列表文件，在 .lst 文件中包含格式化的源文件和编译过程中检查出来的错误。

2）与源文件名相同的 .obj 目标文件，.obj 文件由 BL51 连接器生成 .hex 文件。

3）与源文件名相同的 .i 预处理器扩展的源文件，主要保存对宏的扩展。

4）与源文件名相同的 .src 汇编源文件，包含有 C 源代码产生的汇编代码。

4.2　C51 简介

4.2.1　C51 的扩展

C51 编译器兼容 ANSI C 标准，又扩展支持了 8051 微处理器，其扩展内容如下。

1）存储区。

2）存储区类型。

3）存储模型。

4）存储类型说明符。

5）变量数据类型说明符。

6）位变量和可位寻址数据。

7）SFR。

8）指针。

9）函数属性。

C51 增加以下关键字对 8051 微处理器进行支持。C51 增加的关键字如表 4-1 所示。

表 4-1　C51 增加的关键字

_at_	为变量定义存储空间的绝对地址	pdata	分页寻址的外部 RAM
alien	声明与 PL/M51 兼容的函数	_priority_	RTX51 的任务优先级
bdata	可位寻址的内部 RAM	reentrant	可重入函数
bit	位类型	sbit	声明可位寻址的特殊功能位
code	ROM	sfr	8 位的特殊功能寄存器
compact	使用外部分页 RAM 的存储模式	sfr16	16 位的特殊功能寄存器
data	直接寻址的内部 RAM	small	内部 RAM 的存储模式
idata	间接寻址的内部 RAM	_task_	实时任务函数
interrupt	中断服务函数	using	选择工作寄存器组
large	使用外部 RAM 的存储模式	xdata	外部 RAM

4.2.2　存储区

8051 单片机支持程序存储器和数据存储器的分离，存储器根据读写情况可以分为程序存储区（ROM）、快速读写存储器（内部 RAM）、随机读写存储器（外部 RAM）。

在 C51 中，通过定义不同的存储器类型的变量来访问 8051 的存储空间。C51 存储器类型与 8051 存储空间的对应关系如下。

1. 程序存储器（code）

在 8051 中程序存储器是只读存储器，其空间为 64KB，在 C51 中用 code 关键字来声明访问程序存储区中的变量。

2. 内部数据存储器

在 8051 单片机中，内部数据存储器属于快速可读写存储器，与 51 兼容的扩展型单片机最多有 256B 内部数据存储区。其中，低 128 位（0x00 ~ 0x7F）可以使用直接寻址，高 128 位（0x80 ~ 0xFF）只能使用间接寻址。

（1）data

data 存储类型声明的变量可以对内部 RAM 直接寻址 128B（0x00 ~ 0x7F）。在 data 空间中的低 32B 又可以分为 4 个寄存器组（同单片机结构）。

（2）idata

idata 存储类型声明的变量可以对内部 RAM 间接寻址 256B（0x00 ~ 0xFF），访问速度与

data 类型相比略慢。

（3）bdata

bdata 存储类型声明的变量可以对内部 RAM 16B（0x20～0x2F）的 128 位进行位寻址，允许位与字节混合访问。

3. 外部数据存储器

外部数据存储器又称为随机读写存储器，访问存储空间为 64KB。其访问速度要比内部 RAM 慢。访问外部 RAM 的数据要使用指针进行间接访问。

在 C51 中，使用关键字 xdata 和 pdata 存储类型声明的变量来访问外部存储空间中的数据。

（1）xdata

xdata 存储类型声明的变量可以访问外部存储器 64KB 的任何单元（0x0000～0xFFFF）。

（2）pdata

pdata 存储类型声明的变量可以访问外部存储器（一页）低 256B（不建议用）。

4.2.3 存储模式

在 C51 中，存储器模式可以确定变量的存储器类型。程序中可用编译器控制命令 SMALL、COMPACT、LARGE 指定存储器模式。

1. SMALL 模式

SMALL 模式是 C51 编译器默认的存储器类型，该模式中所有的变量位于单片机的内部 RAM 数据区，这与用 data 存储类型标识符声明的变量是相同的。在本模式中变量访问速度快且效率高，故对于经常使用的变量应置于内部 RAM 中。

2. COMPACT 模式

在 COMPACT 模式下，所有变量在默认的情况下都存放在外部数据区的一页（低 256B）中，这与用 pdata 存储类型声明的变量是相同的。它通过寄存器 R0、R1（@ R0、@ R1）间接寻址，此模式效率低于 SMALL 模式，但高于 LARGE 模式。

3. LARGE 模式

LARGE 模式下所有变量在默认情况下都存放在外部数据存储区 64KB 范围内，这与用 xdata 存储类型声明的变量是相同的。该模式使用数据指针 DPTR 寻址。在此模式下访问存储区的效率要低于 SMALL 模式和 COMPACT 模式。

以上可以看出，一般情况下应使用默认的 SMALL 模式。

4.2.4 数据类型

在 C51 中不仅支持所有的 C 语言标准数据类型，而且还对其进行了扩展，增加了专用于访问 8051 硬件的数据类型，使其对单片机的操作更加灵活。C51 数据类型如表 4-2 所示。

表 4-2 C51 数据类型

数据类型	位	字节	取值范围
bit	1		0 或 1
char	8	1	-128～127

（续）

数据类型	位	字节	取值范围
unsigned char	8	1	0 ~ 255
enum	8/16	1/2	-128 ~ 127 或 -32768 ~ 32767
short	16	2	-32768 ~ 32767
unsigned short	16	2	0 ~ 65536
int	16	2	-32768 ~ 32767
unsigned int	16	2	0 ~ 65535
long	32	4	-2147483648 ~ 2147483647
unsigned long	32	4	0 ~ 4294967295
float	32	4	±1.175494E-38 ~ ±3.402823E+38
sbit	1		0 或 1
sfr	8	1	0 ~ 255
sfr16	16	2	0 ~ 65535

由表 4-2 可以看出，bit、sbit、sfr、sfr16 是 C51 中特有的数据类型。

下面主要介绍 C51 常用数据类型及其对变量的声明。需要注意的是，C51 中所声明的变量实际上就是存储器中的一个相应类型的数据单元。

1. bit 类型

bit 用于声明位变量，其值为 1 或 0。用 bit 类型声明的变量位于内部 RAM 的位寻址区。由单片机存储结构可以看出，可进行位寻址的区域只有内部 RAM 地址为 0x20H ~ 0x2FH 的 16 个字节单元，所以在这个区域只能声明 16×8 = 128 个位变量。例如：

```
bit  bdata  flag;        /*说明位变量 flag 定位在片内 RAM 位寻址区*/
```

bit 类型也可以用来说明一个函数的返回值类型。

【例 4-1】 编写函数判断一个正整数是奇数（返回“1”）还是偶数（返回“0”）。

```
bit func (unsigned char n)          /*声明函数的返回值为 bit 类型*/
{
  if (n%2)
      return (1);
  else
      return (0);
}
```

注意： 位变量不能声明为以下形式。

1）一个位变量不能声明为指针，如 bit* prt。

2）不能定义一个位类型的数组，如 bit a [4]。

2. sbit 类型

sbit 类型用于声明可以进行位寻址变量（8 位）中的某个位变量，其值为 1 或 0。例如，声明位变量如下。

```
char bdata bobject;          /*声明可位寻址变量 bobject*/
sbit bobj3 = bobject^3;      /*声明位变量 bobj3 为 bobject 的第 3 位*/
```

```
sbit CY = 0xD0^7;          /* 声明 CY 表示字节地址 0xD0（PSW）中的第 7 位为 CY */
sbit CY = 0xD7;            /* 声明位地址 0xD7 单元 */
```

3. sfr 类型

sfr 类型用于声明单片机中的特殊功能寄存器（8 位），位于内部 RAM 地址为 0x80 ~ 0xFF 的 128B 存储单元，这些存储器一般用作定时器/计数器、串口、并口和控制寄存器等使用，在这 128B 中有的区域未定义是不能使用的。

注意： sfr 类型的值只能为与单片机特殊功能寄存器对应的字节地址（见表 2-4）。

例如，定义 TMOD 位于 0x89、P0 位于 0x80、P1 位于 0x90、P2 位于 0xA0、P3 位于 0xB0。

```
sfr TMOD = 0x89H;          /* 声明 TMOD（定时/计数器工作模式寄存器）其地址为 89H */
sfr P0 = 0x80;             /* 声明 P0 为特殊功能寄存器，地址为 80H */
sfr P1 = 0x90;             /* 声明 P1 为特殊功能寄存器，地址为 90H */
sfr P2 = 0xA0;             /* 声明 P0 为特殊功能寄存器，地址为 A0H */
sfr P3 = 0xB0;             /* 声明 P0 为特殊功能寄存器，地址为 B0H */
```

例如，为使用 sbit 类型的变量访问 sfr 类型变量中的位，可声明如下。

```
sfr PSW = 0xD0;            /* 声明 PSW 为特殊功能寄存器，地址为 0xD0H */
sbit CY = PSW^7;           /* 声明 CY 为 PSW 中的第 7 位 */
```

4. sfr16 类型

sfr16 类型用于声明两个连续地址的特殊功能寄存器（地址范围为 0 ~ 65 535）。例如，在 8052 中用两个连续地址 0xCC 和 0xCD 表示计时器/计数器 2 的低字节和高字节计数单元，可用 sfr16 声明，即

```
sfr16 T2 = 0xCC;  /* 声明 T2 为 16 位特殊功能寄存器，地址 0CCH 为低字节，0CDH 为高字节 */
```

5. 其他类型

C51 程序中常用的数据类型还有 char（字符型）、unsigned char（无符号字符型）、int（整型）、unsigned int（无符号整型）等类型，其声明变量形式同前面格式类似。例如：

```
char bdata c1;             /* 在片内位寻址区声明一个字符变量 c1 */
int   temp;                /* 在片内 RAM 区（默认 data 类型）声明一个整型变量 temp */
unsigned char pdata z      /* 在片外 RAM 区的低 256B 声明一个无符号字符变量 z */
```

有关数据类型及变量的使用可参阅后续章节介绍的 C51 程序及《C 语言手册》。

4.3　C51 基础知识及表达式

4.3.1　C 语言的标识符和关键字

标识符是用来标识源程序中某个对象的名字的，这些对象可以是语句、数据类型、函数、变量、常量、数组等。一个标识符由字符串、数字和下划线等组成，第一个字符必须是字母或者下划线，通常以下划线开头的标识符是编译系统专用的。因此，在编写 C 语言源程序时，一般不要使用以下划线开头的标识符。标识符的长度不要超过 32 个字符，C 编译程序识别大小写英文字母，所以，在编写程序时要注意区分大小写字母。为便于阅读和理解程序，标识符应该以含义清晰的字符组合命名。

关键字是编程语言保留的特殊标识符，有时又称为保留字，它们具有固定名称和含义。在C语言程序中不允许使用与关键字完全相同的标识符。C语言的32个关键字见表4-3。

表4-3　C语言的32个关键字

关 键 字	用　途	说　明
auto	存储种类说明	用以说明局部变量，默认值为此
break	程序语句	退出最内层循环体
case	程序语句	Switch语句中的选择项
char	数据类型说明	单字节整型数或字符型数据
donst	存储类型说明	在程序执行过程中不可更改的常量值
dontinue	程序语句	转向下一次循环
default	程序语句	Switch语句中的失败选择项
do	程序语句	构成do-while循环结构
double	数据类型说明	双精度浮点数
else	程序语句	构成if-else选择结构
enum	数据类型说明	枚举
extern	存储种类说明	在其他程序模块中说明了的全局变量
float	数据类型说明	单精度浮点数
for	程序语句	构成for循环结构
goto	程序语句	构成goto转移结构
if	程序语句	构成if-else选择结构
int	数据类型说明	基本整型数
long	数据类型说明	长整型
register	存储种类说明	使用CPU内部寄存器的变量
short	数据类型说明	短整型数
signed	数据类型说明	有符号数，二进制数据的最高位为符号位
sizeof	运算符	计算表达式或数据类型的字节数
static	存储种类说明	静态变量
struct	数据类型说明	结构类型数据
switch	程序语句	构成switch选择结构
typedef	数据类型说明	重新进行数据类型定义
union	数据类型说明	联合类型数据
unsigned	数据类型说明	无符号数据
void	数据类型说明	无类型数据
volatile	数据类型说明	该变量在程序执行中可被隐含地改变
while	程序语句	构成while和do-while循环结构

Keil C编译器的关键字除了上述ANSI C标准的32个关键字外，还根据51单片机的特点扩展了相关的关键字，这些关键字在前面已经介绍，这里不再详述。

4.3.2 算术运算符与表达式

C51 语言运算符非常丰富，除了控制语句及输入、输出，其他所有的基本操作几乎都可以由运算符来处理。由运算符和操作数组成的符号序列称为表达式。

C51 算术运算符与表达式如下。

+　　加运或取正算符，例如，2 + 3。

-　　减运或取负算符，例如，5 - 3。

*　　乘运算符，例如，2 * 3。

/　　除运算符，例如，6/3。

%　　模运算符，或称做取余运算符，如 7%3，结果为 1。

在上面这些运算符中，加、减、乘、除为双目运算符，它们要求有两个运算对象。“/”又称为取整运算，例如 5/3 = 1，8/3 = 2。“%”要求两侧的运算对象均为整型数据。*、/、% 的优先级比 +、- 高。

4.3.3 关系运算符与表达式

关系表达式是由关系运算符连接表达式构成的。

1. 关系运算符

关系运算符都是双目运算符，共有如下 6 种，即

>，<，> =，< =，= =，! =

分别为大于、小于、大于或等于、小于或等于、等于、不等于。前面的 4 种优先级高于后面的两种。关系运算符具有自左至右的结合性。

关系运算符、算术运算符和赋值运算符之间的优先级次序为：算术运算符优先级最高，关系运算符次之，赋值运算符最低。

2. 关系表达式

由关系运算符组成的表达式称为关系表达式。关系运算符两边的运算对象，可以是 C 语言中任意合法的表达式，例如 x > y、(x = 5) < = y 等。

关系表达式的值是整数 0 或 1，其中 0 代表逻辑假；1 代表逻辑真。在 C 语言中不存在专门的“逻辑值”，编程时务必注意。

例如，关系表达式 3 > 4 的值为 0。

关系表达式常用在条件语句和循环语句中。

4.3.4 逻辑运算符与表达式

逻辑表达式是由逻辑运算符连接表达式构成的。

1. 逻辑运算符

C 语言中提供了以下 3 种逻辑运算符。

1）单目逻辑运算符：!（逻辑“非”）。

2）双目逻辑运算符：&&（逻辑“与”）。

3）双目逻辑运算符：||（逻辑“或”）。

其中，逻辑与“&&”的优先级大于逻辑或“||”，它们的优先级都小于逻辑非“!”。逻

辑运算符具有自左至右的结合性。

逻辑运算符、赋值运算符、算术运算符、关系运算符之间优先级的次序为:!（逻辑非)、算术运算符、关系运算符、&&（逻辑与)、||（逻辑或)、赋值运算符。

2. 逻辑表达式

由逻辑运算符组成的表达式称为逻辑表达式。逻辑运算符两边的运算对象可以是 C 语言中任意合法的表达式。

逻辑表达式的结果为 1（结果为“真”时）或 0（结果为“假”时)。

当表达式 a 和表达式 b 进行逻辑运算时，逻辑运算的真值表如表 4-4 所示。

表 4-4 逻辑运算的真值表

a	b	! a	! b	a && b	a || b
非 0	非 0	0	0	1	1
非 0	0	0	1	0	1
0	非 0	1	0	0	1
0	0	1	1	0	0

例如:

```
ch >= 'A' && ch <= 'Z'                    /* 当 ch 是大写字母时，表达式值为 1，否则为 0 */
(year%4 == 0 && year%100 != 0) || year%400 == 0
                                          /* 当 year 为闰年时，表达式值为 1，否则为 0 */
```

4.3.5 赋值运算符与表达式

1. 赋值运算符

“=”符就是赋值运算符，赋值运算符构成的表达式格式为

〈变量名〉 = 表达式

说明:

1）赋值表达式的功能是把表达式的值赋给变量。如 a = 3，表示把 3 赋给变量 a。

2）赋值运算符为双目运算符，即“ =”两边的变量名和表达式均为操作数，一般情况下变量与表达式的值类型应一致。

3）运算符左边只能是变量名，而不能是表达式。

例如，a = a + 3，表示把变量 a 的值加 3 后赋给 a。

2. 复合赋值运算符

在“ =”前面加上双目运算符，如“<<”、“>>”、“+”、“-”、“*”、“%”、“/”等就构成复合赋值运算符，即

+ =　　　　加法赋值运算符

- =　　　　减法赋值运算符

* =　　　　乘法赋值运算符

/ =　　　　除法赋值运算符

% =　　　　求余赋值运算符

> > =　　　右移位赋值运算符

< < =　　　左移位赋值运算符

& =　　　　逻辑与赋值运算符

| =　　　　逻辑或赋值运算符

^ =　　　　逻辑异或赋值运算符

~ =　　　　逻辑非赋值运算符

例如，b + =4 等价于 b = b +4。

　　a > > =4 等价于 a = a > >4。

所有复合赋值运算符级别相同，且与赋值运算符同一优先级，都具有右结合性。

4.3.6 自增和自减运算符与表达式

格式：

```
i++     i--
```

功能：先使用 i 的值，然后，变量 i 的值增加（减少）1，即 i = i ±1。

格式：

```
++i     --i
```

功能：变量 i 先增加（减少）1，即 i = i ±1，然后，再使用 i 的值。

例如：

```
int a=3, b;        /*声明位于内部 RAM 区的整型变量 a 和 b，同时赋值 a 的内容为 3*/
b=a++;
```

执行后，则 b 的值为 3，a 的值为 4。

例如：

```
int a=3, b;
b= ++a;
```

执行后，则 b 的值为 4，a 的值为 4。

在使用自增、自减运算符时应注意：

1）当使用 ++i 或 i++ 单独构成语句时，其作用是等价的，均为 i = i +1。

2）运算对象只能是整型变量和实型变量。

4.3.7 位运算符与表达式

位运算是指进行二进制位的运算。在单片机控制系统中，位操作方式比算术方式使用更加频繁。例如，将某一电动机的起动和停止使用位控制、将一个存储单元中的各二进制位左移或右移一位、某一位取反等。C 语言提供位运算的功能，与其他高级语言相比，具有很大的优越性。

1. 位运算符

位运算符共有 6 种，即 ~、< <、> >、&、^ 和 | ，分别表示按位取反、左移位、右移位、按位与、按位异或、按位或。位运算符见表 4-5。

表 4-5　位运算符

运 算 符	名　称	使 用 格 式
~	按位取反	~ 表达式
< <	左移位	表达式 1 < < 表达式 2
> >	右移位	表达式 1 > > 表达式 2
&	按位与	表达式 1 & 表达式 2
^	按位异或	表达式 1 ^ 表达式 2
|	按位或	表达式 1 | 表达式 2

2. 位逻辑运算符及表达式

逻辑运算符包括取反、按位与、按位异或、按位或。按位逻辑运算如表 4-6 所示。其中 a 和 b 分别表示一个二进制位。

表 4-6　按位逻辑运算

a	b	~ a	a & b	a ^ b	a | b
0	0	1	0	0	0
0	1	1	0	1	1
1	0	0	0	1	1
1	1	0	1	0	1

【例 4-2】　按位取反示例，求 ~ 15 的值。

```
unsigned  char  x = 15;        /* 声明无符号字符变量 x，x 值为 15（二进制数为 00001111）*/
x = ~ x;                       /* x 取反后结果为 11110000 */
```

3. 移位运算符

移位运算符是将一个数的二进制位向左或向右移若干位。

移位运算符有左移运算符和右移运算符。

1）左移运算符的一般书写格式为

表达式 1　< <　表达式 2

左移运算符是将其操作对象向左移动指定的位数，每左移 1 位相当于乘以 2，移 n 位相当于乘以 2 的 n 次方。

一个二进制位在左移时右边补 0，移几位右边补几个 0。

其中“表达式 1”是被左移对象，“表达式 2”给出左移的位数。

例如，将变量 a 的内容按位左移两位，即

```
unsigned  char a = 0x0f;   /* 声明无符号字符变量 a，a 值为 15（二进制数为 00001111）*/
a = a < <2;                /* a 左移 4 位后 a 的值为 00111100 */
```

2）右移运算符的一般书写格式为

表达式 1　> >　表达式 2

其中“表达式 1”是被移对象，“表达式 2”给出移动位数。

在进行右移时，右边移出的二进制位被舍弃。例如，表达式 a =（a > >4）的结果就是将变量 a 右移 4 位后赋值 a。

4.3.8 条件运算符与表达式

条件运算符格式为

表达式 1 ？表达式 2 ：表达式 3

执行过程：首先判断表达式 1 的值是否为真，如果是真，就将表达式 2 的值作为整个条件表达式的值；如果为假，就将表达式 3 作为整个条件表达式的值。例如：

max = （a > b）？ a：b

当 a > b 成立时，max = a；

当 a < b 成立时，max = b。

等价于如下条件语句。

```
if (a > b)
    max = a;
else
    max = b;
```

4.4 C51 控制语句

在程序设计中，需要执行的操作是通过一条条语句来实现的。在 C 语言中，常用的语句有赋值语句、输入输出语句及控制语句等，分号是一条 C 语句的结束符。前面介绍的表达式作为程序中的语句时，必须以分号作为结束符。由于赋值等语句比较简单并且在前面程序中已反复使用，本节仅介绍在控制系统中使用频繁的 C51 控制语句。

4.4.1 条件语句

条件语句又称为分支语句，由关键字 if 构成，有以下 3 种基本形式。

1）单分支条件语句格式为

if（条件表达式）　语句

执行过程：如果括号里条件表达式结果为真，就执行括号后的语句。例如：

```
int a = 3, b;
if (a > 5)
    a = a + 1;
b = a;
```

因为表达式 a > 5 的逻辑值为 0，所以不执行 a = a + 1 语句，结果为 a = 3，b = 3。

2）两分支条件语句格式为

if（条件表达式）语句 1

else　语句 2

执行过程：如果括号里条件表达式结果为真，就执行语句 1，否则（即括号里的表达式为假）执行语句 2。例如：

```
int a = 3, b;
if (a > 5) a = a + 1;
else a = a - 1;
```

最后结果为 a = 2。

3）多分支条件语句格式为

```
if（条件表达式 1）语句 1
else if（条件表达式 2）语句 2
    else if（条件表达式 3）语句 3
        ⋮
        else if（条件表达式 n）语句 m
        else 语句 n
```

这种条件语句常用来实现多方向条件分支，其实，它是由 if-else 语句嵌套而成的。在此种结构中，else 总是与最邻近的 if 相配对。例如：

```
int sum, count;
if (count < =100)
{
    sum =30;
}
else if (count < =200)
{
    sum =20;
}
else
{
    sum =10;
}
```

该程序段可以根据变量 count 的值对变量 sum 赋不同的值，当 count < 100 时，sum = 30；当 100 < count < = 200 时，sum = 20；当 count > 200 时，sum = 10。

必须指出，在进行程序设计时，经常要用到条件分支嵌套。所谓条件分支嵌套就是在选择语句的任一个分支中可以嵌套一个选择结构子语句。例如，在单条件选择 if 语句内还可以使用 if 语句，这样就构成了 if 语句的嵌套。内嵌的 if 语句既可以嵌套在 if 子句中，也可以嵌套在 else 子句中，完整的嵌套格式为

```
if（表达式 1）
  if（表达式 2）    语句序列 1；
  else              语句序列 2；
else
  if（表达式 3）    语句序列 3；
  else              语句序列 4；
```

需要注意：以上 if-else 嵌套了两个子语句，但整个语句仍然是一条 C 语句。

在编程时，可以根据实际情况使用上面格式中的一部分，也可以使用 C 编译程序支持的 if 语句多重嵌套。

4.4.2 switch/case 语句

switch/case 语句是一种多分支选择语句，其格式为

```
switch (表达式)
{
case 常量表达式1: {语句1;} break;
case 常量表达式2: {语句2;} break;
  ⋮
case 常量表达式n: {语句n;} break;
default:           {语句m;} break;
}
```

执行过程：当 switch 后的表达式中的值与 case 后边的常量表达式中的值相等时，就执行 case 后相应的语句。每一个 case 后的常量表达式的值必须不同，否则就会出项自相矛盾的现象。当 switch 后的表达式的值不符合每个 case 后的值时，则执行 default 后的语句。注意，case 后的语句必须加 break，否则，程序则顺移到下一个 case 继续执行。

【例 4-3】 下列程序根据变量 n 的值，分别执行不同的语句。

```
int  a=1, n=1;                  /*声明整型变量a和n，假设n=1*/
switch (n)
{
case 0: a=a+0; break;           /*n=0，执行a=a+0*/
case 1: a=a+1; break;           /*n=1，执行a=a+1*/
case 2: a=a+2; break;           /*n=2，执行a=a+2*/
default: break;                 /*当n为其他值时，直接退出*/
}
```

4.4.3 循环结构

1. while 语句

while 语句构成循环语句的一般形式为

```
while (条件表达式) {语句;}
```

执行过程：当条件表达式中的值为真、即非 0 时，执行循环体，然后再继续对 while 后的条件表达式进行判断，周而复始，直到括号中的条件表达式为假时为止。循环结构流程图如图 4-2 所示。

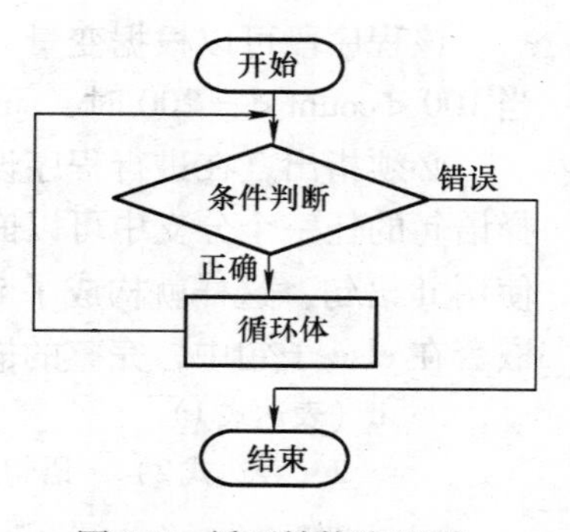

图 4-2 循环结构流程图

例如，下列程序当 a 的值小于 5 时，重复执行语句 a = a + 1。

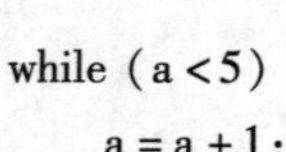

```
while (a<5)
    a=a+1;
```

2. do-while 语句

do-while 构成的循环结构一般形式为

```
do
{语句;}
while (条件表达式);
```

执行过程：先执行给定的循环体语句，然后再检查条件表达式的结果。当条件表达式的值为真时，则重复执行循环体语句，直到条件表达式的值变为假时为止。因此，用 do-while

语句构成的循环结构在任何条件下，循环体语句至少会被执行一次。

例如，下列程序当 a 的值小于 5 时，重复执行语句 a = a + 1。

```
do
{
  a = a + 1;
}
while (a < 5);
```

3. for 语句

for 语句构成的循环结构一般形式为

for（[表达式1]；[表达式2]；[表达式3]）{循环体；}

for 语句使用说明如下。

1）一般情况下，表达式 1 用来循环初值设置、表达式 2 用来判断循环条件是否满足、表达式 3 用来修正循环条件、循环体是实现循环的语句。

2）for 语句的执行过程如下。

① 先求解表达式 1，表达式 1 只执行一次，一般是赋值语句，用于初始化变量。

② 求解表达式 2，若为假（0），则结束循环。

③ 当表达式 2 为真（非 0）时，执行循环体。

④ 执行表达式 3。

⑤ 转回②重复执行。

3）表达式 1、表达式 2、表达式 3 和循环体均可以默认。例如：

```
int   i = 1, sum = 0;
for  ( ; i < = 100; )              /* 表达式 1 和表达式 3 均默认 */
    sum + = i ++;
```

程序中常通过 for 语句实现延时，例如：

```
int  i ;
for  ( ; i < = 10000; i ++);              /* 表达式 1 默认，循环体为空语句“;” */
```

【例 4-4】 编程实现求 sum = 1 + 2 + 3 + … + 100 的值。

```
#include "stdio. h"
voidmain ()
{
  int   i, sum;
  for  (i = 1, sum = 0; i < = 100;   i ++)
    sum + = i;
}
```

【例 4-5】 硬件电路如图 4-3 所示。要求按下 <key1> 键，发光二极管（LED）全亮，松开 <key1> 键，LED 全灭。

C51 程序如下。

```
#include <reg52. h>
sbit key1 = P3^2;
void main ()
{
```

```
    for ( ; ; )
    {       P3 | =0x3c;
    if (! key1)     P1& =0xe1;
            else   P1 | =0x1e;
    }
}
```

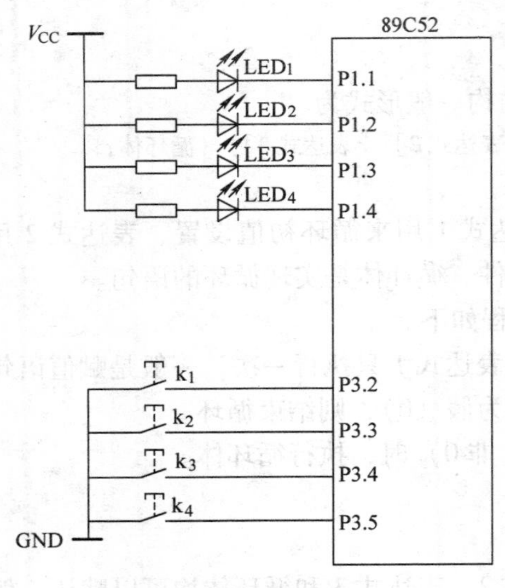

图 4-3 硬件电路图

【例 4-6】 硬件电路仍如图 4-3 所示。要求按下 <key1> 键，点亮 LED，按下 <key2> 键，熄灭 LED，且 <key2> 键优先，即只要 <key2> 键被按下，LED 就不能被点亮。

C51 程序如下。

```
#include < reg52. h >
sbit key1 = P3^2;
sbit key2 = P3^3;
void main ( )
{
    for ( ; ; )
    {     P3 | =0x3c;
          if (! key2)
                P1 | =0x1e;
          else
                if (! key1)
                      P1& =0xe1;
    }
}
```

4. 循环结构嵌套

一个循环体内包含另一个完整的循环结构，称为循环的嵌套。循环之中还可以套循环，称为多层循环。3 种循环（即 while 循环、do. . . . . . while 循环和 for 循环）可以互相嵌套。

例如，下列函数通过循环嵌套程序实现延时。

```
void  msec (unsigned int x)
    {unsigned char i;
    while (x -- )                          /* 外循环 */
    {foe (i=0; i<125; i++)                 /* 嵌套内循环 */
                {;}
    }
}
```

本函数通过形式参数整型变量 x 的值可以实现较长时间的延时。根据底层汇编代码的分析表明，以变量 i 控制的内部 for 循环一次大约需要（延时）8μs，循环 125 次约延时 1ms。若传递给 x 的值为 1000，则该函数执行时间约为 1s，即产生约 1s 的延时。在程序设计时，要注意不同的编译器会产生不同的延时，可以改变内循环变量 i 细调延时时间、改变外部循环变量 x 粗调延时时间。

4.5 数组

数组是一种简单实用的数据结构。所谓数据结构就是将多个变量（数据）人为地组成一定的结构，以便于处理大批量、相对有一定内在联系的数据。在 C 语言中，为了确定各数据与数组中每一存储单元的对应关系，用一个统一的名字来表示数组，用下标来指出各变量的位置。因此，数组单元又称为带下标的变量。数组可分为一维数组和二维数组，由于 C51 控制程序中经常使用的是一维数组，所以本节仅介绍 C 语言一维数组的基本知识及其应用。

4.5.1 一维数组的定义、引用及初始化

1. 一维数组的定义

定义一维数组的格式为

类型标识符　数组名［常量表达式］，……；

例如：char　ch［10］；

说明如下。

1）它表示定义了一个字符型一维数组 ch。

2）数组名为 ch，它含有 10 个元素，即 10 个带下标的变量，下标从 0 开始，分别是 ch［0］、ch［1］、…、ch［9］。注意，不能使用 ch［10］。

3）类型标识符 char 规定数组中的每个元素都是字符型数据。

2. 一维数组的引用

当使用数组时，必须先定义，后引用。

引用时只能对数组元素引用，如 ch［0］、ch［i］、ch［i+1］等，而不能引用整个数组。

在引用时应注意以下几点。

1）由于数组元素本身等价于同一类型的一个变量，因此，对变量的任何操作都适用于

数组元素。

2）在引用数组元素时，下标可以是整型常数或表达式，表达式内允许变量存在。在定义数组时下标不能使用变量。

3）引用数组元素时下标最大值不能出界。也就是说，若数组长度为 n，下标的最大值为 $n-1$；若出界，则在 C 编译时并不给出错误提示信息，程序仍能运行，但破坏了数组以外其他变量的值，可能会造成严重的后果。因此，必须注意数组边界的检查。

3. 一维数组的初始化

C 语言允许在定义数组时对各数组元素指定初始值，称为数组初始化。

下面给出数组初始化的几种形式。

例如：将括号内整型数据 0、1、2、3、4 分别赋给整型数组元素 a［0］、a［1］、a［2］、a［3］、a［4］，可以写为下面的形式，即

```
int idata a [5] = {0, 1, 2, 3, 4};      /* 声明片内 RAM（256B）区的整型数组 a [5]，同时
                                           初始化数组元素 */
```

在定义数组时，若未对数组的全部元素赋初值，C51 则将数组的全部元素默认地赋值为 0。

4.5.2 一维数组应用

图 4-4 所示为 89C51 单片机开关控制指示灯电路。

控制要求：首先单片机读入由 P0 口输入的 8 个开关量信息，把最后一次开关状态（闭合为低电平 0、断开为高电平 1）传送给 P2 口，以控制 8 位 LED 显示器（二极管共阴极），当 P2 口某位为高电平时，则与其连接的发光二极管被点亮。开关量信息同时送入数组 unsigned char a［10］中元素 a［i］存储，以便于系统根据需要进行数据处理。每次读入显示信息的时间间隔为 100ms，由函数 delay 完成延时功能。C51 控制程序如下。

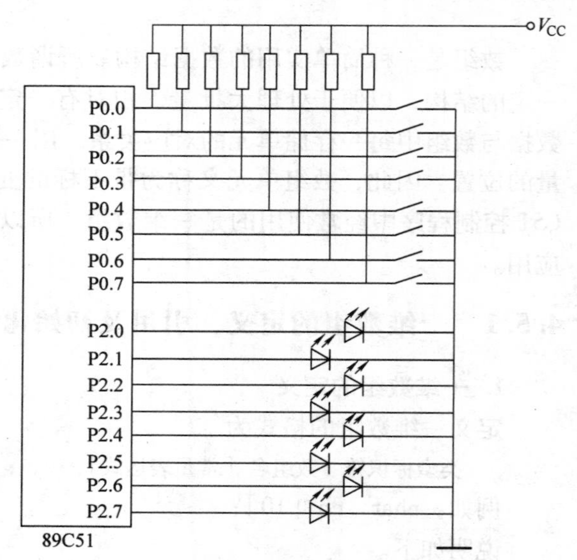

图 4-4 89C51 单片机开关控制指示灯电路

```
#include <reg51.h>
#include <stdio.h>
void delay (unsigned int);              /* 由于 delay 函数在 main 函数后，所以要先说明 delay 函数 */
void main ()
{ unsigned char a [10];                 /* 声明片内 RAM 区的无符号字符型数组 a [10] */
  unsigned char i;                      /* 声明片内 RAM 区的无符号字符型变量 i */
 while (1) {
 for (i=0; i<=9; i++) {
   a [i] = P2 = P0;                     /* P0 口状态送入 P2 口，P2 口送入数组元素 a [i] 存储 */
   delay (100);                         /* 调用延时函数 delay */
   }
```

```
    }
}
void delay (unsigned   int   x)      /* delay 函数实现延时功能，形式参数 x 控制延时时间 */
{unsigned   char j;
 while (x --) {                      /* 利用循环程序的反复执行实现延时 */
 for (j = 0; j < 125; j ++)          /* 内循环 */
 {;}
          }
}
```

4.6 指针

指针是 C 语言中的一个重要概念。它是 C 语言的一大特点，是 C 语言的精华。正确和灵活地运用指针，可使 C 语言编程具有高度的灵活性和特别强的控制能力，从而使程序简洁、高效。

4.6.1 指针和指针变量

指针就是地址，是一种数据类型。

程序中对变量的操作大都采用直接按变量（存储单元）的地址对数据进行存取，这种存取数据的方法称为直接访问。

如果在访问变量时，不是直接对变量的数据进行操作，而是将变量的地址存放在另一个变量（存储单元）中，那么在要访问某变量时，首先访问存放该变量地址的存储单元，再根据变量的地址间接地对该变量进行存取操作，这种存取数据的方式称为间接访问。

变量的指针就是变量的地址，存放地址的变量，就是指针变量。经 C51 编译后，变量的地址是不变的量。而指针变量可根据需要存放不同变量的地址，它的值是可以改变的。

4.6.2 指针变量的定义、赋值及引用

1. 定义指针变量

定义指针变量的一般格式为

类型标识符 * 指针变量名

例如，定义了两个指向整型变量的指针变量 p1、p2 的 C 语句如下。

```
int  * p1, * p2;
```

在定义指针变量时应注意以下两点。

1）p1 和 p2 前面的 * 表示该变量被定义为指针变量，不能理解为 * p1 和 * p2 是指针变量。

2）类型标识符规定了 p1、p2 只能指向该标识符所定义的变量，上面例子中的 p1、p2 所指向的变量只能是整型变量。

2. 指针变量的赋值

一般可用运算符“&”求变量的地址，用赋值语句使一个指针变量指向一个变量，例如：

```
p1 = &i;
p2 = &j;
```

表示将变量 i 的地址赋给指针变量 p1，将变量 j 的地址赋给指针变量 p2。也就是说，指针变量 p1、p2 分别指向整型变量 i、j，如图 4-5 所示。

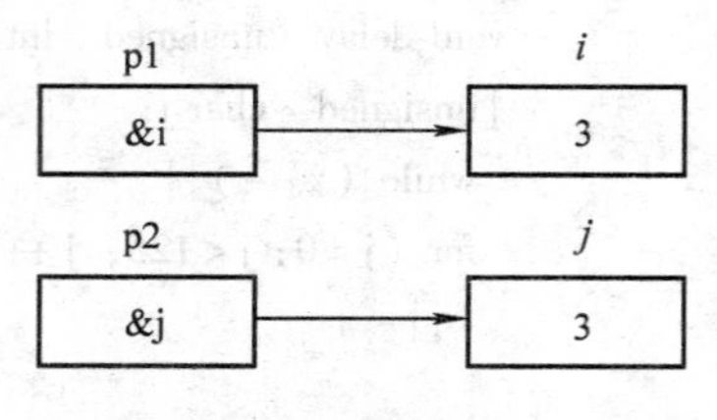

图 4-5　指针变量 p1、p2 分别指向整型变量 i、j

也可以在定义指针变量的同时对其赋值，例如：

```
int i = 3, j = 4, * p1 = &i, * p2 = &j;
```

等价于：

```
int i, j, * p1, * p2;
i = 3; j = 4;
p1 = &i;    p2 = &j;
```

注意：指针变量只能存放地址，不能将一个整型量作为地址值赋给一个指针变量。

3. 指针变量的引用

可以通过指针运算符“ * ”引用指针变量，指针运算符可以理解“指向”的含义。

【例 4-7】　指针变量的应用。

```
# include <stdio.h>
void main (void)
{
    int  a, b;
    int   * p1,   * p2;          /*  定义指针变量 p1、p2 */
    a = 10, b = 20;
    p1 = &a, p2 = &b;            /*  变量 a、b 的地址分别赋给 p1、p2 */
    ( * p1) ++, ( * p2) ++;      /*  p1、p2 指向的变量 a、b 的数据自增 1 */
}
```

需要指出的是，在 C51 编译器中指针可以分为两种类型，即通用指针（以上所述均为通用指针）和指定存储区地址指针。

1）通用指针是指在定义指针变量时未说明其所在的存储空间。通用指针可以访问 8051 存储空间中与位置无关的任何变量。通用指针的使用方法和 ANSI C 中的使用方法相同。

例如，下列程序定义指向外部 RAM 存储单元的通用指针 p1。

```
int main (void)
{
    char * p1;                   /* 定义指向字符变量的指针变量 p1 */
    char data c1;
    char xdata c2;
    c1 = 'a';
    c2 = 'b';
    p1 = &c2;                    /* p1 指向外部 RAM 的变量 c2 */
}
```

2）存储区域指针是指在定义指针变量的同时说明其存储器类型。

指定存储区域指针在 C51 编译器编译时已获知其存储区域，而通用指针是在程序运行时才能确定存储区域。因此，程序中使用指定存储区域的指针执行速度要比通用指针快，尤其在实时控制系统中应尽量使用指定存储区域的指针进行程序设计。

例如，下列程序定义了字符型存储区域指针，并使其指向相应存储区域的数组。

```
void main (void)
{
  char data *pd_c;      /*定义指向字符变量（内部RAM）的指针变量pd_c*/
  char xdata *px_c;     /*定义指向字符变量（外部RAM）的指针变量px_c*/
  char data a [10];
  char xdata b [10];
  pd_c = &a [0];
  px_c = &b [0];
}
```

4.7 函数

函数是C程序的基本单元，全部C程序都是由一个个函数组成的。在结构化程序设计中，函数作为独立的模块存在，增加了程序的可读性，为解决复杂问题提供了方便。C51中的函数包括主函数（main）、库函数、中断函数、自定义函数及再入函数。C程序总是从主函数开始执行，然后调用其他函数，最终返回主函数结束。

1. 库函数及文件包含

1）C语言提供了丰富的标准函数，即库函数。这类函数是由系统提供并定义好的，用户不必再去编写。用户只需要了解函数的功能，并学会在程序中正确地调用库函数即可。

2）对每一类库函数，在调用该类库函数前，用户在源程序的include命令中应该包含该类库函数的头文件名（一般安排在程序的开始）。文件包含通常还包括程序中使用的一些定义和声明，常用的头文件包含如下。

```
# include <string.h>    /*调用字符串处理函数需要包含的头文件*/
# include <intrins.h>   /*调用本征函数（如移位函数）需要包含的头文件*/
# include " stdio.h"    /*调用输入输出函数需要包含的头文件*/
# include <reg51.h>     /*定义51单片机内部资源在程序中的符号表示*/
# include <reg52.h>     /*定义52单片机内部资源在程序中的符号表示*/
# include" math.h"      /*调用数学库函数前需要包含的头文件*/
```

需要指出的是，几乎所有的C51程序开始的文件包含都有<reg51.h>头文件。<reg51.h>文件是C51特有的，该文件中定义了程序中符号所表示的单片机内部资源，采用汇编指令符号分别对应单片机内部资源的实际地址。例如，文件中含有“sfr P1 = 0x90”（0x90为单片机P1口的地址），C编译程序就会认为程序中的P1是指51单片机中的P1端口。文件reg51.h内容如下。

```
#ifndef _REG51_H_
#define _REG51_H_

/*   BYTE Register   */
sfr P0   = 0x80;
sfr P1   = 0x90;
```

```
sfr P2    =0xA0;
sfr P3   =0xB0;
sfr PSW    =0xD0;
sfr ACC    =0xE0;
sfr B      =0xF0;
sfr SP   =0x81;
sfr DPL    =0x82;
sfr DPH    =0x83;
sfr PCON =0x87;
sfr TCON =0x88;
sfr TMOD =0x89;
sfr TL0    =0x8A;
sfr TL1    =0x8B;
sfr TH0    =0x8C;
sfr TH1    =0x8D;
sfr IE    =0xA8;
sfr IP    =0xB8;
sfr SCON =0x98;
sfr SBUF =0x99;

/*  BIT Register  */
/*   PSW   */
sbit CY    =0xD7;
sbit AC    =0xD6;
sbit F0   =0xD5;
sbit RS1   =0xD4;
sbit RS0   =0xD3;
sbit OV    =0xD2;
sbit P      =0xD0;

/*  TCON   */
sbit TF1    =0x8F;
sbit TR1    =0x8E;
sbit TF0    =0x8D;
sbit TR0    =0x8C;
sbit IE1    =0x8B;
sbit IT1    =0x8A;
sbit IE0    =0x89;
sbit IT0    =0x88;

/*  IE   */
sbit EA    =0xAF;
```

```
sbit ES    =0xAC;
sbit ET1   =0xAB;
sbit EX1   =0xAA;
sbit ET0   =0xA9;
sbit EX0   =0xA8;

/*   IP   */
sbit PS    =0xBC;
sbit PT1   =0xBB;
sbit PX1   =0xBA;
sbit PT0   =0xB9;
sbit PX0   =0xB8;

/*  P3    */
sbit RD    =0xB7;
sbit WR    =0xB6;
sbit T1    =0xB5;
sbit T0    =0xB4;
sbit INT1 =0xB3;
sbit INT0 =0xB2;
sbit TXD   =0xB1;
sbit RXD   =0xB0;

/*   SCON   */
sbit SM0   =0x9F;
sbit SM1   =0x9E;
sbit SM2   =0x9D;
sbit REN   =0x9C;
sbit TB8   =0x9B;
sbit RB8   =0x9A;
sbit TI    =0x99;
sbit RI    =0x98;

#endif
```

如果程序开始没有“#include <reg51.h>”，那么在使用单片机内部资源时，就必须在程序中作上述声明。

3）函数一般调用格式为

函数名（实际参数表）

对于有返回值的函数，函数调用必须在需要返回值的地方使用；对于无返回值的函数，应该直接调用。

2. C51 自定义函数

1）C51 具有自定义函数的功能，其自定义函数语法格式为

```
返回值类型  函数名（形式参数表）[编译模式][reentrant][using n]
{
  函数体
}
```

2）其中：

① 当函数无返回值时，应使用关键字 void 说明。

② 形式参数要分别说明类型，对于无形式参数的函数，则可在括号内填入 void。

③ 编译模式指存储模式，默认时默认为 SMALL（单片机内部存储区）。

④ reentrant（可默认）：函数是否可重入。要注意可重入函数中的变量的同步。

⑤ using（可默认）：指定函数所使用的寄存器组，*n* 取值为 0 ~ 3。

在 8051 内部的 data 空间中存在有 4 组寄存器，其中每组由 8 个寄存器构成，这些寄存器组存在于 data 空间中的 0x00 ~ 0x1F，使用哪个寄存器组由程序状态字寄存器 psw 决定，在 C51 中可以用 using 来指定所使用的寄存器组。

3）自定义函数调用格式同库函数，即

函数名（实际参数表）

注意：调用时的实际参数必须与函数的形式参数在数据类型、个数及顺序上完全一致。

【例 4-8】 定义一个求和函数 sum，由主函数调用，其函数返回值赋给变量 res。要求 sum 函数使用 data 空间的寄存器 3 组。

```
char sum(char data a,char data b) using 3   /* 定义 sum 函数，形式参数为变量 a、b，using n=3 */
{
  return a+b;
}
void main (void)                             /* 主函数 */
{
  char data res;
  char data c_1;
  char data c_2;
  c_1=20;
  c_2=21;
  res=sum (c_1, c_2);                        /* 在赋值表达式中调用 sum 函数，实际参数为 20、
                                                21，函数返回值赋 res */
  while (1);
}
```

3. 中断函数

在 C51 中，中断服务程序是以中断函数的形式出现的。单片机中断源以对应中断号（范围是 0 ~ 31）的形式出现在 C51 中断函数定义中。常用的中断号描述见表 4-7（关于单片机中断功能描述详见第 5 章）。

表 4-7 常用的中断号描述表

中 断 号	中断说明	地 址
0	外部中断 0	0x0003
1	定时/计数器 0	0x000b
2	外部中断 1	0x0013
3	定时/计数器 1	0x001b
4	串口中断	0x0023

中断函数定义语法格式为

```
void 函数名 (void) interrupt n [using n]
{
  函数体
}
```

其中，关键字 interrupt 定义该函数为中断服务函数，n 为中断号。

使用中断函数应注意以下问题。

1）在中断函数中不能使用参数。

2）在中断函数中不能存在返回值。

3）中断函数的执行是在由中断源的中断请求后系统调用的。

4）中断函数的中断号在不同的单片机中其数量也不相同，具体情况需查阅 C51 相关资料。

【例 4-9】 外部中断 0 硬件电路如图 4-6 所示。使用外部中断 0（P3.2 引脚为外部中断 0 中断请求控制）实现按钮“K”电子开关，即若按下按钮 K，则 LED 亮，再次按下“K”按钮，则 LED 熄灭。

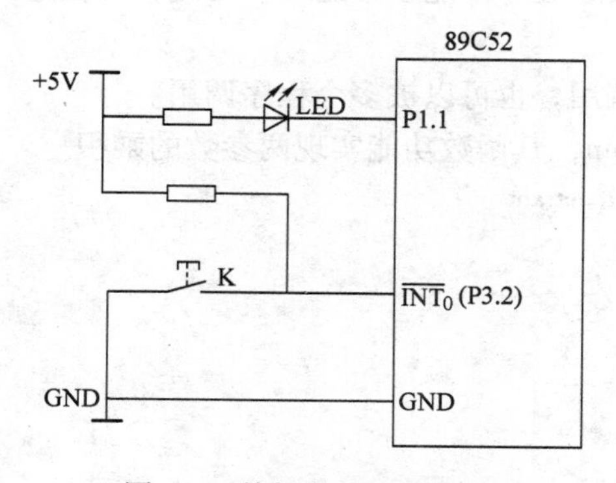

图 4-6 外部中断 0 硬件电路

```
#include <reg52. h>
sbit LED = P1^1;
void int0 (void) interrupt 0 using 1      /* 外部中断 0 中断的中断函数，即中断处理程序 */
{LED = ! LED;}                            /* 函数体 */
void main ()                              /* 主函数 */
{ IT0 = 1;                                /* 外部中断 0 触发方式 */
```

```
    EX0 = 1;                        /* 外部中断0允许 */
    EA = 1;                         /* CPU开中断 */
    for (;;);                       /* 无限循环，等待外部中断0的中断请求 */
}
```

【例4-10】 编程实现中断函数对P3.2引脚按钮开关次数的统计。

```
#include <reg51.h>                  /* IE0、EA、EX0、CPU寄存器变量在reg51.h中已被定义 */
unsigned int num;                   /* 声明全局变量num */
void main (void)
{
    IT0 = 1;                        /* 设置中断触发方式为边沿出发，setb ie0 */
    EA = 1;                         /* 打开全局中断，setb ea */
    EX0 = 1;                        /* 打开外部中断0，setb ex0 */
    num = 0;
    while (1);                      /* 等待中断 */
}
void external0 (void) interrupt0    /* 定义外部中断0的中断函数处理程序 */
{
    EX0 = 0;                        /* 关闭外部中断0，clr ex0 */
    num ++;                         /* 中断处理程序功能部分，inc num */
    EX0 = 1;                        /* 打开外部中断0，setb ex0 */
}                                   /* reti，自动返回 */
```

4. 再入函数

C51在调用函数时，函数的形式参数及函数内的局部变量将会动态地存储在固定的存储单元中，一旦函数在执行过程中被中断，若再次调用该函数时，则函数的形式参数及函数内的局部变量将会被覆盖，导致程序不能正常运行，为此，可在定义函数时用reentrant属性引入再入函数。

再入函数可以被递归调用，也可以被多个程序调用。

例如，声明再入函数fun，其函数功能实现两参数的乘积。

```
int fun (int a, int b) reentrant
{
    int z;
    z = a * b;
    return z;
}
```

4.8 C51开发工具的使用

C51是专用于8051等嵌入式应用的开发工具套件。该软件可以对C程序源文件、汇编语言程序源文件进行编辑、编译、连接生成目标程序并进行程序调试。

在PC运行并进入Keil C μVision环境后，其程序开发步骤如下。

1. 创建工程

C51以工程的形式组织各类资源文件。选择C51开发环境“Project”菜单，选择“New

Project”菜单项，建立一个新的工程。新建工程项目窗口如图 4-7 所示。

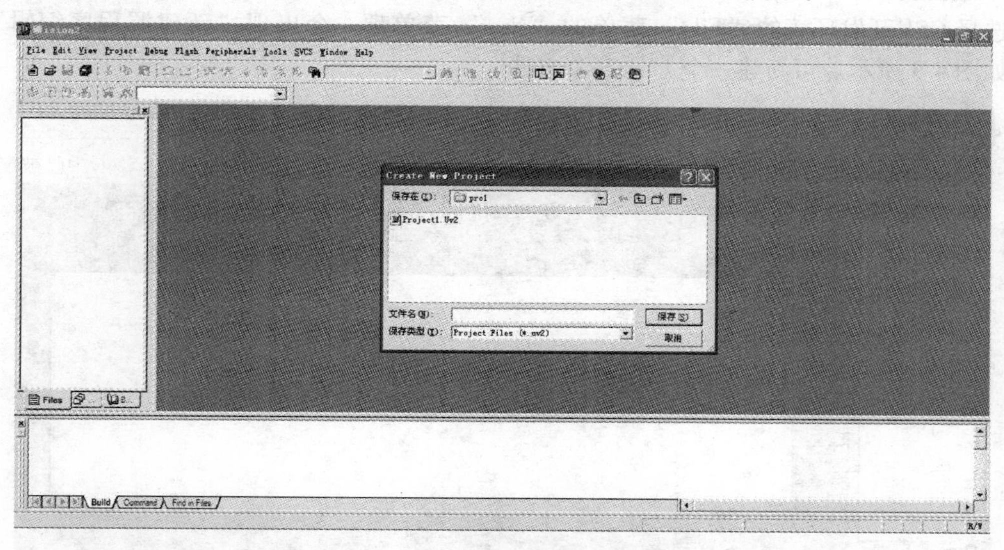

图 4-7　“新建工程项目”窗口

在这里需要完成下列操作。

1） 输入新建工程项目文件名。

2） 确定工程项目文件的存放路径。

2. 选择目标芯片

在工程建立完成后，器件选择窗口（如图 4-8 所示）便会弹出。可从器件库中选择单片机应用系统所使用的 8051 芯片（或 51 兼容 CPU），在这里选择“Atmel”公司生产的 AT89C51 单片机。

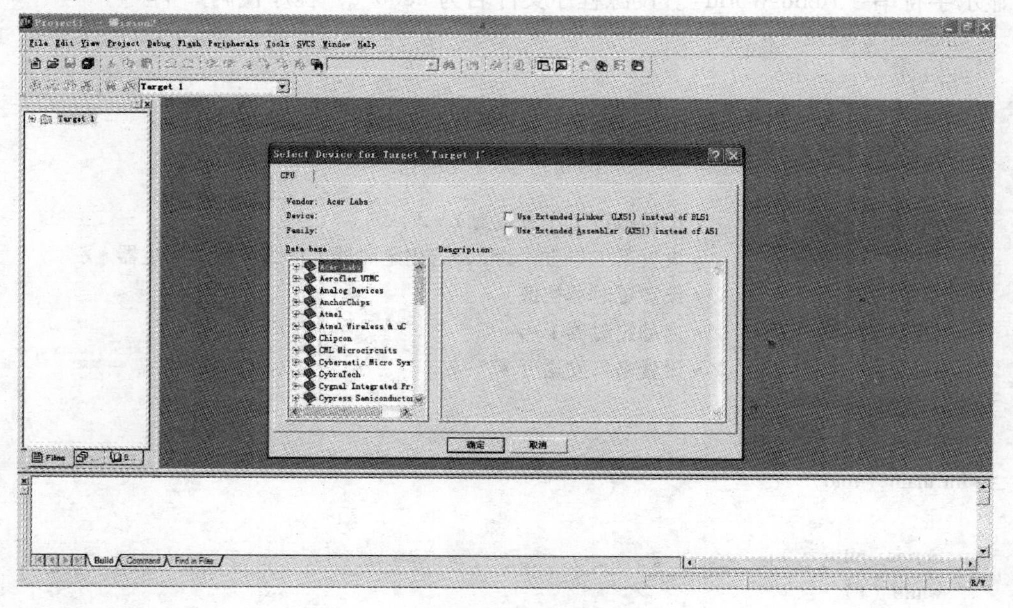

图 4-8　“器件选择”窗口

3. 创建并编写 C51 源文件

选择 C51 开发环境的“File”菜单的“New”菜单项，会出现“新建源程序编辑”窗口，如图 4-9 所示。可新建一个 C 语言源文件。

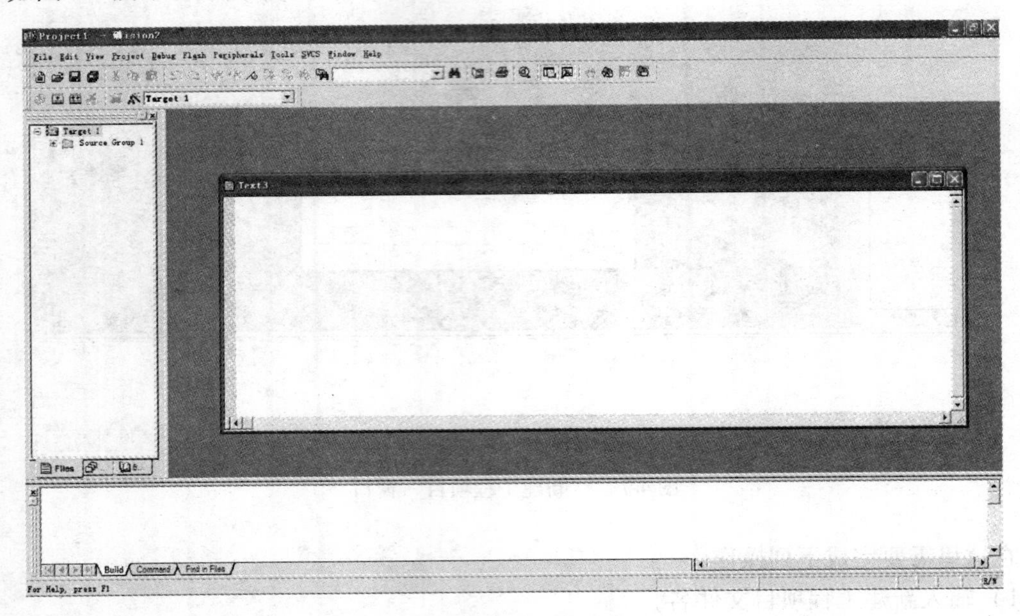

图 4-9　“新建源程序编辑”窗口

注意：在这里建立文件时其文件扩展名并不是 . c，而是一个没有扩展名的 ASCII 文件，保存时其扩展名定为 . c。

输入源程序代码（可任选），这里以图 4-20 单片机串口输出实验电路为例，与 PC 通信输出显示字符串“Hello World”。设源程序文件名为 hello. c，程序代码如下。

```
#include <reg52.h>
#include <stdio.h>
/* 对串口进行初始化 */
void Series_Init (void)
{
    SCON = 0x50;          /* 设置串口工作方式为 1 */
    TMOD = 0x20;          /* 设置其工作方式为 2，选用定时器 1 作为波特率发生器 */
    TH1 = 221;            /* 设置定时器初值 */
    TR1 = 1;              /* 启动定时器 1 */
    TI = 1;               /* 设置串口发送开 */
}

int main (void)
{
    Series_Init ( );
    while (1)
    {
```

```
        printf (" Hello World\n");
    }
}
```

在输入完源程序代码后，即可在 File 选项的下拉菜单中选择“保存”命令项，将源文件保存。这里需要指出，由于 Keil C51 同时支持汇编语言和 C 语言，所以在保存要时尤为注意，如果源程序文件是用 C 语言编写的，文件名就必须以 .c 作为扩展名，如 hello.c；如果源程序文件是使用汇编语言编写的，文件名就必须以 .asm 作为扩展名，如 hello.asm。C51 根据扩展名来判断文件的类型，并自动进行处理。

4. 把源程序文件加入到工程中

在建立了源程序文件后，必须把源程序文件添加到工程中，以构成一个完整的工程项目。选择 C51 开发环境的“Project”菜单中的“Group”菜单项，选择“Group/Add Files”再单击 Available Groups 栏中的 Source Group1 组，选择“Add File To Group”“Source Group 1”按钮，打开“添加源程序”窗口，如图 4-10 所示。在弹出的窗口中选择源程序文件，加入即可。

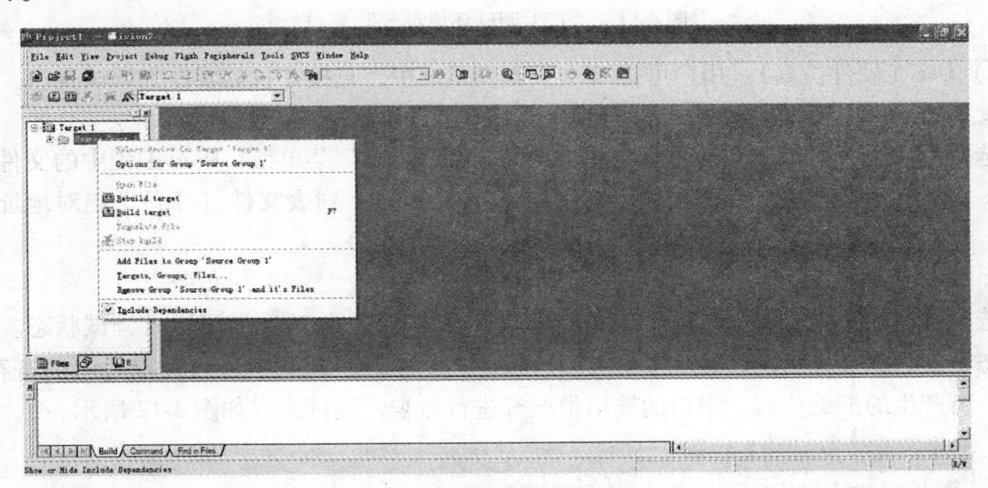

图 4-10 “添加源程序”窗口

5. 为目标芯片添加启动代码

在 main () 函数执行前，首先应复位单片机内部 RAM，完成对硬件初始化等操作，即执行一段初始化代码。在 C51 中，STARTUP.a51 文件是启动代码文件，该文件适合大多数 8051 及其派生系列的目标芯片。一般情况下，可把 STARTUP.a51 文件复制到工程中去，然后根据目标芯片的硬件电路修改和完善初始化程序。

6. 设置编译、连接及调试环境

在“Project”菜单中选择 Option for Target “Target 1”命令（目标设置工具选项），打开“C51 调试环境设置”窗口，如图 4-11 所示。

选择“Debug”选项，则会出现工作模式选择窗口，有两种工作模式选项可供选择。

1）Use Simulator（软件模拟）。将调试器设置为软件模拟仿真模式，该模式在没有实际目标硬件的情况下可以模拟 8051 的许多功能，这对于应用程序的前期调试是非常方便的。

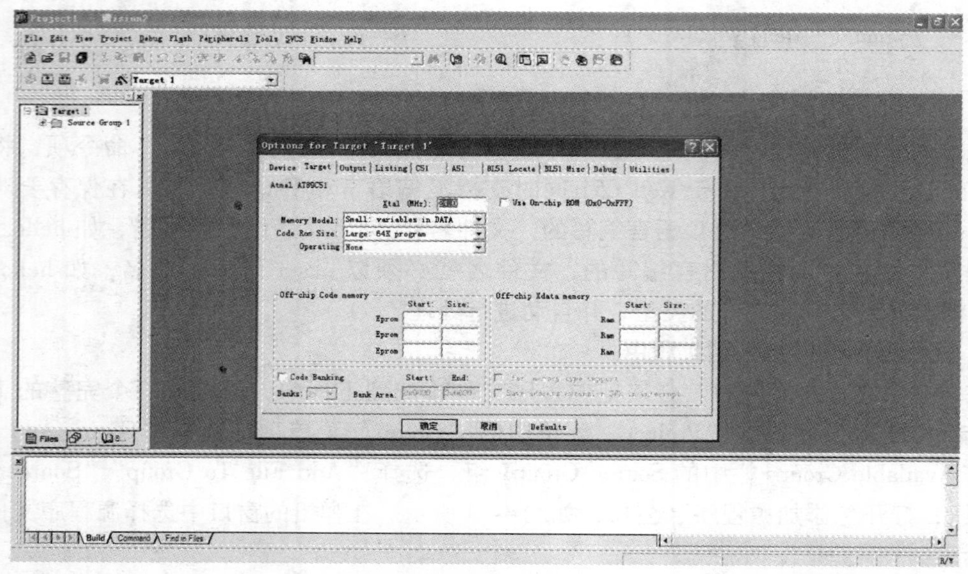

图 4-11　“C51 调试环境设置” 窗口

2）Use（硬件仿真）。用户可把 C51 嵌入到系统中，直接在目标硬件上调试程序。

7. 对工程进行编译和连接

选择 C51 开发环境“Project”菜单中的“Build target”菜单项，则对工程中的文件进行编译、汇编和连接，生成二进制代码的目标文件（. obj）、列表文件（. lst）、绝对地址目标文件、绝对地址列表文件（. m51）、连接输入文件（. imp）。

8. 调试程序

选择“Debug”菜单的“Start”→“Stop Debug Session”项，即可进入调试状态。在调试状态下，目标文件自动转换为扩展名为 . hex 的文件。在调试中可以对单片机的寄存器、内存、所产生的汇编代码、串口的输出情况等进行监视。调试窗口如图 4-12 所示。

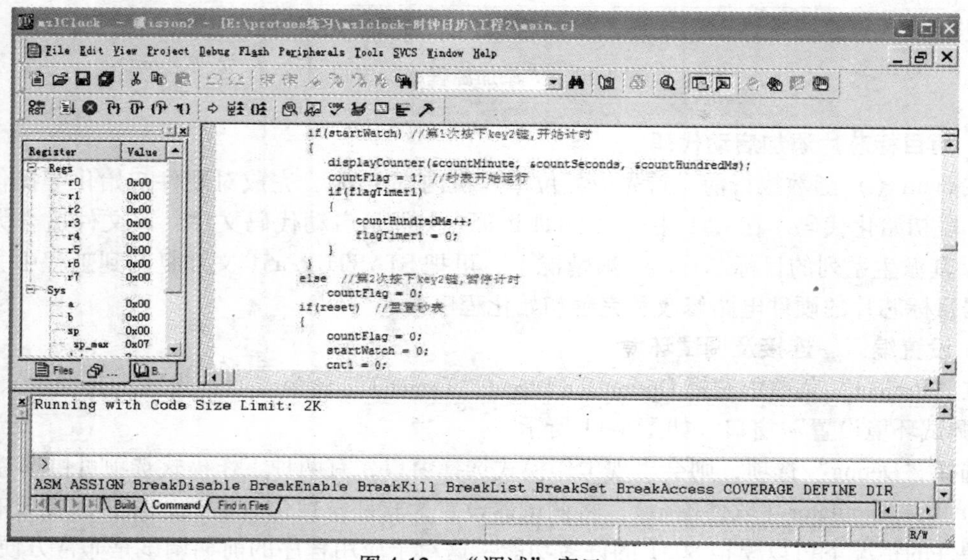

图 4-12　“调试” 窗口

在 C51 环境下，执行调试命令可以单击工具栏“Debug”选项的下拉调试命令及快捷命令，也可以使用快捷键。常用的快捷键命令介绍如下。

〈F5〉键（全速运行）。

〈F11〉键（单步跟踪）。

〈F10〉键（单步运行）。

〈Ctrl + F11〉组合键（跳出函数）。

〈Ctrl + F10〉组合键（执行到光标处）。

4.9 常用 Keil C 调试方法

在编译程序后，需要对程序进行仿真调试，可选择菜单“Debug”→“Start/Stop Debug Session”，进入调试环境。调试环境如图 4-13 所示。

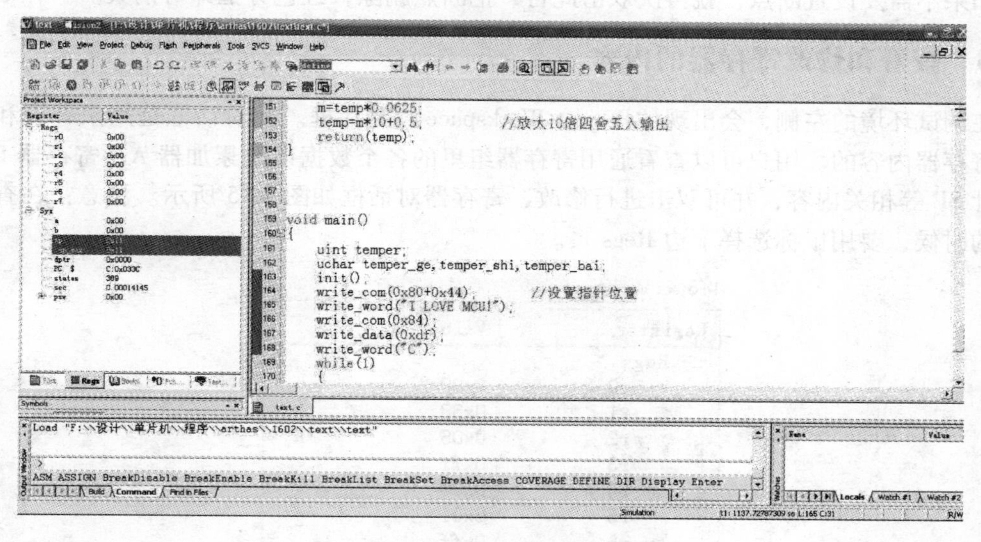

图 4-13 调试环境

4.9.1 程序复位

如果用户在程序仿真调试过程中出现问题，或者需要复位，重新开始仿真调试，就可对程序进行复位。8051 芯片复位后程序计数器将从 0000H 重新开始，另外一些内部特殊功能寄存器在复位时也将重新赋值。

复位的方法有如下 3 种。

1）单击按钮 RST 。

2）选择 Reset Cpu。

3）在命令输入窗口输入“Reset”。

4.9.2 断点的设置和删除方法

所谓断点，就是在程序仿真运行过程中设置一个暂停的位置，使程序在运行中遇到断点暂停运行，以方便观察各个寄存器里的数据。断点的设置方法也很简单，只需在需要设置断点的程序的某行双击鼠标，就会发现在此行最左边出现一个红色的小方块，这表明断点设置成功，程序执行到此行将暂停往下执行。断点的设置如图 4-14 所示。

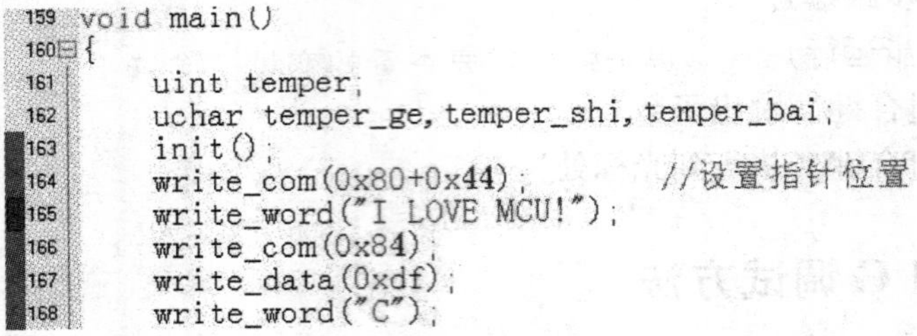

```
159 void main()
160 {
161     uint temper;
162     uchar temper_ge,temper_shi,temper_bai;
163     init();
164     write_com(0x80+0x44);         //设置指针位置
165     write_word("I LOVE MCU!");
166     write_com(0x84);
167     write_data(0xdf);
168     write_word("C");
```

图 4-14　断点的设置

如果不需要设置断点，就再次双击此行，把断点删除，红色方框即可消失。

4.9.3　查看和修改寄存器的内容

在调试环境的左侧，会出现“Project Workspace”对话框。此对话框是用来查看和修改各个寄存器内容的。用户可以查看通用寄存器组里的各个数据以及累加器 A、寄存器 B、堆栈指针 SP 等相关内容，并可双击进行修改，寄存器对话框如图 4-15 所示。注意：在查看寄存器的时候，要用鼠标选择下边 Regs 页。

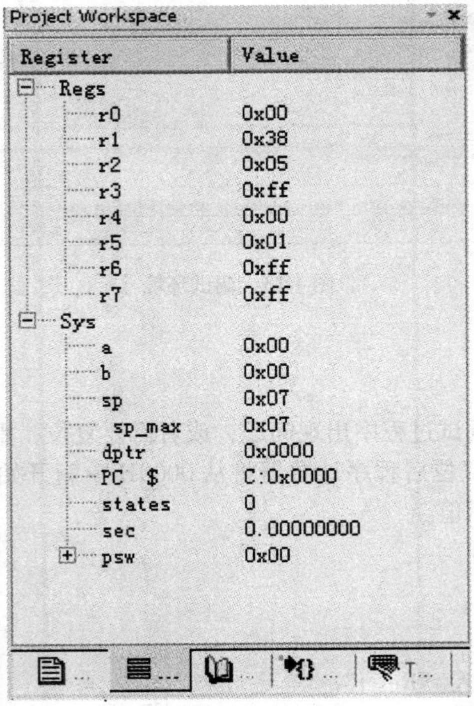

Project Workspace

Register	Value
Regs	
r0	0x00
r1	0x38
r2	0x05
r3	0xff
r4	0x00
r5	0x01
r6	0xff
r7	0xff
Sys	
a	0x00
b	0x00
sp	0x07
sp_max	0x07
dptr	0x0000
PC $	C:0x0000
states	0
sec	0.00000000
psw	0x00

图 4-15　“寄存器”对话框

4.9.4 观察和修改变量

在程序运行过程中，有时需要观察变量的变化情况，选择“View”→“Memory Windows”就可打开查看变量窗口，如图4-16所示。此时可以将鼠标移至type F2 to edit处，单击后按〈F2〉键，此时调试环境提示输入需要查看的变量，输入完后按〈Enter〉键，就可在后边对应的Value处显示出此变量此时的数值。

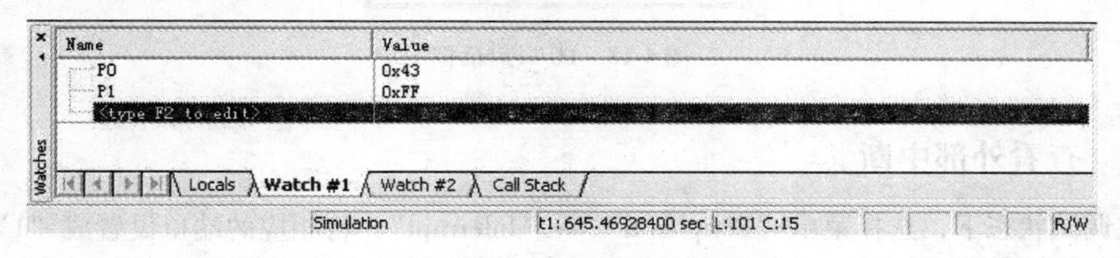

图4-16 “查看变量”窗口

Name栏：用于输入要查看变量的名称。

Value栏：所要查看的变量对应的数值。

Locals：自动显示当前正在使用的局部变量。不需要用户自己添加。

Watch#1和Watch#2：分别为两个变量的观察窗口，用户可根据分类把变量添加到两个窗口中。

4.9.5 查看定时/计数器的方法

选择菜单“Peripherals”→“I/O”→“Port”→“Timer0”，就选择了定时/计数器0的窗口。用户可以根据自己配置的定时器方式，在下拉菜单里选择自己需要的配置，这样就可以从这个窗口中直观地看到定时/计数器的工作情况。定时/计数器对话框如图4-17所示。

图4-17 “定时/计数器”对话框

4.9.6 查看外部I/O状态

选择菜单“Peripherals”→“I/O”→“Port”→“I/O-Ports”→“Port0”，就可以打开

"Port0" 对话框，如图 4-18 所示，可以直观地看到 P0 口各个 I/O 口的状态。

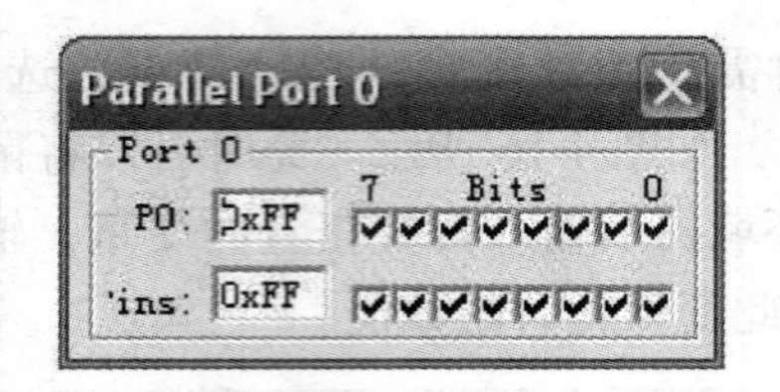

图 4-18　P0 口对话框

4.9.7　查看外部中断

在调试状态下，选择菜单 "Peripheral" → "Interrupt"，将相应的端口设置成 "1" 或者 "0" 就可以产生中断。外部中断仿真对话框如图 4-19 所示。在此对话框中可以显示当前中断系统的状况，如中断源、中断地址、中断是否开放、中断的优先级等。

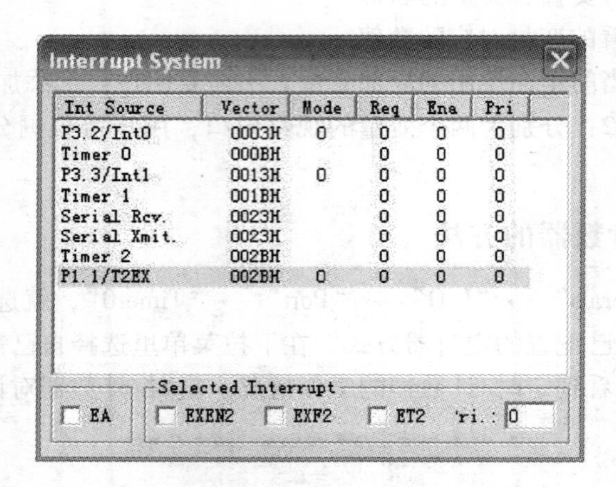

图 4-19　"外部中断仿真" 对话框

4.10　C51 应用程序设计举例

本节根据图 4-20 所示的单片机串口输出实验电路，设计给出了单片机输入、输出的应用程序。

4.10.1　输入

单片机中的 I/O 口（即 P0、P1、P2、P3）可以单独地作为输入/输出口使用。在实际的开发过程中，输入输出操作是单片机最基本的功能。

输入是单片机的重要组成部分，键盘是人机交互的重要设备。实现单片机的输入就是读取 I/O 口引脚的状态。在读取前应该先对要读数据的引脚写 1，使 I/O 口处于读取状态。当外部电路是高电平时读取到 1；反之，读取到 0。

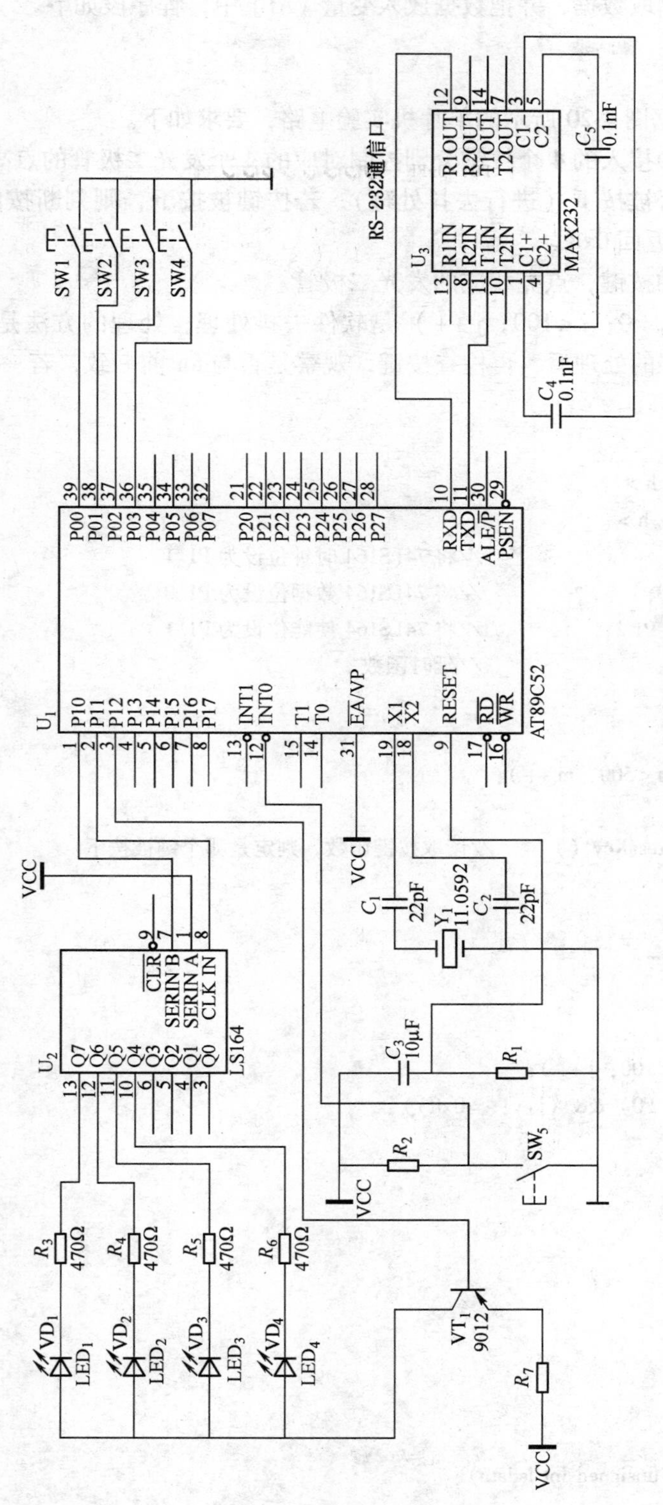

图 4-20 单片机串口输出实验电路

例如：从 P1 口读取数据，并把数据放入变量 VAL1 中，程序段如下。

```
P1 = 0Xff;
VAL1 = P1;
```

【例 4-11】　根据图 4-20 所示的单片机实验电路，要求如下。

1）用输入电路中接入的 4 个按键分别控制对应的 4 个发光二极管的点亮。

2）判断按键是否被按下（进行去抖处理），若按键被按下，则判断按的是哪个键；若没有按键被按下，则返回 0xff。

3）根据所按下的按键，点亮相应的发光二极管。

在程序中，for（j = 0; j < 100; j ++）是软件去抖处理，处理的方法是先读取 P0 口的状态，经过 for 关键字的处理后，再检查按键，观察是否与 for 前一致，若一致，则返回按键结果；否则，返回 0xff。

源程序代码如下。

```
#include <reg52. h>
#include <intrins. h>
sbit CLK = P1^1;                    //将 74LS164 时钟位设为 P1. 1
sbit DATA = P1^0;                   //将 74LS164 数据位设为 P1. 0
sbit CONTROL = P1^2;                //将 74LS164 使能位设为 P1. 1
void delay ()                       //延时函数
{
  unsigned int m;
  for (m = 0; m < 500; m ++);
}
unsignedint GetPressKey ()        //读取按键函数，判定是哪个键被按下
{
  unsigned int j;
  unsigned int key;
  P0 = 0xff;
  key = P0;
  for (j = 0; j < 100; j ++);
  if ( (key = = P0) && (key! =0xff))
  {
    return key;
  }
  else
  {
    return 0xff;
  }
}

void WriteData (unsigned int lsdata)
{
  unsigned char i;
```

```
        for (i=0; i<8; i++)
        {
          CLK=1;
          lsdata=lsdata<<1;
          DATA=CY;
          CLK=0;
        }
        CLK=1;
      }

      void Process ()
      {
        unsigned int lsdata;
        unsigned int keycode;
        lsdata=0xff;
        keycode=GetPressKey ();
        CONTROL=0;
        if (keycode==0xfe)
        {
          lsdata=0x7f;
          WriteData (lsdata);
        }
        if (keycode==0xfd)
        {
          lsdata=0xbf;
          WriteData (lsdata);
        }
        if (keycode==0xfb)
        {
          lsdata=0xdf;
          WriteData (lsdata);
        }
        if (keycode==0xf7)
        {
          lsdata=0xef;
          WriteData (lsdata);
        }
        CONTROL=1;
      }

      int main (void)
      {
        while (1)
```

```
    {
      Process ();
    }
    return 0;
}
```

4.10.2 输出

实现单片机的输出操作就是将数据写入I/O口。单片机的输出高、低电平可以由程序直接控制。例如，将数据0x0f写入P1口、高电平“1”写入P2口第0位的程序段为

```
P1 = 0x0f;
P2^0 = 1;
```

在控制系统中，经常用单片机的I/O口驱动其他电路，但单片机I/O口的驱动电流非常有限，由于I/O引脚输出低电平的驱动电流高于输出高电平的驱动电流，所以一般选取低电平为有效驱动。例如：普通的LED工作电流在10mA到几十mA，可以直接使用单片机端口；而继电器需要的驱动电流较大，则需要通过驱动元器件以提高单片机的驱动能力。

根据图4-20所示的单片机实验电路，用发光二极管作为输出的显示，该输出接口电路使用了芯片74LS164（74LS164可以作为输入/输出用）。

图4-21所示为74LS164芯片引脚图。由于单片机的引脚资源是有限的，所以使用74LS164串转并电路，以实现对单片机输出端口的扩充。74LS164的功耗十分低，又非常稳定，连接电路也比较方便。

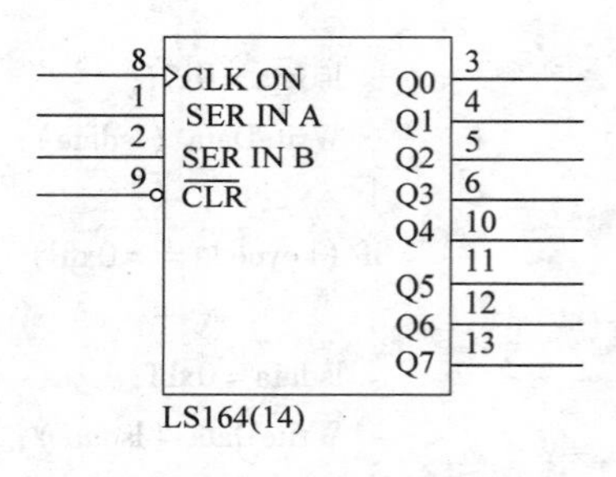

图4-21　74LS164芯片引脚图

74LS164在使用时仅占用单片机I/O口的3个芯片引脚，即P1.0、P1.1、P1.2，单片机可以完成对8个发光二极管的控制（电路4-20仅用4个发光二极管，在实验过程中其他的二极管可以自己连接）。

74LS164各引脚功能如下。

1）Q0~Q7是串转并后的输出引脚，用于控制发光二极管。本例中发光二极管发光的条件是74LS164的输出引脚为低电平且P1.2为高电平时NPN型晶体管Q1导通。

2）CLK IN是时钟的输入引脚，在本例中接入P1.1引脚。

3）SER IN A、SER IN B是串行的输入引脚，这两个引脚按逻辑与运算规律输入信号。这里使用SER IN B接入单片机的P1.0，而SER IN A接高电平。

【例4-12】　如图4-20所示，当同时点亮4个发光二极管时，编写程序以实现对74LS164的控制。

源程序代码如下。

```
#include <reg52.h>
#include <intrins.h>
sbit CLK = P1^1;
sbit DATA = P1^0;
sbit CONTROL = P1^2;
void delay ()
```

```
{
  unsigned int m;
  for (m=0; m<500; m++);
}
void WriteData (unsigned int lsdata)
{
  unsigned char i;
  for (i=0; i<8; i++)
  {
    CLK=1;
    lsdata=lsdata<<1;
    DATA=CY;
    CLK=0;
  }
  CLK=1;
}

int main (void)
{
  unsigned int lsdata;
  lsdata=0x00;
  while (1)
  {
    CONTROL=0;    /*所有发光二极管处于不发光状态*/
    WriteData (lsdata);
    delay ();
    CONTROL=1;
  }
  return 0;
}
```

4.11 实训项目四 C51 实现流水灯

1. 目的

1）掌握 C51 程序基本结构及应用。

2）掌握 C51 函数定义、参数传递及调用。

2. 项目内容

1）用 C51 实现流水灯（硬件电路同实训项目一）。

2）用 Keil C 建立工程，添加 C51 代码文件。

3）通过 Proteus 仿真功能来观察程序运行结果。

3. 环境

在 PC 上运行 Keil C 集成开发环境及 Proteus 仿真软件。

4. 步骤

1）新建 Keil C 工程 Project4，并编写如下所示的 C 程序，保存文件为 main. c，添加入工程中。

参考程序代码如下。

```
#include <reg51.h>                    //包含 C51 头文件，头文件定义了 C51 硬件资源
#include <intrins.h>                  //该头文件定义了 C51 常用的移位等函数
#define uchar unsigned char           //定义 unsigned char 类型，用符号 uchar 替代
#define led P1
void delay (uchar m);                 //声明延时函数
void main ()
{
uchar s_data = 0x01;
while (1)
{
    led = ~s_data;                    //LED 赋初值
    s_data = _crol_ (s_data, 1);      //端口数据循环左移一位
/***************************************
    //s_data = s_data << 1;           //端口数据左移一位
    //if (s_data == 0)                //判断是否移到最高位
    //s_data = 0x01;                  //重新赋初值
***************************************/
    delay (200);                      //调用延时函数（子程序），实际参数为 200
  }
}
void delay (uchar m)                  //延时函数（形式参数 m，调用时 m = 200）
{
    unsigned char a, b, c;
    for (c = m; c > 0; c--)
        for (b = 142; b > 0; b--)
            for (a = 20; a > 0; a--);
}
```

说明：由于程序中使用了字符循环左移函数（_crol_），所以在程序开始必须有文件包含#include <intrins. h>，intrins. h 文件定义函数内容部分如下。

内部函数	描述
crol	字符循环左移
cror	字符循环右移
irol	整数循环左移
iror	整数循环右移
lrol	长整数循环左移
lror	长整数循环右移
nop	空操作 8051 NOP 指令

testbit　　　　　测试并清零位 8051 JBC

2）编译连接，生成 . hex 文件。

3）将生成的 . hex 文件放入同实训项目一的 Proteus 工程内，观察程序的仿真运行结果。

4.12　思考与练习

1. C51 扩展了哪些数据类型？

2. 简述 C51 存储器类型关键字与 8051 存储空间的对应关系。

3. 在定义 int a = 1 和 b = 1 后，分别指出在表达式 b = a、b = a ++ 和 b = ++ a 被执行后变量 a 和 b 的值。

4. 用 C51 编程实现当 P1.0 输入为高电平时，P1.2 的输出控制信号灯被点亮。

5. 使用选择结构编写程序，当输入的数字为“1”、“2”、“3”、“4”时，输出显示“A”、“B”、“C”、“D”；当输入数字“0”时，程序结束。

6. 编一个函数 sum，求数组 a 中各元素的数据和。要求在 main 函数中输入数组元素的数据，通过调用 sum 函数并输出返回的数据和。

7. 编一个函数 len，求一个字符串 s 的长度。要求在 main 函数中输入字符串，通过调用 len 函数输出返回的字符串长度。

8. C51 中断函数如何定义，在使用时应注意哪些问题？

9. 用 C51 编写流水灯控制程序。要求由 8051 的 P1 口控制 8 个发光二极管（采用共阳极连接）依次轮流被点亮，循环不止。

10. 用 C51 编写外部中断“0”的中断函数，该中断函数的功能实现从 P1 口读入 8 位数据存放在一数组中，若数据全为 0，则置 P2.1 输出 1；否则，P2.1 输出 0。

11. 分别举例说明数组、指针、指针变量和地址的含义及在程序中的作用。

12. 文件包含#include <reg51. h> 和#include <intrins. h> 的作用是什么？

13. 下列程序与语句 s_data = _crol_（s_data，1）（端口数据循环左移一位）能否相互替换，是否影响结果？

```
/****************************************
    //s_data = s_data << 1;          //端口数据左移一位
    //if (s_data == 0)               //判断是否移到最高位
    //s_data = 0x01;                 //重新赋初值
****************************************/
```

第 5 章　MCS-51 单片机典型功能部件结构及应用

本章重点介绍 MCS-51 单片机主要功能部件结构及应用，包括中断系统、定时/计数器及串行口等。

5.1　中断系统

中断技术是单片机和外部设备（简称外设）之间进行速度匹配以及处理突发事件的一种重要手段。本节重点介绍 MCS-51 单片机中断系统的结构和应用实例。

5.1.1　中断的概念

计算机在采用中断技术后，不仅可以实时处理控制现场的随机事件和突发事件，而且解决了 CPU 和外部设备之间的速度匹配问题，从而极大地提高了计算机的工作效率。

1. 中断及中断源

中断是指 CPU 正在执行某一段程序的过程中，如果外界或内部发生了紧急事件，就会要求 CPU 暂停正在运行的程序转而去处理这个紧急事件，待处理完后再回到原来被停止执行程序的间断点，继续执行原来被打断了的程序的过程。中断结构示意图如图 5-1 所示。

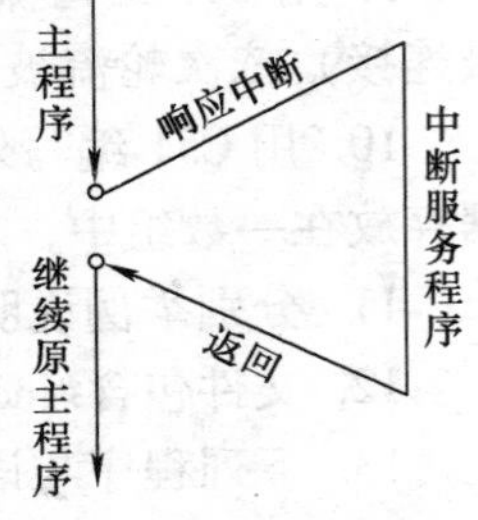

图 5-1　中断结构示意图

产生中断请求的事件或设备称为中断源，实现中断功能的机构称为中断系统。

具有中断的计算机系统的数据传送，是外设主动提出信息交换要求的，CPU 在收到这个要求之前，执行本身的主程序，只有在收到外设的请求之后，才中断原来主程序的执行，转而去执行中断服务子程序。

2. 中断嵌套及优先级

MCS-51 系列单片机允许有多个中断源。当几个中断源同时向 CPU 请求中断、要求 CPU 响应的时候，一般 CPU 应优先响应最需紧急处理的中断请求。为此，需要规定各个中断源的优先级，使 CPU 在多个中断源同时发出中断请求时能找到优先级最高的中断源，响应它的请求。在优先级高的中断请求处理完之后，再响应优先级低的中断请求。

当 CPU 正在处理一个优先级低的中断请求时，如果发生另一个优先级比它高的中断请求，CPU 会暂停正在处理的中断源的处理程序，转而处理优先级高的中断请求，待处理完之后，再回到原来正在处理的优先中断程序。这种高级中断源能中断低级中断源的中断处理称为中断嵌套。具有中断嵌套的系统称为多级中断系统，没有中断嵌套的系统称为单级中断系统。

MCS-51 单片机内部有 5 个中断源，提供两个中断优先级，能实现两级中断嵌套。每一个中断源的优先级的高低都可以通过编程来设定。两级中断嵌套的中断过程如图 5-2 所示。

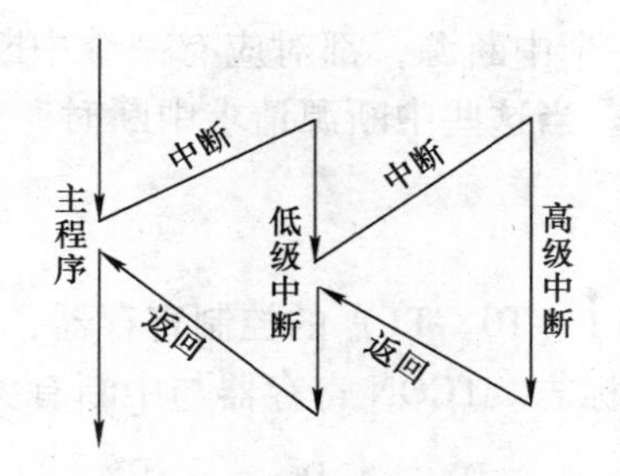

图 5-2 两级中断嵌套的中断过程

5.1.2 MCS-51 中断系统结构及中断控制

MCS-51 系列单片机的中断系统图如图 5-3 所示。

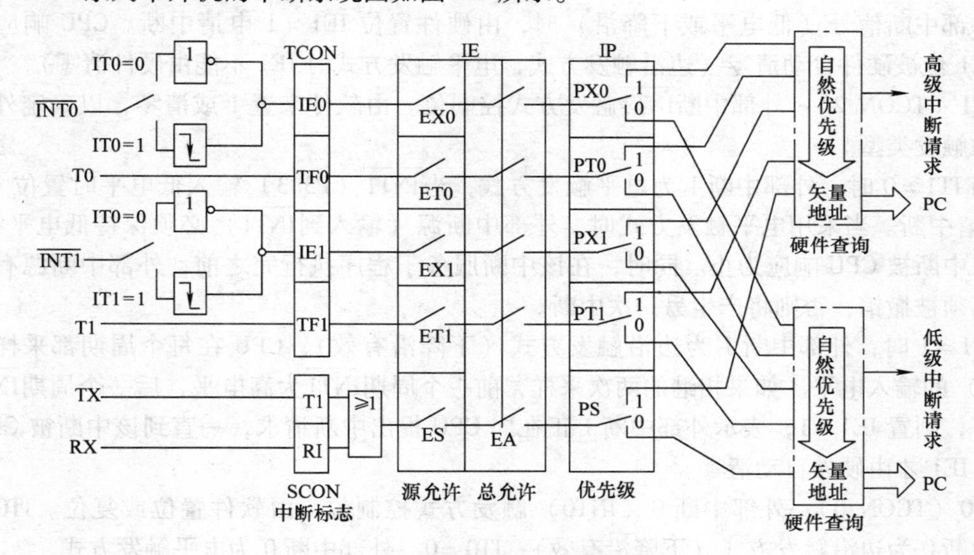

图 5-3 MCS-51 系列单片机的中断系统图

1. 中断源和中断请求标志

MCS-51 系列单片机有 5 个中断源及其相应的控制寄存器。

（1）中断源

MSC-51 系列单片机的 5 个中断源，包括两个外部中断源和 3 个内部中断源。两个外部中断源是外部中断 0 和外部中断 1，相应的中断请求信号输入端是 $\overline{INT0}$ 和 $\overline{INT1}$。3 个内部中断源是定时/计数器 0 溢出中断、定时/计数器 1 溢出中断、串行口的发送和接收中断（TI 和 RI）。

外部中断请求 $\overline{INT0}$ 和 $\overline{INT1}$ 有两种触发方式，即电平触发方式和边沿触发方式。在每个机器周期的 S5P2 检测 $\overline{INT0}$ 或 $\overline{INT1}$ 的信号。对于电平触发方式，检测到低电平即为有效请求。对于边沿触发方式，要检测两次。如果前一次为高电平，后一次为低电平，则表示检测到下降沿请求信号。为了保证检测可靠，低电平或高电平的宽度至少要保持一个机器周期，即 12 个振荡周期。

MCS-51 系列单片机对每一个中断源，都对应有一个中断请求标志位，它们设置在特殊功能寄存器 TCON 和 SCON 中。当这些中断源请求中断时，分别由 TCON 和 SCON 中的相应位来锁存中断请求标志。

（2）TCON 寄存器

TCON 是定时/计数器 0 和 1（T0、T1）的控制寄存器，同时也用来锁存 T0、T1 的溢出中断请求标志和外部中断请求标志。TCON 寄存器与中断有关的位如图 5-4 所示。

TCON (88H)	D7	D6	D5	D4	D3	D2	D1	D0
	TF1		TF0		IE1	IT1	IE0	IT0

图 5-4　TCON 寄存器与中断有关的位

IE1（TCON.3）：外部中断$\overline{\text{INT1}}$请求标志位。当 CPU 检测到在$\overline{\text{INT1}}$引脚（P3.3）上出现的外部中断信号（低电平或下降沿）时，由硬件置位 IE1 = 1 申请中断。CPU 响应中断后，IE1 位被硬件自动清零（边沿触发方式，电平触发方式时 IE1 不能由硬件清零）。

IT1（TCON.2）：外部中断$\overline{\text{INT1}}$触发方式控制位。由软件来置 1 或清零，以确定外部中断 1 的触发类型。

当 IT1 = 0 时，外部中断 1 为电平触发方式，当$\overline{\text{INT1}}$（P3.3）输入低电平时置位 IE1 = 1，申请中断。当采用电平触发方式时，外部中断源（输入到$\overline{\text{INT1}}$）必须保持低电平有效，直到该中断被 CPU 响应为止。同时，在该中断服务子程序执行完之前，外部中断源有效低电平必须被撤销，否则将产生另一次中断。

IT1 = 1 时，外部中断 1 为边沿触发方式（下降沿有效），CPU 在每个周期都采样$\overline{\text{INT1}}$（P3.3）的输入电平。如果相继的两次采样，前一个周期$\overline{\text{INT1}}$为高电平，后一个周期$\overline{\text{INT1}}$为低电平，则置 IE1 = 1，表示外部中断 1 正在向 CPU 提出中断请求，一直到该中断被 CPU 响应时，IE1 才由硬件自动清零。

IT0（TCON.0）：外部中断 0（$\overline{\text{INT0}}$）触发方式控制位，由软件置位或复位。IT0 = 1，外部中断 0 为边沿触发方式（下降沿有效）；IT0 = 0，外部中断 0 为电平触发方式。

TF0（TCON.5）：定时/计数器 0（T0）的溢出中断请求标志。当 T0 计数产生溢出时，由硬件将 TF0 置 1。在 CPU 响应中断后，由硬件将 TF0 清 0。

TF1（TCON.7）：定时/计数器 1（T1）的溢出中断请求标志。其功能和操作情况同 TF0。

（3）SCON 寄存器

SCON 为串行口控制寄存器，其中的低两位用做串行口中断请求标志。SCON 的格式如图 5-5 所示。

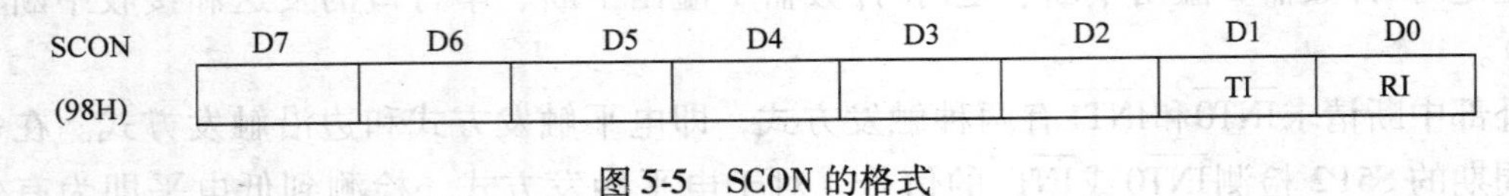

SCON (98H)	D7	D6	D5	D4	D3	D2	D1	D0
							TI	RI

图 5-5　SCON 的格式

RI（SCON.0）：串行口接收中断请求标志。在串行口方式 0 中，每当接收到第 8 位数据时，由硬件置位 RI；在其他方式中，当接收到停止位的中间位置时，置位 RI。

注意：当 CPU 执行串行口中断服务程序时，RI 不复位，必须由软件将 RI 清 0。

TI（SCON.1）：串行口发送中断请求标志。在方式 0 中，每当发送完 8 位数据时，由硬件置位 TI；在其他方式中，在停止位开始时置位。TI 也必须由软件复位。

需要指出的是，串行口的接收中断 RI 和发送中断 TI 是经逻辑“或”以后作为内部的一个中断源。

2. 中断允许控制

在 MCS-51 单片机中断系统中，中断的允许或禁止由片内中断允许寄存器 IE 控制。中断允许寄存器 IE 的格式如图 5-6 所示。

IE	D7	D6	D5	D4	D3	D2	D1	D0
(A8H)	EA			ES	ET1	EX1	ET0	EX0

图 5-6　中断允许寄存器 IE 的格式

EA（IE.7）：CPU 中断允许标志。EA = 0，表示 CPU 屏蔽所有中断；EA = 1，表示 CPU 开放中断，但每个中断源的中断请求是允许还是被禁止，还需由各自的允许位来确定。

ES（IE.4）：串行口中断允许位。ES = 0，禁止串行口中断；ES = 1，允许串行口中断。

ET1（IE.3）：定时/计数器 T1 溢出中断允许位。ET1 = 1，允许 T1 中断；ET1 = 0，禁止 T1 中断。

EX1（IE.2）：外部中断 1 中断允许位。EX1 = 1，允许外部中断 1 中断；EX1 = 0，禁止外部中断 1 中断。

ET0（IE.1）：定时/计数器 T0 溢出中断允许位，其功能同 ET1。

EX0（IE.0）：外部中断 0 中断允许位，功能同 EX1。

中断允许寄存器 IE 中各位的状态，可根据要求用软件置位或清零，从而实现对于该中断源允许中断或禁止中断。当 CPU 复位时，IE 被清零。

3. 中断优先级控制

（1）IP 的格式

MCS-51 系列单片机的中断优先级是由中断优先级寄存器 IP 控制的。IP 的格式如图 5-7 所示。

IP	D7	D6	D5	D4	D3	D2	D1	D0
(B8H)				PS	PT1	PX1	PT0	PX0

图 5-7　IP 的格式

PS（IP.4）：串行口中断优先级控制位。PS = 1，串行口为高优先级中断；PS = 0，串行口为低优先级中断。

PT1（IP.3）：T1 中断优先级控制位。PT1 = 1，T1 为高优先级中断；PT1 = 0，T1 为低优先级中断。

PX1（IP.2）：外部中断 1 中断优先级控制位。PX1 = 1，外部中断 1 为高优先级中断；PX1 = 0，外部中断 1 为低优先级中断。

PT0（IP.1）：T0 中断优先级控制位。PT0 = 1，T0 为高优先级中断；PT0 = 0，T0 为低

优先级中断。

PX0（IP.0）：外部中断0中断优先级控制位。PX0 =1，外部中断0为高优先级中断；PX0 =0，外部中断0为低优先级中断。

中断优先级控制寄存器IP中的各个控制位，均可程控为0或1。在单片机复位后，IP中的各位都被清零。

（2）中断系统的基本准则

MSC-51单片机中的中断系统，应遵循以下基本准则。

1）低优先级中断可被高优先级中断请求所中断，高优先级中断不能被低优先级中断请求所中断。

2）同级的中断请求不能打断已经执行的同级中断。

当多个同级中断源同时提出中断申请时，到底响应哪一个中断请求取决于内部规定的顺序。这个顺序又称为自然优先级，中断源自然优先级顺序见表5-1。

表5-1　中断源自然优先级顺序表

中　断　源	自然优先级
外部中断0	最高
定时/计数器0	↓
外部中断1	↓
定时/计数器1	↓
串行口	最低

5.1.3　MCS-51中断响应过程

MCS-51系列单片机的中断响应过程可分为中断响应、中断处理和中断返回3个阶段。

1. 中断响应

CPU响应中断的条件主要有以下几点。

1）由中断源发出中断请求。

2）中断总允许为EA =1，即CPU开中断。

3）请求中断的中断源的中断允许位为1。

CPU在每个机器周期的S5P2时刻采样各中断源的中断请求信号，并将它锁存在TCON或SCON中的相应位。在下一个机器周期对采样到的中断请求标志进行查询。若查询到中断请求标志，则按优先级高低进行中断处理，中断系统将通过硬件自动将相应的中断矢量地址装入PC，以便进入相应的中断服务程序。

在不同的情况下，CPU响应中断的时间是不同的。以外部中断为例，$\overline{INT0}$和$\overline{INT1}$引脚的电平在每个机器周期的S5P2时刻经反相器锁存到TCON的IE0和IE1标志位，CPU在下一个机器周期才会查询到新置入的IE0和IE1，如果满足响应条件，CPU响应中断时就要用两个机器周期执行一条硬件长调用指令“LCALL”，由硬件完成将中断矢量地址装入程序指针PC中，使程序转入中断矢量入口。因此，从产生外部中断到开始执行中断程序至少需要3个完整的机器周期。

在下列任何一种情况存在时，中断请求将被封锁。

1）CPU 正在处理同级的或高一级的中断。

2）当前周期（即查询周期）不是执行当前指令的最后一个周期，就要保证把当前的一条指令执行完才会响应。

3）当前正在执行的指令是返回（RETI）指令或对 IE、IP 寄存器进行访问的指令，在执行指令后至少再执行一条指令才会响应中断。

中断查询在每个机器周期中重复执行，所查询到的状态为前一个机器周期的 S5P2 时刻采样到的中断请求标志。

注意：如果中断请求标志被置位，但因有上述情况之一而未被响应，或上述情况已不存在，但中断标志位也已清零，那么原请求的中断就不再响应。

在 CPU 执行中断服务程序之前，自动将程序计数器 PC 内容（断点地址）压入堆栈保护，然后将对应的中断矢量地址装入 PC 中，使程序转向该中断矢量地址单元中，开始执行中断服务程序。相应于 5 个中断源的中断服务程序矢量地址见表 5-2。

表 5-2　相应于 5 个中断源的中断服务程序矢量地址

中　断　源	矢 量 地 址
外部中断 0	0003H
定时器 0	000BH
外部中断 1	0013H
定时器 1	001BH
串行口	0023H

通常在中断矢量地址单元放一条跳转指令，以转到真正的中断服务程序的起始地址。中断服务程序的最后一条指令必须是中断返回指令 RETI。

2. 中断处理

CPU 从执行中断处理程序第一条指令开始到返回指令 RETI 为止，这个过程称为中断处理或中断服务。中断处理一般包括保护现场、处理中断源的请求以及恢复现场三部分内容。如果主程序和中断处理程序都用到累加器、PSW 寄存器和其他专用寄存器，那么在 CPU 进入中断处理程序后，就会破坏原来存在上述寄存器中的内容，因而在进入中断处理程序后，首先应将它们的内容保护起来，这个过程称为保护现场。在中断结束后、执行 RETI 之前应恢复它们原来的内容，称为恢复现场。

3. 中断返回

中断返回是指执行完中断处理程序的最后指令 RETI 之后，CPU 返回断点继续执行原来程序，等待其他中断源的中断请求。

5.1.4　中断响应后中断请求的撤除

中断源提出中断申请，在 CPU 响应此中断请求后，该中断源的中断请求在中断返回之前应当撤除，以免引起重复中断，被再次响应。

对于边沿触发的外部中断，CPU 在响应中断后由硬件自动清除相应的中断请求标志 IE0 和 IE1。

对于电平触发的外部中断，CPU 在响应中断后的中断请求标志 IE0 和 IE1 是随外部引脚 $\overline{INT0}$和$\overline{INT1}$的电平而变化的，CPU 无法直接控制，因此需在引脚处外加硬件（如触发器）使其及时撤销外部的中断请求。

对于定时器溢出中断，CPU 在响应中断后就由硬件消除了相应的中断请求标志 TF0、TF1。

对于串行口中断，CPU 在响应中断后并不自动清除中断请求标志 RI 或 TI，因此必须在中断服务程序中用软件来清除。

5.1.5 中断系统的应用及实例

【例 5-1】 设计一个程序，能够实时显示$\overline{INT0}$引脚上出现的负跳变信号的累计数（设此数小于等于 255）。

分析：可以利用中断系统解此题。设计主程序为一显示程序，实时显示某一寄存器（例如 R7）中的内容。利用$\overline{INT0}$引脚上出现的负跳变作为中断请求信号，每中断一次，R7 的内容加 1。

汇编语言程序代码如下。

```
         ORG     0000H
         AJMP    MAIN           ; 转主程序
         ORG     0003H
         AJMP    IP0            ; 转中断服务程序
         ORG     0030H
MAIN:    MOV     SP, #60H       ; 设堆栈指针
         SETB    IT0            ; 设INT0为边沿触发方式
         SETB    EA             ; CPU 开中断
         SETB    EX0            ; 允许INT0中断
         MOV     R7, #00H       ; 计数器赋初值
LP:      ACALL   DISP           ; 调显示子程序（略）
         AJMP    LP
IP0:     INC     R7             ; 中断处理程序，计数器加 1（0~255）
         RETI                   ; 中断返回
```

C51 程序如下。

```
#include <reg51.h>
#include <stdio.h>
unsigned int COUNT = 0;                 /* 定义全局变量 COUNT（0~65535） */
void main ()
{
    SCON = 0x52;                        /* 初始化串口，以便能调用 printf 函数 */
    IE = 0x81;                          /* 启用 CPU 和外部 0 中断 */
    TMOD = 0x07;                        /* 设定计数器 0 工作在方式 3，为计数方式 */
                                        /* 计数器的启停仅由 TR0 控制 */
    TCON = 0x01;                        /* INT0 设置为负边沿触发 */
    while (1)
    {
```

```
        printf (" Pulses = %u \ n", COUNT);    /* 输出计数结果 */
    }
}

void ex_int0 (void) interrupt 0                /* 定义外部中断 0 的中断函数 */
{
    COUNT ++ ;                                 /* 完成计数功能 */
}
```

【例 5-2】 外部中断 0 的应用实例如图 5-8 所示。单片机读 P1.0 的状态，把这个状态送到 P1.7 的指示灯去，当 P1.0 为高电平时，指示灯亮；当 P1.0 为低电平时，指示灯不亮。要求用中断控制这一输入/输出过程，每请求中断一次，完成一个读写过程。

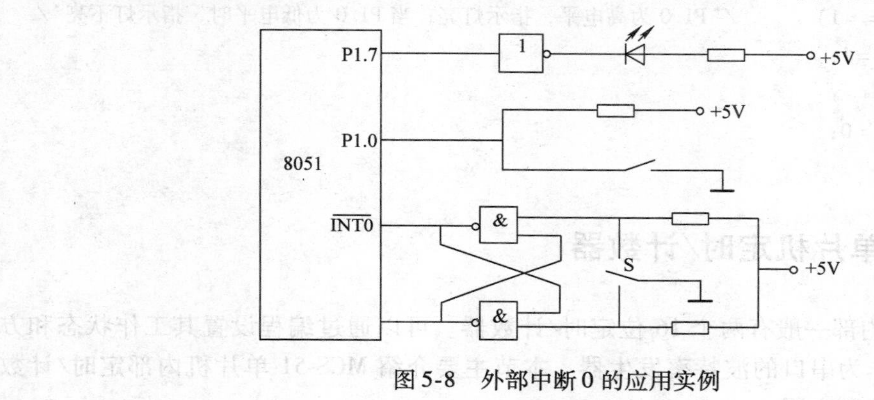

图 5-8　外部中断 0 的应用实例

汇编语言程序代码如下。

```
        ORG     0000H
        AJMP    MAIN        ; 转到主程序
        ORG     0003H       ; 外部中断 0 矢量地址
        AJMP    INT-0       ; 转往中断服务子程序
        ORG     0050H       ; 主程序
MAIN:   SETB    IT0         ; 选择边沿触发方式
        SETB    EX0         ; 允许INT0中断
        SETB    EA          ; CPU 开中断
HERE:   SJMP    HERE        ; 主程序踏步等待中断
        ORG     0200H       ; 中断程序入口
INT-0:  MOV     A, #0FFH
        MOV     P1, A       ; 设输入态
        MOV     A, P1       ; 读开关状态
        RR      A           ; 送 P1.0 到 P1.7
        MOV     P1, A       ; 驱动二极管发光
        RETI                ; 中断返回
        END
```

C51 程序如下。

```
#include <reg51. h>
```

```
sbit P1_0 = P1^0;
sbit P1_7 = P1^7;
void main ( )
{
    IE = 0x81;              /* CPU 开中断和外部中断 0 允许 */
    TCON = 0x01;            /* INT0 设置为负边沿触发 */
    while (1);
}

void ex_int0 (void) interrupt 0
{
    if (P1_0 = = 1)         /* P1.0 为高电平，指示灯亮；当 P1.0 为低电平时，指示灯不亮 */
        P1_7 = 1;
    else
        P1_7 = 0;
}
```

5.2 MCS-51 单片机定时/计数器

51 系列单片机内部一般有两个 16 位定时/计数器。可以通过编程设置其工作状态和方式，并且还可用它作为串口的波特率发生器。本节主要介绍 MCS-51 单片机内部定时/计数器的结构、工作原理和应用。

5.2.1 定时/计数器概述

定时/计数器是以加法的形式进行计数的，每一个脉冲计数值加 1。当它作为计数器使用时，主要是用来对外部事件计数；当它作为定时器使用时，以单片机内部固定频率的机器周期（12 个时钟周期）为计数单位，在计数到确定的数值时，完成定时功能。

定时/计数器的基本结构如图 5-9 所示。

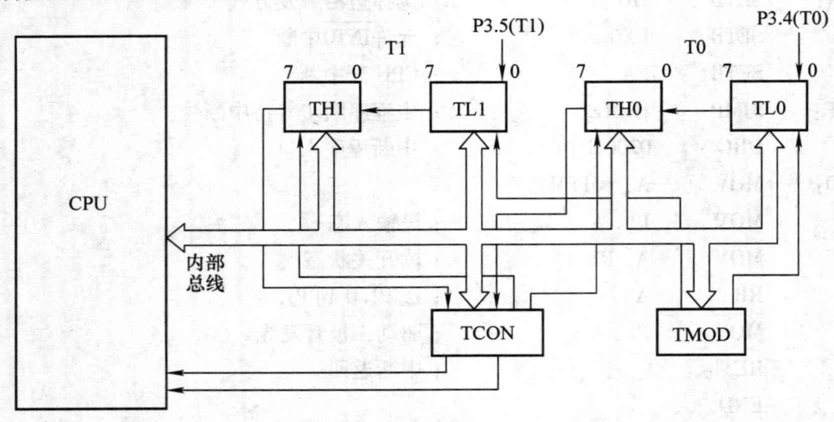

图 5-9　定时/计数器的基本结构

定时器 T1 由 TH1、TL1 两个 8 位寄存器组成；定时器 T0 由 TH0、TL0 两个 8 位寄存器组成。TH1 和 TL1、TH0 和 TL0 分别构成两个 16 位加法计数器，通过操作两个特殊功能寄存器 TMOD 和 TCON 的各位状态来改变 T0/T1 的工作状态（定时和计数）及工作方式。TMOD 和 TCON 的内容由软件写入。在 T0 或 T1 加 1 溢出后，计满溢出信号使 TCON 中的 TF0 或 TF1 置 1，作为定时/计数器的溢出标志位。

在加法计数器的初值被设置后，使用指令置位定时器 T0（或 T1）的运行控制位（TR0/TR1），定时器就会在下一条指令的第一个机器周期的 S1P1 时刻按设定的方式自动进行工作。

当 T0（或 T1）用做对外部事件计数时，接相应的外部脉冲输入端 P3.4（T0）和 P3.5（T1）。在这种情况下，当 CPU 检测到输入端的电平由高跳变到低时，计数器就加 1。加 1 操作发生在检测到这种跳变后的一个机器周期的 S3P1，因此需要两个机器周期来识别一个从“1”到“0”的跳变，故最高计数频率为晶振频率的 1/（2×12）。这就要求输入信号的电平跳变后至少应在一个机器周期内保持不变，以保证给定的电平再次变化前至少被采样一次。

当 T0（或 T1）用做定时器使用时，因为输入的时钟脉冲是由晶体振荡器的输出经 12 分频后得到的，所以定时器可看做是对单片机机器周期的计数器，因此它的计数频率为晶振频率的 1/12。若晶振频率为 12MHz，则定时器每接收一个计数脉冲的时间间隔为 1μs。

这里需要注意的是，加法计数器是在加 1 计满溢出时才置位溢出标志位的，故在给计数器赋初值时不能直接输入所需的计数值，而应输入计数器计数的最大值与这一计数值的差值。设最大值为 M，计数值为 N，初值为 X，则 X 的计算方法如下。

计数工作方式时初值：$X = M - N$

定时工作方式时初值：$X = M -$ 定时时间/T

$T =$（1/晶振频率）×12

5.2.2 定时/计数器的控制

1. 工作方式控制寄存器（TMOD）

定时/计数器有 4 种工作模式，由用户编程对 TMOD 设置，选择所需要的工作方式。

TMOD 属于特殊功能寄存器，其地址为单片机内部 RAM 区的字节地址 89H，该寄存器不能位寻址，在设置时一次写入。TMOD 各位的定义如图 5-10 所示，其中高 4 位用于定时器 T1，低 4 位用于定时器 T0。

7	6	5	4	3	2	1	0
GATE	C/$\overline{T}$	M1	M0	GATE	C/$\overline{T}$	M1	M0
T1模式控制位				T0模式控制位			

图 5-10　TMOD 各位的定义

1）M1M0——工作模式控制位。M1M0 对应 4 种不同的二进制组合，分别对应 4 种工作模式。4 种工作模式一览表见表 5-3。

表 5-3 4 种工作模式一览表

M1M0	工作模式	说明
00	0	13 位定时/计数器，TH 高 8 位和 TL 的低 5 位
01	1	16 位定时/计数器
10	2	自动重装入初值的 8 位定时/计数器
11	3	T0 分成两个独立的 8 位计数器，T1 没有模式 3

2）$C/\overline{T}$——定时器方式和计数器方式选择控制位。若 $C/\overline{T}=1$ 时，则定时/计数器工作在计数器方式；若 $C/\overline{T}=0$ 时，则定时/计数器工作在定时器方式。

3）GATE——定时/计数器运行控制位（门控位）。当 GATE =1 时，只有 $\overline{INT0}$（P3.2）（或 $\overline{INT1}$（P3.3））引脚为高电平且 TR0（或 TR1）置 1 时，相应的 T0 或 T1 才能选通工作，此时可用于测量在 $\overline{INT0}$（或 $\overline{INT1}$）端出现的正脉冲的宽度。当 GATE =0 时，只要 TR0（或 TR1）置 1，T0（或 T1）就被选通，而不管 $\overline{INT0}$（或 $\overline{INT1}$）的电平是高还是低。

2. 定时器控制寄存器（TCON）

定时器控制寄存器 TCON 除可字节寻址外，还可以位寻址。TCON 的字节地址为 88H，位地址为 88H ~8FH，其各位的定义及格式如图 5-11 所示。

TCON	8FH							88H
	MSB	6	5	4	3	2	1	LSB
(88H)	TF1	TR1	TF0	TR0	IE1	IT1	IE0	IT0

图 5-11 TCON 各位的定义及格式

TF0、TF1 分别是 T0、T1 的溢出标志位，加 1 计满溢出时置 1，并申请中断，在中断响应后自动清 0；若采用软件查询的方法，利用软件判断 TF0 或者 TF1 是否为 1，则在计数器溢出后，要通过软件清除 TF0 或者 TF1。

TR1、TR0 分别为 T0、T1 的运行控制位，通过软件置 1 后，定时/计数器才开始工作，在系统复位时清 0。

TCON 的其余 4 位与中断有关，在上一节已介绍。

5.2.3 定时/计数器的工作模式

定时/计数器 T0 和 T1 有 4 种工作模式，即模式 0、模式 1、模式 2、模式 3。在模式 0、模式 1 和模式 2 时，T0 和 T1 的工作情况完全相同。

1. 工作模式 0

当将 TMOD 的 M0M1 设置为 00 时，定时/计数器工作在模式 0，由定时/计数器（T0 或 T1）的高 8 位和低 5 位组成 13 位计数器。定时/计数器 T0 工作在模式 0 的逻辑结构框图如图 5-12 所示。其中，TL0 的高 3 位未用，其余位为整个 13 位的低 5 位，TH0 占高 8 位。当 TL0 的低 5 位溢出时，向 TH0 进位；当 TH0 溢出时，置位 TF0，并申请中断。如 T0 是否溢出，可查询 TF0 是否被置位来确定。

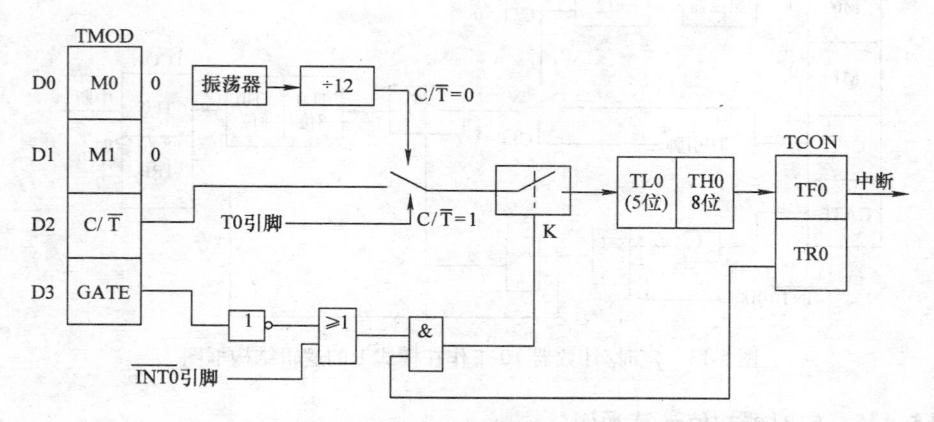

图 5-12　定时/计数器 T0 工作在模式 0 的逻辑结构框图

在图 5-12 中，当 $C/\overline{T}$置 0 时，振荡器 12 分频输出端，T0 对机器周期计数，即为定时工作方式。其定时时间为

$$t=(2^{13}-\text{T0 初始值})\times\text{振荡周期}\times 12$$

当 $C/\overline{T}=1$ 时，选择时钟输入为引脚 T0（P3.4），外部计数脉冲由引脚 T0（P3.4）输入，当外部信号电平发生由 1 到 0 跳变时（下降沿）时，计数器加 1。这时，T0 成为外部事件的计数器，即为计数工作方式。

模式 0 主要考虑到与早期的单片机兼容，但由于计算初值方法比较麻烦，所以一般不经常使用。

【例 5-3】　定时器初值的计算举例。

若需设置定时为 1ms，晶振为 6MHz，则计算初值方法为 $2^{13}-1000/2=7692$（1E0CH），T0 初始化程序如下。

汇编语言程序。

```
MOV   TMOD, #00H
MOV   TH0, (8192 - 500)/256          ; 计算初值高 8 位赋 THO
MOV   TL0, (8192 - 500) MOD 256      ; 计算初值低位赋 TL0
```

C51 程序。

```
TMOD = 0x00;
TH0 = (8192 - 500)/256;
TL0 = (8192 - 500)% 256;
```

2. 工作模式 1

当将 TMOD 的 M0M1 设置为 01 时，定时/计数器工作在模式 1，该模式对应的是一个 16 位的定时/计数器。定时/计数器 T0 工作在模式 1 的逻辑结构框图如图 5-13 所示。当 T0 工作在模式 1 时，两个 8 位寄存器 TH0 和 TL0 组成 16 位计数器，其结构和操作方式与模式 0 基本一样。当工作在定时方式时，定时时间为

$$t=(2^{16}-\text{T0 初始值})\times\text{振荡周期}\times 12$$

当用于计数工作方式时，计数的最大长度为 $2^{16}=65\,536$ 个外部脉冲。

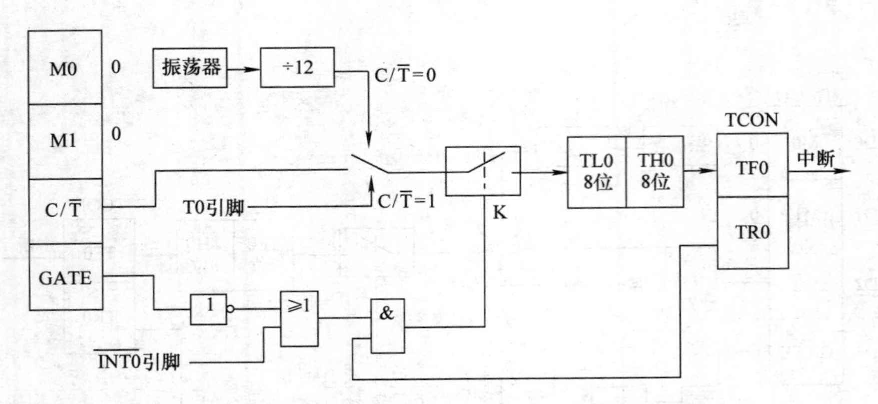

图 5-13　定时/计数器 T0 工作在模式 1 的逻辑结构框图

【例 5-4】　定时器初值计算举例。

若需定时 1ms，晶振为 12MHz，则计算初值方法为 $2^{16}-1\,000=64\,536$（FC18H）。

T0 初始化程序如下。

汇编语言程序如下。

```
MOV   TMOD，#01H
MOV   TH0，(65 536 - 1 000)/256
MOV   TL0，(65 536 - 1 000) MOD 256
```

C51 程序如下。

```
TMOD = 0x01;
TH0 = (65 536 - 1 000)/256;
TL0 = (65 536 - 1 000)% 256;
```

3. 工作模式 2

当将 TMOD 的 M0M1 设置为 10 时，定时/计数器工作在模式 2。模式 2 把 TL0（或 TL1）设置成一个可以自动重装载的 8 位定时/计数器。定时/计数器 T0 工作在模式 2 的逻辑结构框图如图 5-14 所示。

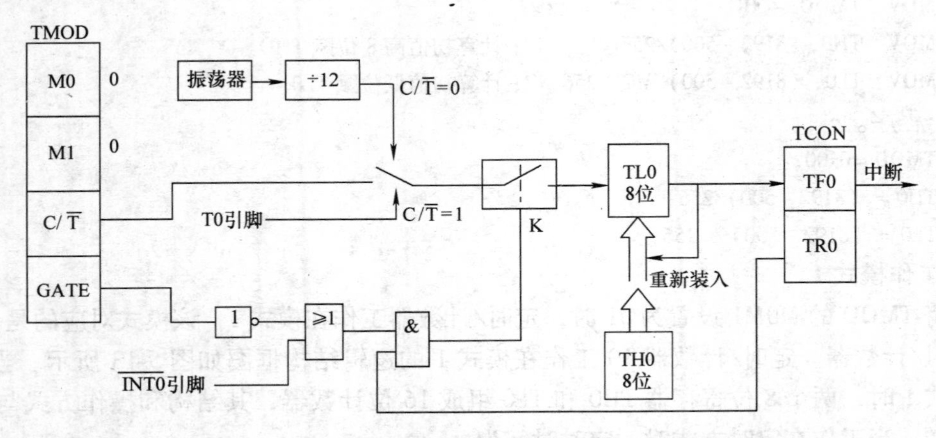

图 5-14　定时/计数器 T0 工作在模式 2 的逻辑结构框图

当工作在模式 2、TL0 计数溢出时，不仅对溢出中断标志位 TF0 置 1，而且还自动把

TH0 中的内容重新装载到 TL0 中。TH0 保存自动重载的计数初值，TL0 作为 8 位计数器。

在程序初始化时，TL0 和 TH0 由软件赋予相同的初值。一旦 TL0 计数溢出，便置位 TF0，并将 TH0 中的初值再自动装入 TL0，继续计数，循环重复，不必再用软件重载计数初值。定时时间为

$$t = (2^8 - \text{TH0 初值}) \times \text{振荡周期} \times 12$$

当用于计数工作方式时，最大计数长度为 $2^8 = 256$ 个外部脉冲。

这种工作模式可省去用户软件中重新装入常数的指令，因此定时时间比较精准，适合用做串行口波特率发生器（T1）或者脉冲信号发生器。

例如，若需定时 100μs，晶振为 6MHz，则计算初值方法为 $2^8 - 50 = 206$（CEH）。

4. 工作模式 3

当将 TMOD 的 M0M1 设置为 11 时，定时/计数器工作在模式 3。T0 与 T1 工作在模式 3 时的结构大不相同，如果 T1 设置为模式 3 时，就停止计数，保持原计数值。

若 T0 工作在模式 3，则把 T0 的 TH0 和 TL0 分成两个独立的 8 为计数器。定时/计数器 T0 工作在模式 3 的逻辑结构框图如图 5-15 所示。

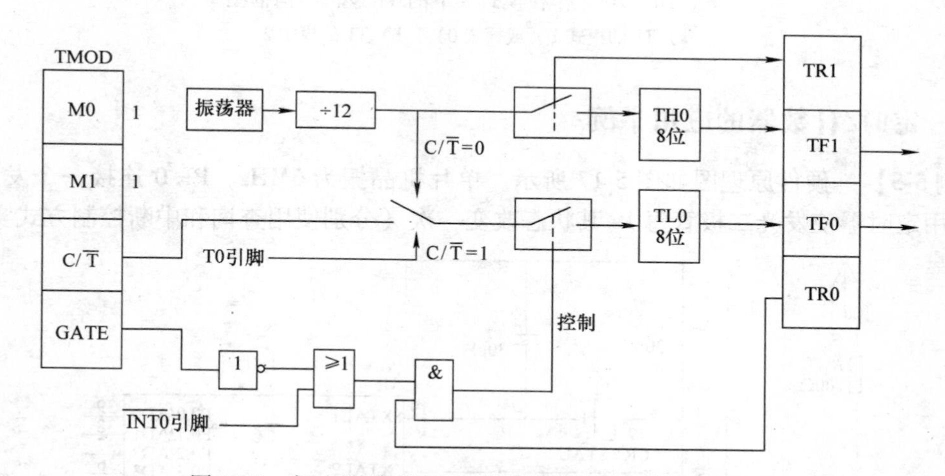

图 5-15　定时/计数器 T0 工作在模式 3 的逻辑结构框图

TL0 使用 T0 的各控制位、引脚和中断源，即 C/T̄、GATE、TR0，TF0 和 T0（P3.4）引脚，$\overline{\text{INT0}}$（P3.2）引脚。TL0 操作方式与模式 2 基本一样，但不能自动重载初值，必须由软件赋初值。TH0 只可完成定时功能（见图 5-15 上半部分），此时，原控制 T1 的控制位 TR1 和中断标志位 TF1 是用来控制 TH0 的，TR1 控制 TH0 的启动与停止。

5. 波特率发生器

定时器 T0 和 T1 可同时工作在不同的工作方式。在定时器 T0 工作在模式 3 时，尽管 TR1 和 TF1 被 T0 占用，但 T1 仍可通过 M0M1 设置其工作模式为 0～2、设置 C/T̄位来切换定时器或计数器工作模式。T0 工作在模式 3 下的 T1 逻辑结构框图如图 5-16 所示。此时，T1 常用做串口的波特率发生器。因此，在需要 T1（一般设置为模式 2）作为串口波特率发生器使用时，可将 T0 设置为模式 3，以充分利用单片机的硬件资源。

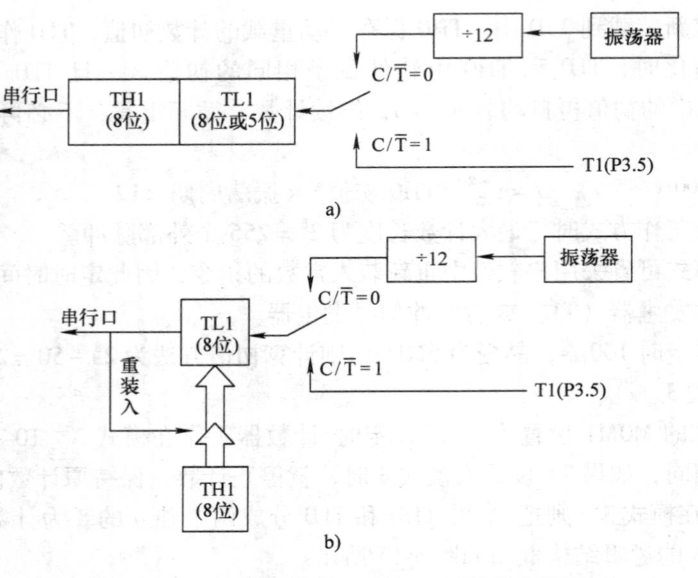

图 5-16　T0 工作在模式 3 下的 T1 逻辑结构框图
a）T1 的模式 1（或模式 0）　b）T1 的模式 2

5.2.4　定时/计数器的应用举例

【例 5-5】　硬件原理图如图 5-17 所示。单片机晶振为 6MHz，P1.0 连接一个发光二极管，利用定时器使发光二极管每 1s 其状态改变一次（分别使用查询和中断控制方式实现）。

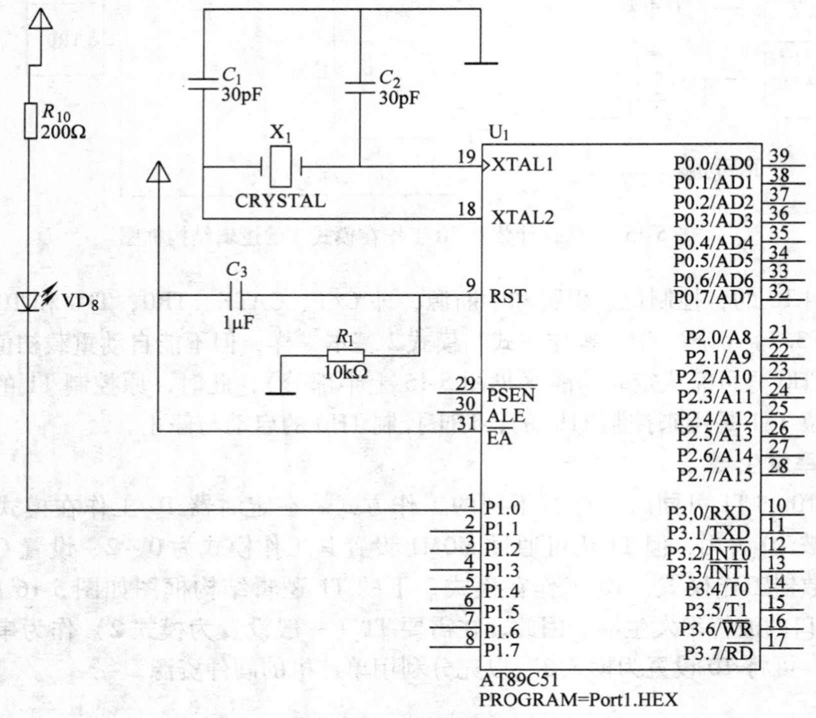

图 5-17　硬件原理图

由于定时器最长定时时间是有限的，所以为实现 1s 的延时，可以设置定时器 T0 的定时时间为 100ms，通过程序设置一个软件计数器，对定时器溢出次数（10 次）计数。

计数初值的算法：65 536 - 100 000/2 = 15 536 = （3CB0H）

采用查询方法的汇编语言程序如下。

```
ORG   0000H
      LJMPMAIN                  ；跳转到主程序
      ORG 0100H                 ；主程序
MAIN：
      MOV TMOD，#01H            ；置 T0 工作于方式 1
      MOV R0，#10               ；设置软件计数器初值为 10
LOOP：
      MOV TH0，#3CH             ；装入计数初值
      MOV TL0，#0B0H
      SETB TR0                  ；启动定时器 T0
      JNB TF0，$                ；查询等待，如果 TF0 为 1，就执行下一条指令
      CLR TF0                   ；清 TF0
      DJNZ R0，LOOP             ；软件定时器减 1
      CPL P1.0                  ；P1.0 取反输出
      MOV R0，#10               ；重载软件计数器计数值
      SJMP LOOP
      END
```

C51 程序如下。

```
#include <reg51.h>
#define uchar unsigned char
sbit led = P1^0;                //定义连接 LED 的引脚
void Init (void)
{
    TMOD = 0x01;                //设置 T0 为方式 1
    TH0 = 0 - 50000/256;        //对于 16 位计数器 0 - 50000 = 15536，免于计算，直接装入初值
    TL0 = 0 - 50000 % 256;      //装入初值（15536 mod256）
    TR0 = 1;
    led = 1;
}

void main (void)
{
    uchar i = 0;
 Init ();
 while (1)
 {
   TH0 = 0 - 50000/256;         //重新装入初值
   TL0 = 0 - 50000 % 256;
```

```
    while (! TF0);                  //等待T0溢出
    TF0 = 0;                        //清除溢出标志位
    i ++ ;                          //软件计数加1
    if (i = =10)
    {
      led = ~led;                   //P1.0取反输出
      i = 0;                        //软件计数器清0
    }
  }
}
```

采用中断方法的汇编程序如下。

```
        ORG 0000H
        LJMPMAIN
        ORG 000BH                   ; T0中断入口地址
        LJMP INT_T0
        ORG 0030H
MAIN:
        MOV TMOD, #01H              ; 置T0方式1
        MOV TH0, #3CH               ; 装入计数初值
        MOV TL0, #0B0H
        MOV R0, #10                 ; 软件计数器置初值
        SETB ET0                    ; T0开中断
        SETB EA                     ; CPU开中断
        SETB TR0                    ; 启动T0
        SJMP $                      ; 等待中断

INT_T0:
        PUSH ACC                    ; 保护现场
        PUSH PSW
        MOV TH0, #3CH               ; 装入计数初值
        MOV TL0, #0B0H              ; 装入计数值
        DJNZ R0; INTEND             ; 软件计数器减1
        CPL P1.0                    ; P1.0取反输出
        MOV R0, #10
INTEND:
        POP PSW                     ; 恢复现场
        POP ACC
        RETI
        END
```

C51程序如下。

```
#include <reg51.h>
#define uchar unsigned char
sbit led = P1^0;
```

```
uchar i = 0;
void InitTimer0 (void)
{
    TMOD = 0x01;                        //置 T0 方式 1
    TH0 = 0 - 50000/256;                //装入计数初值
    TL0 = 0 - 50000 % 256;
    ET0 = 1;                            //开 T0 中断
    EA = 1;                             //开 CPU 总中断
    TR0 = 1;                            //启动 T0，开始计数
}

void main (void)
{
    InitTimer0 ();
while (1);
}

void Timer0Int (void) interrupt 1 using 1   //T0 中断服务程序 using 1 代表使用通用寄存器组 1
{
    TH0 = 0 - 50000/256;                //重载计数初值
    TL0 = 0 - 50000 % 256;
    i ++;
    if (i = =10)
    {
      led = ~led;                       //P1.0 取反输出
      i = 0;
    }
}
```

【例 5-6】 利用单片机测试脉冲的正脉宽。

脉冲示意图如图 5-18 所示。利用 T0 门控制位测试$\overline{INT0}$引脚上出现的正脉冲的宽度，当脉冲从低变高时，T0 开始计数；当脉冲从高变低时，利用外部中断，获得正脉宽的值。

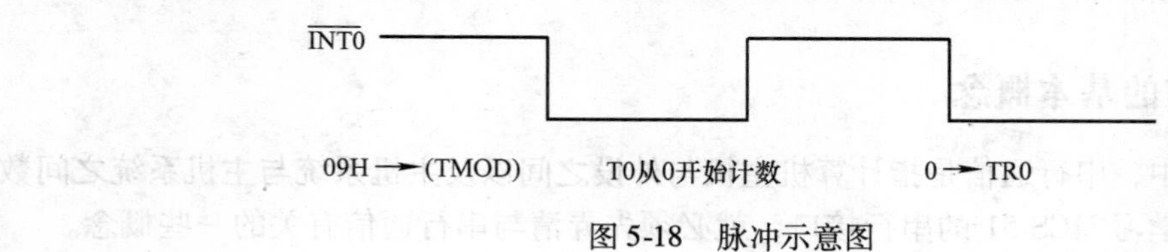

图 5-18 脉冲示意图

单片机晶振为 12MHz。用 Keil C 集成开发环境配合 Proteus 仿真软件，将测得的正脉宽数据存入一个整型数据，利于仿真功能。查看测得的值。

C51 程序如下。

```
#include <reg51.h>
    unsigned int high;                  //定义整型变量存储正脉宽
```

```
void Init (void)
{
    TMOD = 0x09;                    //T0 设置为方式 0，门控位 GATE 置 1
    TH0 = 0;                        //计数期初值清 0
    TL0 = 0;
    EX0 = 1;
    IT0 = 1;
    TR0 = 1;
    EA = 1;
}

void main ()
{
    Init ();
    while (1);
}

void ext0 (void) interrupt 0 using 1
{
    high = TH0 * 256 + TL0;         //获取正脉宽初值
    TH0 = 0;
    TL0 = 0;
}
```

5.3 串行口

在单片机应用系统中，经常需要单片机与单片机、PC 或外部设备进行数据通信。计算机与外界的信息交换称为通信。CPU 与外部设备的基本通信方式有并行通信和串行通信两种。MCS-51 系列单片机具有功能很强的可编程序全双工串行通信接口。本节介绍串行通信的基本概念，MCS-51 串行口的结构、控制方法、工作方式和应用以及常用的串行通信总线标准接口和芯片。

5.3.1 串行通信的基本概念

在计算机系统中，串行通信是指计算机主机与外设之间以及主机系统与主机系统之间数据的串行传送。要学习 MCS-51 的串行接口，就必须先弄清与串行通信有关的一些概念。

1. 异步通信和同步通信

串行通信有异步通信和同步通信两种基本通信方式。

(1) 异步通信

在异步通信中，通常将数据以字符（或字节）为单位组成数据帧进行传送。异步通信的字符帧格式如图 5-19 所示。

每一帧数据包括以下几个部分。

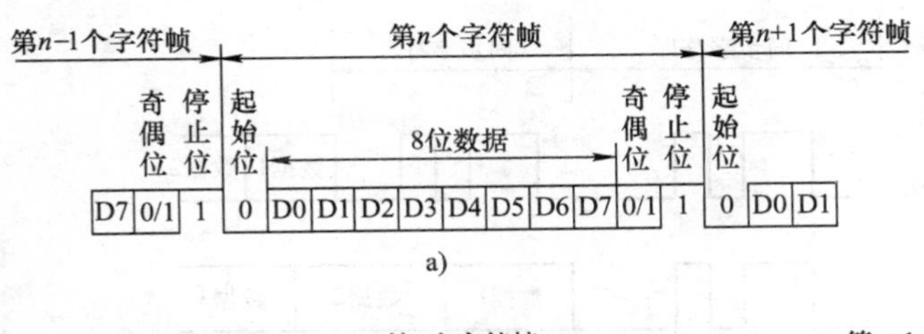

a)

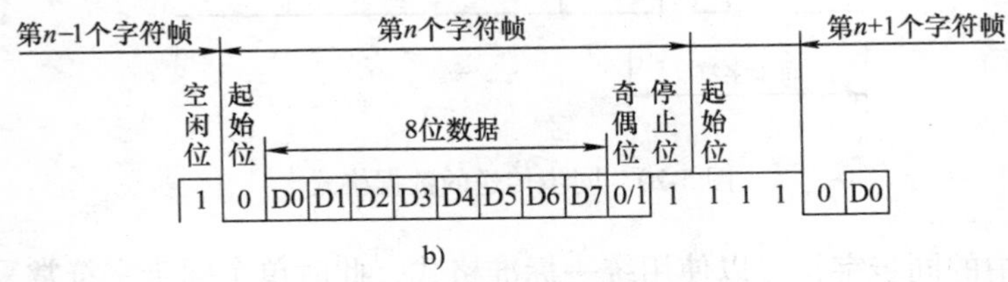

b)

图 5-19　异步通信的字符帧格式

a）无空闲位字符帧　b）有空闲位字符帧

1）起始位。位于数据帧开头，占一位，始终为低电平（0），标志传送数据的开始，用于向接收设备表示发送端开始发送一帧数据。

2）数据位。要传送的字符（或字节），紧跟在起始位之后，用户根据情况可取 5 位、6 位、7 位或 8 位。若所传数据为 ASCII 字符，则常取 7 位。由低位到高位依次前后传送。

3）奇偶校验位。位于数据位之后，仅占一位，用于校验串行发送数据的正确性，可根据需要采用奇校验或者偶校验。

4）停止位。位于数据帧末尾，占一位、一位半（注意：这里一位对应于一定的发送时间，故有半位）或两位，为高电平（1），用于向接收端表示一帧数据已发送完毕。

在串行通信中，有时为了使收发双方有一定的操作间隙，可以根据需要在相邻数据帧之间插入若干空闲位，空闲位和停止位一样也是高电平，表示线路处于等待状态。存在空闲位是异步通信的特征之一。

有了以上数据帧的格式规定，发送端和接收端就可以连续协调地传送数据了。也就是说，接收端会知道发送端何时开始发送和何时结束发送。平时，传输线为高电平（1），每当接收端检测到传输线上发送过来的低电平（0）时，就知道发送端已开始发送；每当接收端接收到数据帧中的停止位时，就知道一帧数据已发送完毕。发送端和接收端可以有各自的时钟来控制数据的发送和接收，这两个时钟源彼此独立，互不同步。

异步通信因为每帧数据都有起始位和停止位，所以传输数据的速率受到限制，一般传输速率在 50 ~ 9 600 bit/s 之间。但异步通信不需要传送同步脉冲，字符帧的长度不受限制，对硬件要求较低，因而在数据传送量不很大、要求传输速率不高的远距离通信场合得到了广泛应用。

（2）同步通信

在同步通信中，当每个数据块传送开始时，采用一个或两个同步字符作为起始标志（接收端不断对传送线采样，并把采样到的字符和双方约定的同步字符比较，只有比较成功后才会把后面接收到的数据加以存储），数据在同步字符之后，个数不受限制，由所需传送的数据块长度确定。同步传送的数据格式如图 5-20 所示。

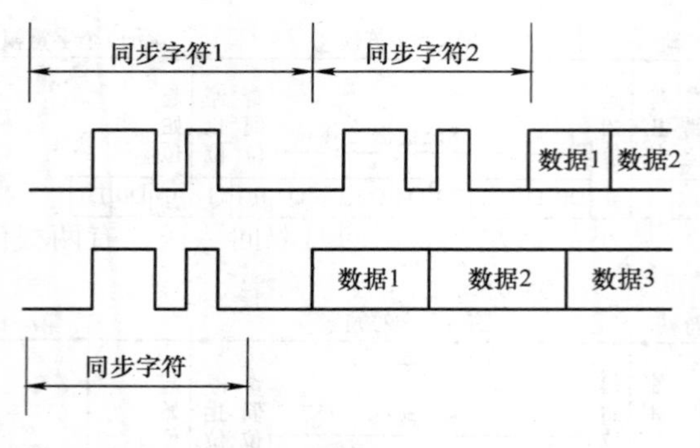

图 5-20　同步传送的数据格式

在同步通信中的同步字符可以使用统一标准格式，此时单个同步字符常采用 ASCII 码中规定的 SYN（即 16H）代码，双同步字符一般采用国际通用标准代码 EB90H。

同步通信方式一次可以连续传送几个数据，每个数据不需起始位和停止位，数据之间不留间隙，因而数据传输速率高于异步通信方式，通常可达 56 000 bit/s。但同步通信要求用准确的时钟来实现发送端与接收端之间的严格同步。为了保证数据传输正确无误，发送方除了发送数据外，还要同时把时钟传送到接收端。同步通信常用于传送数据量大、传输速率要求较高的场合。

2. 串行通信的制式

在串行通信中，数据是在由通信线连接的两个工作站之间传送的。按照数据传送方向，串行通信可分为单工、半双工和全双工 3 种方式。串行通信方式如图 5-21 所示。

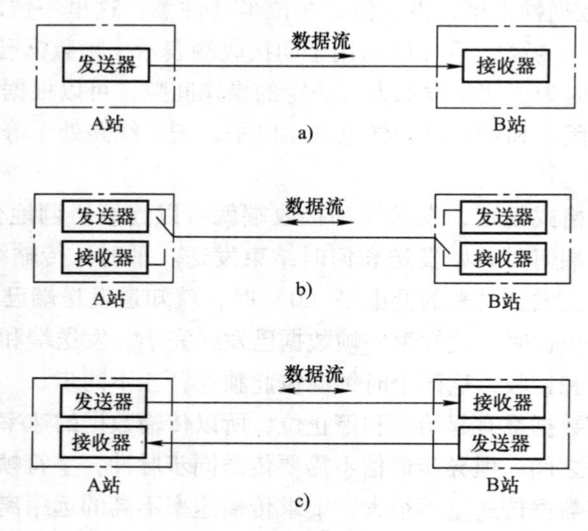

图 5-21　串行通信方式

a）单工制式　b）半双工制式　c）全双工制式

（1）单工制式

单工制式如图 5-21a 所示。它只允许数据向一个方向传送，即一方只能发送，另一方只能接收。

（2）半双工制式

半双工制式如图 5-21b 所示。它允许数据双向传送，但由于只有一根传输线，所以在同一时刻只能一方发送，另一方接收。

（3）全双工制式

全双工制式如图 5-21c 所示。它允许数据同时双向传送，有两根传输线，在 A 站将数据发送到 B 站的同时，也允许 B 站将数据发送到 A 站。

3. 波特率和发送/接收时钟

（1）波特率

串行通信的数据是按位进行传送的。每秒钟传送的二进制数码的位数称为波特率（也称为比特数），单位是 bit/s，即位/秒。波特率是串行通信的重要指标，用于衡量数据传输的速率。国际上规定以标准波特率系列作为常用的波特率。标准波特率的系列为 110bit/s、300bit/s、600bit/s、1 200bit/s、1 800bit/s、2 400bit/s、4 800bit/s、9 600bit/s 和 19 200bit/s。

每位的传送时间为波特率的倒数，即 $Td = 1/$波特率。例如，波特率为 110bit/s 的通信系统，其每位的传送时间应为

$$Td = 1/110\mathrm{s} \approx 0.0091\mathrm{s} = 9.1\mathrm{ms}$$

当对接收端和发送端的波特率分别设置时，必须保持相同。

（2）发送/接收时钟

二进制数据序列在串行传送过程中以数字信号波形的形式出现。无论发送或是接收，都必须有时钟信号对传送的数据进行定位。

在发送数据时，发送器在发送时钟的下降沿将移位寄存器中的数据串行移位输出；在接收数据时，接收器在接收时钟的上升沿对数据位进行采样。发送/接收时钟如图 5-22 所示。

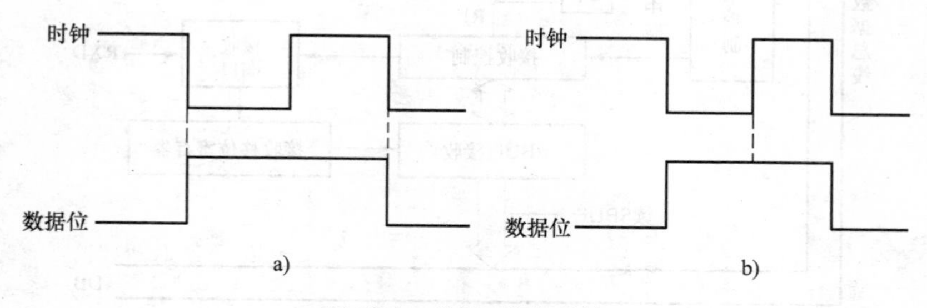

图 5-22　发送/接收时钟
a）发送时钟　b）接收时钟

为保证传送数据准确无误，发送/接收的时钟频率应大于或等于波特率，两者的关系是：发送/接收时钟频率 = $n \times$ 波特率。式中 n 称为波特率因子，$n = 1$、16、或 64。对于同步传送方式，必须取 $n = 1$；对于异步传送方式，通常取 $n = 16$。

当数据传输时，每一位的传送时间 Td 与发送/接收时钟周期 Tc 之间的关系为

$$Td = n \times Tc$$

4. 奇偶校验

当串行通信用于远距离传送时，容易受到噪声干扰。为保证通信质量，需要对传送的数据进行校验。对于异步通信，常用的校验方法是奇偶校验法。

采用奇偶校验法，即在发送时在每个字符（或字节）之后附加一位校验位，这个校验位可以是“0”或“1”，以便使校验位和所发送的字符（或字节）中“1”的个数为奇数或为偶数。校验位和所发送的字符（或字节）中“1”的个数为奇数，称为奇校验；为偶数，称为偶校验。接收时，检查所接收的字符（或字节）连同奇偶校验位中“1”的个数是否符合规定。若不符合，则证明传送数据受到干扰发生了变化，CPU 即可进行相应处理。

奇偶校验是对一个字符（或字节）校验一次，只能提供最低级的错误检测，通常只用于异步通信中。

5.3.2 MCS-51 单片机串行口

MCS-51 系列单片机内部有一个全双工串行异步通信接口，通过软件编程，它可以作为通用异步接收和发送器（UART）用，构成双机或多机通信系统，也可以外接移位寄存器后扩展为并行 I/O 口。

1. 串行口结构

MCS-51 系列单片机通过引脚 RXD（P3.0）和引脚 TXD（P3.1）与外界进行通信。串行口内部结构简化示意图如图 5-23 所示。

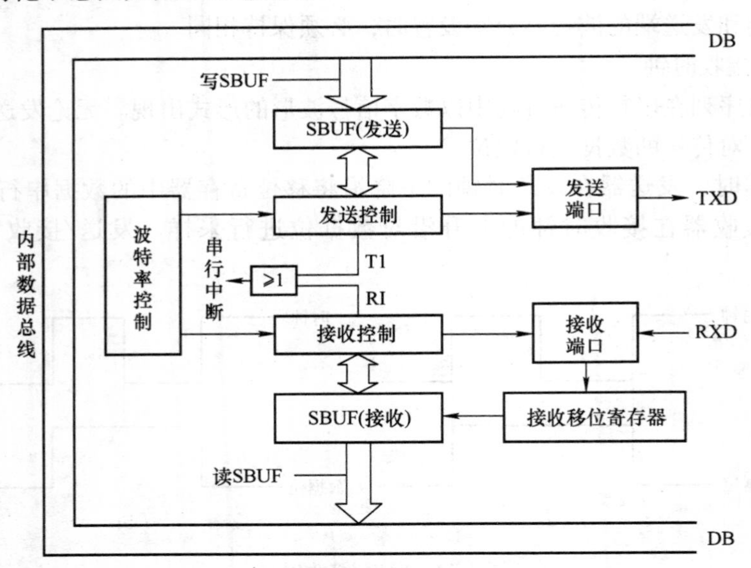

图 5-23　串行口内部结构简化示意图

由图 5-23 可见，串行口内部有两个物理上相互独立的数据缓冲器（SBUF），一个用于发送数据，另一个用于接收数据。但发送缓冲器只能写入数据，不能读出数据；而接收缓冲器只能读出数据，不能写入数据，所以两个缓冲器共用一个地址（99H）。

当发送数据时，执行一条将数据写入 SBUF 的传送指令（例如 MOV　SBUF，A），即可将要发送的数据按事先设置的方式和波特率从引脚 TXD 串行输出。一个数据发送完毕后，串行口产生中断标志位，向 CPU 申请中断，请求发送下一个数据。

当接收数据时，在检测到 RXD 引脚上出现一帧数据的起始位后，便一位一位地将接下来的数据接收保存到 SBUF 中，然后产生中断标志位，向 CPU 申请中断，请求 CPU 接收这一数据，CPU 响应中断后，执行一条读 SBUF 指令（例如 MOV A，SBUF）就可将接收到的数据送入某个寄存器或存储单元。为避免前后两帧数据重叠，接收器是双缓冲的。

2. 串行口控制

MCS-51 的串行口是可编程接口，通过对两个特殊功能寄存器 SCON 和 PCON 进行编程，可控制串行口的工作方式和波特率。

(1) 串行口控制寄存器（SCON）

SCON 是 MCS-51 的一个专用寄存器，串行数据通信的方式选择、接收和发送控制以及串行口的状态标志都由专用寄存器 SCON 控制和指示。SCON 用于控制串行口的工作方式，同时还包含要发送或接收到的第 9 位数据位以及串行口中断标志位。该寄存器的字节地址为 98H，可进行位寻址。串行口控制寄存器 SCON 各位的定义如图 5-24 所示。

位序号	D7	D6	D5	D4	D3	D2	D1	D0
位符号	SM0	SM1	SM2	REN	TB8	RB8	T1	R1

图 5-24 串行口控制寄存器 SCON 各位的定义

SM0、SM1：串行口工作方式选择位。用于设定串行口的工作方式，两个选择位对应串行口的 4 种工作方式见表 5-4，其中 f_{OSC} 是振荡器频率。

表 5-4 串行口的 4 种工作方式

SM0 SM1	工作方式	功能	波特率
0 0	方式 0	同步移位寄存器	$f_{osc}/12$
0 1	方式 1	10 位异步收发	波特率可变
1 0	方式 2	11 位异步收发	$f_{osc}/32$ 或 $f_{osc}/64$
1 1	方式 3	11 位异步收发	波特率可变

SM2：多机通信控制位。方式 2 和方式 3 可用于多机通信，在这两种方式中，若置 SM2 =1，则允许多机通信，只有当接收到的第 9 位数据 RB8 =1 时，才置位 RI；当收到的 RB8 =0 时，不置位 RI（不申请中断）。若置 SM2 =0，则不论收到的第 9 位数据 RB8 是 0 还是 1，都置位 RI，将接收到的数据装入 SBUF 中。在方式 1 中，若置 SM2 =1，则只有当接收到的停止位为 1 时才能置位 RI。在方式 0 中，必须使 SM2 =0。

REN：允许接收控制位。若使 REN =1，则允许串行口接收数据；若使 REN =0，则禁止串行口接收数据。

TB8：在方式 2 和方式 3 中发送数据的第 9 位。在许多通信协议中该位可用做奇偶校验位；在多机通信中，该位用做发送地址帧或数据帧的标志位。在方式 0 或方式 1 中，不用该位。

RB8：在方式 2 和方式 3 中接收数据的第 9 位。在方式 2 和方式 3 中，将接收到的数据的第 9 位放入该位中。在方式 1 中，若 SM2 =0，则 RB8 是接收到的停止位。在方式 0 中，不用该位。

TI：发送中断标志位。在方式 0 串行发送第 8 位结束或其他方式开始串行发送停止位时，由硬件置位，在开始发送前必须由软件清零（因串行口中断被响应后，TI不会被自动清零）。

RI：接收中断标志位。在方式0接收到第8位结束时或在其他方式下接收到停止位的中间时，RI由硬件置位。RI也必须由软件清零。

（2）电源控制寄存器（PCON）

PCON中只有最高位SMOD与串行口工作有关，该位用于控制串行口工作于方式1、2、3时的波特率。当SMOD=1时，波特率加倍。PCON的字节地址为87H，没有位寻址功能。当单片机复位时，SMOD=0。

3. 串行口的工作方式

MCS-51串行口有方式0、方式1、方式2和方式3共4种工作方式，用户可根据实际需要进行选用。方式0主要用于扩展并行输入/输出口，方式1、方式2和方式3主要用于串行通信。

（1）方式0

该方式为同步移位寄存器的输入/输出方式，常用于扩展并行I/O口。串行数据通过RXD输入或输出，同时通过TXD输出同步移位脉冲，作为外部设备的同步信号。在该方式中，收/发的数据帧格式如图5-25a所示。一帧数据为8位，低位在前，高位在后，无起始位、奇偶校验位及停止位，波特率固定为$f_{OSC}/12$。

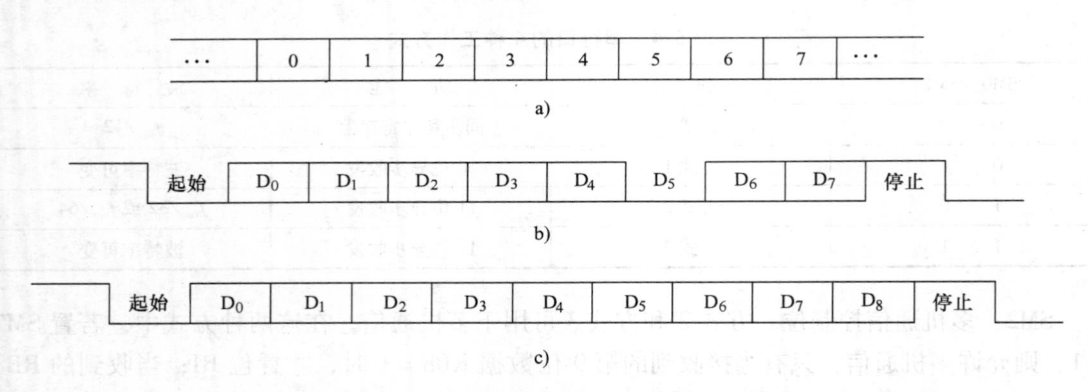

图5-25　串行口4种工作方式收/发的数据帧格式

a）方式0收/发的数据帧格式　b）方式1收/发的数据帧格式　c）方式2和方式3收/发的数据帧格式

1）发送过程。在CPU执行一条将数据写入发送缓冲器SBUF的指令后，串行口把SBUF中的8位数据从RXD端一位一位地输出。数据发送完毕后由硬件将TI置位。在发送下一个数据之前，应先用软件将TI清零。

2）接收过程。用软件使REN=1（同时RI=0）就会启动一次接收过程。外部数据一位一位地从RXD引脚输入接收的SBUF中，接收完8位数据后由硬件置位RI。在接收下一个数据之前，应先用软件将RI清零。

（2）方式1

方式1为波特率可变的10位异步通信方式。由TXD端发送数据，RXD端接收数据。收发一帧数据的格式为1位起始位、8位数据位、一位停止位，共10位。方式1收/发的数据帧格式如图5-25b所示。在接收时，停止位进入RB8。

1）发送过程。当 CPU 执行一条将数据写入 SBUF 的指令时，就启动发送过程。当发送完一帧数据时，由硬件将发送中断标志位 TI 置位。

2）接收过程。当用软件使 REN = 1 时，接收器开始对 RXD 引脚进行采样，采样脉冲频率是所选波特率的 16 倍。当检测到 RXD 引脚上出现从“1”到“0”的跳变时，就启动接收器接收数据。在一帧数据接收完毕后，必须同时满足以下两个条件：① RI = 0；② SM2 = 0 或接收到的停止位为 1。同时满足了这两个条件，这次接收才真正有效，将 8 位数据送入 SBUF，停止位送 RB8，置位 RI。否则，这次接收到的数据将因不能装入 SBUF 而丢失。

（3）方式 2 和方式 3

这两种方式都是 11 位异步通信，操作方式完全一样，只有波特率不同，适用于多机通信。在方式 2 或方式 3 下，数据由 TXD 端发送，RXD 端接收。收发一帧数据为 11 位：1 位起始位（低电平）、8 位数据位、1 位可编程的第 9 位（D8：用于奇偶校验或地址/数据选择，发送时为 TB8，接收时送入 RB8）、1 位停止位（高电平）。方式 2 和方式 3 收/发的数据帧格式如图 5-25c 所示。

1）发送过程。发送前，先根据通信协议由软件设置 TB8，然后执行一条将发送数据写入 SBUF 的指令，即可启动发送过程。串行口能自动把 TB8 取出并装入到第 9 位数据位（D8）的位置。在发送完一帧数据时，由硬件置位 TI。

2）接收过程。当用软件使 REN = 1 时，允许接收。接收器开始采样 RXD 引脚上的信号，检测和接收数据的方法与方式 1 相似。在接收到第 9 位数据送入接收移位寄存器后，若同时满足以下两个条件，即① RI = 0；② SM2 = 0 或接收到的第 9 位数据为 1（SM2 = 1），则这次接收有效，将 8 位数据装入 SBUF 中，第 9 位数据装入 RB8 中，并由硬件置位 RI。否则，接收的这一帧数据将丢失。

4. 波特率设置

串行口的波特率因串行口的工作方式不同而不同，在实际应用中，应根据所选的通信设备、传输距离、传输线状况和 Modem 型号等因素正确地加以选用和设置波特率。

（1）方式 0 的波特率

在方式 0 下，串行口的波特率是固定的，即

$$\text{波特率} = f_{osc}/12$$

（2）方式 2 的波特率

在方式 2 下，串行口的波特率可由 PCON 中的 SMOD 位控制。若使 SMOD = 0，则所选的波特率为 $f_{osc}/64$；若使 SMOD = 1，则波特率为 $f_{osc}/32$。即

$$\text{波特率} = \frac{2^{SMOD}}{64} \times f_{osc}$$

（3）方式 1 和方式 3 的波特率

在这两种方式下，串行口波特率由定时器 T1 的溢出率和 SMOD 值同时决定。相应公式为

$$\text{波特率} = 2^{SMOD} \times \text{T1 溢出率}/32$$

为确定波特率，关键是要计算出定时器 T1 的溢出率。

MCS-51 系列单片机定时器的定时时间 T_c 的计算公式为

$$T_c = (2^n - N) \times 12/f_{osc}$$

式中，T_c 为定时器溢出周期；n 为定时器位数；N 为时间常数；f_{osc} 为振荡频率。

定时器 T1 的溢出率计算公式为

$$\text{T1 溢出率} = 1/T_c = f_{osc}/[12(2^n - N)]$$

因此，方式 1 和方式 3 的波特率计算公式为

$$\begin{aligned}\text{波特率} &= 2^{SMOD} \times \text{T1 溢出率}/32 \\ &= 2^{SMOD} \times f_{osc}/[32 \times 12(2^n - N)]\end{aligned}$$

定时器 T1 作为波特率发生器可工作于模式 0、模式 1 和模式 2。其中模式 2 在 T1 溢出后可自动装入时间常数，避免了重装参数，因而在实际应用中除非波特率很低，一般都采用模式 2。

【例 5-7】 8051 单片机的时钟振荡频率为 12MHz，串行通信波特率为 4800bit/s，串行口为工作方式 1，选定时器工作模式 2，求时间常数并编制串行口初始化程序。

设 SMOD = 1，则 T1 的时间常数为

$$\begin{aligned}N &= 2^8 - 2^1 \times 12 \times 10^6/(32 \times 12 \times 4800) \\ &= 242.98 \approx 243 = \text{F3H}\end{aligned}$$

定时器 T1 和串行口的初始化程序如下。

```
TMOD = 0x20;          /* 设 T1 为模式 2 定时 */
TH1 = 0xF3;           /* 置时间常数 */
TL1 = 0xF3;
TR1 = 1;              /* 启动 T1 */
PCON = 0x80;          /* SMOD = 1 */
SCON = 0x40;          /* 置串行口为方式 1 */
```

需要指出，在波特率设置中，SMOD 位数值的选择影响着波特率的准确度。下面以例 6-1 中所用数据进行说明。

1）若选择 SMOD = 1，则由上面计算已得 T1 时间常数 $N = 243$，按此值可算得 T1 实际产生的波特率及其误差为

$$\begin{aligned}\text{波特率} &= 2^{SMOD} \times f_{osc}/[32 \times 12\ (2^8 - N)] \\ &= \{2^1 \times 12 \times 10^6/[32 \times 12\ (256 - 243)]\}\ \text{bit/s} \\ &= 4807.69\ \text{bit/s}\end{aligned}$$

$$\text{波特率误差} = (4807.69 - 4800)/4800 = 0.16\%$$

2）若选择 SMOD = 0，则 T1 的时间常数为

$$\begin{aligned}N &= 2^8 - 2^0 \times 12 \times 10^6/(32 \times 12 \times 4800) \\ &= 249.49 \approx 249\end{aligned}$$

由此值可算出 T1 实际产生的波特率及其误差为

$$\text{波特率} = \{2^0 \times 12 \times 10^6/[32 \times 12(256 - 249)]\}\ \text{bit/s} = 4464.29\text{bit/s}$$

$$\text{波特率误差} = (4464.29 - 4800)/4800 = -6.99\%$$

由此可见，虽然 SMOD 可任意选择，但在某些情况它会影响波特率的误差，故在选择 SMOD 的值时最好先计算一下，选择使波特率误差小的值。

为避免繁杂的计算，表 5-5 列出了单片机串行口常用的波特率及其设置方法。

表 5-5　单片机串行口常用的波特率及其设置方法

串行口工作方式	波特率/（bit/s）	f_{osc}/MHz	定时器 T1			
			SMOD	C/$\overline{T}$	模式	定时器初值
方式 0	1M	12	×	×	×	×
方式 2	375K	12	1	×	×	×
	187.5K	12	0	×	×	×
方式 1 和方式 3	62.5K	12	1	0	2	FFH
	19.2K	11.059	1	0	2	FDH
	9.6K	11.059	0	0	2	FDH
	4.8K	11.059	0	0	2	FAH
	2.4K	11.059	0	0	2	F4H
	1.2K	11.059	0	0	2	E8H
	137.5	11.059	0	0	2	1DH
	110	12	0	0	1	FEEBH
方式 1 和方式 3	19.2K	6	1	0	2	FEH
	9.6K	6	1	0	2	FDH
	4.8K	6	0	0	2	FDH
	2.4K	6	0	0	2	FAH
	1.2K	6	0	0	2	F3H
	0.6K	6	0	0	2	E6H
	110	6	0	0	2	72H
	55	6	0	0	1	FEEBH

5.3.3　串行口的应用

学习 MCS-51 串行口，要特别注意编制通信软件的方法和技巧。下面以串行口工作方式为主线介绍串行口的应用。

1. 串行口方式 0 的应用

串行口方式 0 为同步操作，外接串入—并出或并入—串出器件，可实现 I/O 的扩展。I/O 口扩展有两种不同用途：一是利用串行口扩展并行输出口外接串行输入/并行输出的同步移位寄存器，如 74LS164 或 CD4094；另一种是利用串行口扩展并行输入口外接并行输入/串行输出的同步移位寄存器，如 74LS165/74HC165 或 CD4014。

【例 5-8】　用 8051 串行口外接一片 CD4094 扩展 8 位并行输出口，并行口的每一位都接一个发光二极管，要求发光二极管从右到左以一定速度轮流点亮，并不断循环。设发光二极管为共阴极接法。将 8051 串行口扩展为 8 位并行输出口如图 5-26 所示。

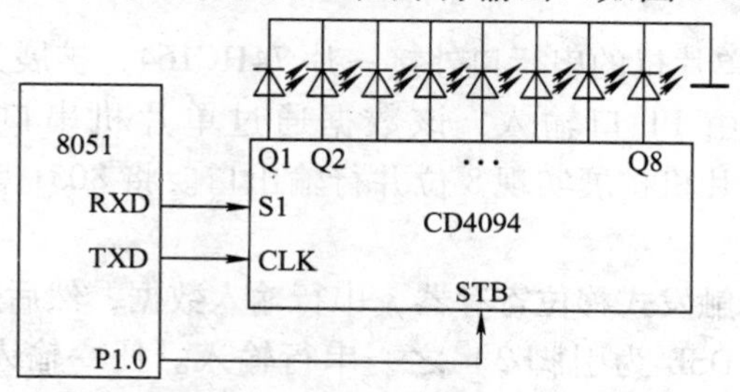

图 5-26　将 8051 串行口扩展为 8 位并行输出口

CD4094 是一种 8 位串行输入（SI 端）/并行输出的同步移位寄存器，CLK 为同步脉冲输入端，STB 为控制端。若 STB = 0，则 8 位并行数据输出端（Q1 ~ Q8）关闭，但允许串行数据从 SI 端输入；若 STB = 1，则 SI 输入端关闭，但允许 8 位数据并行输出。

设串行口采用中断方式发送，发光二极管的点亮时间通过延时子程序 delay（）实现。C51 程序代码如下。

```
#include <reg52.h>
#include <intrins.h>
#define uint unsigned int
#define uchar unsigned char
uchar dat;
sbit STB = P1^0;                          //STB 控制端
void delay (uint x)
{
uchar k;
while (x--)
for (k=0; k<250; k++);
}
void main (void)
{
    SCON = 0x00;                          //串口工作方式 0
    dat = 0x01;
    STB = 0;
    SBUF = dat;
    while (1);
}
void recv () interrupt 4
{
    STB = 1;
    delay (100);
    TI = 0;
    dat = _crol_ (1, dat);
    STB = 0;
    SBUF = dat;
}
```

【例 5-9】 用 8051 单片机的串行口外接一片 74HC164，扩展为 8 位并行输出口。输入数据由 8 个开关提供并由 P1 口输入，该数据通过单片机串口输出给 74HC164，利用 74HC164 串进并出，为单片机扩展实现 8 位并行输出口。将 8051 串行口扩展为 8 位并行输入口如图 5-27 所示。

74HC164 是 8 位边沿触发式移位寄存器，串行输入数据，然后并行输出。数据通过两个输入端（DSA 为引脚 1、DSB 为引脚 2）之一串行输入。任一输入端可以用做高电平使能端，控制另一输入端的数据输入。两个输入端或者连接在一起，或者将不用的输入端接高电

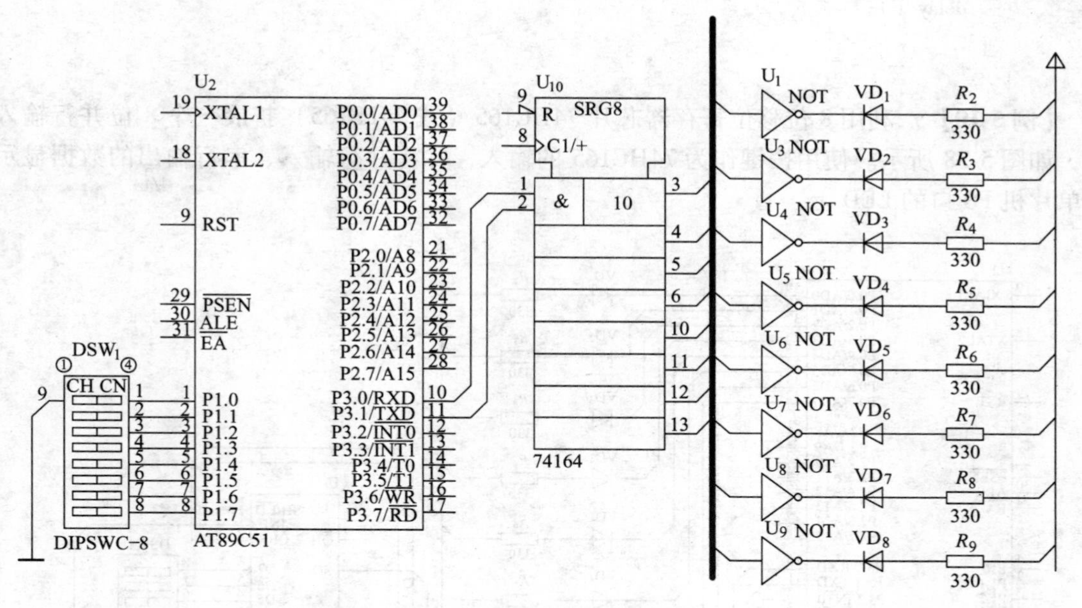

图 5-27　将 8051 串行口扩展为 8 位并行输入口

平，一定不要悬空。时钟（CP）每次由低变高时，数据右移一位，输入到 Q0（引脚 3），Q0 是两个数据输入端（DSA 和 DSB）的逻辑与，它在上升时钟沿之前保持一个建立时间的长度。

主复位（MR）输入端上的一个低电平将使其他所有输入端都无效，同时非同步地清除寄存器，强制所有的输出为低电平。

C51 程序代码如下。

```
#include <reg52. h>
#include <string. h>
#define uchar unsigned char
#define uint  unsigned int
void delay (void)
{
  unsigned char m, n;
  for (m=0; m<200; m++)
  for (n=0; n<50; n++);
}
void main ()
{
    SCON=0X00;                    /*串行口工作在方式0 */
    while (1)
    {
    SBUF=P1;
    while (TI==0);
    TI=0;
```

```
        delay ();
    }
}
```

【例 5-10】 利用 8 位移位寄存器芯片 74HC165（或 74LS165）扩展一个 8 位并行输入口，如图 5-28 所示。使用按键作为 74HC165 的输入，并将并行输入、串行输出的数据显示在单片机 P0 口的 LED 上。

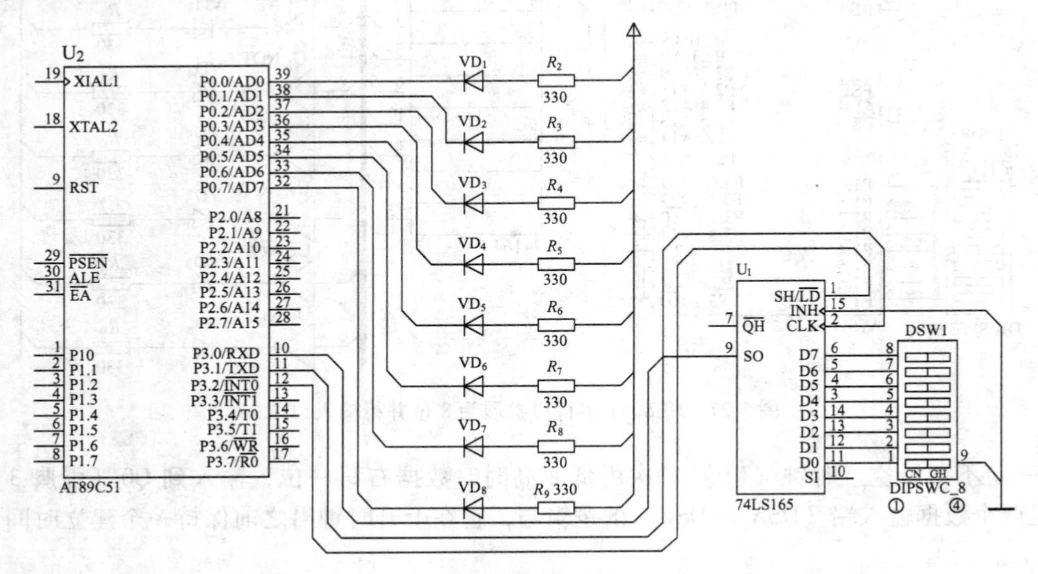

图 5-28 移位寄存器扩展 8 位并行输入口

74HC165 是 8 位并行输入、串行输出的移位寄存器，扩展电路如图 5-28 所示。图中 CLK 为时钟脉冲输入端，D0 ~ D7 为并行输入端，QH 为串行数据输出端，SO 为串行数据输入端。

当 S/$\overline{L}$ = 0 时，允许并行置入数据；当 S/$\overline{L}$ = 1 时，允许串行移位。

C51 程序代码如下。

```
#include <reg52. h>
#include <string. h>
#define uchar unsigned char
#define uint   unsigned int
sbit SHLD = P3^2;
void init ()
{
    EA = 1;
    ES = 1;                          /* 初始化时关串口中断 */
    SCON = 0X10;                     /* 串行口工作在方式 0，允许接收 */
    SHLD = 0;
    SHLD = 1;
}
```

```
void delay (void)
{
  unsigned char m, n;
  for (m=0; m<20; m++)
    for (n=0; n<5; n++);
}
void main ()
{
    init ();
    delay ();
    while (1);
    {
    }
}
void recv () interrupt 4
{
    RI=0;
    P0=SBUF;
    delay ();
    SHLD=0;
    SHLD=1;
}
```

2. 串行口在其他方式下的应用

MCS-51 单片机串行口工作在方式 1、2、3 时，都用于异步通信，它们之间的主要差别是字符帧格式和波特率不同。此时，单片机发送或接收数据可以采用查询方式或中断方式。

【例 5-11】 编写一个接收程序，将接收到的 16 个字节数据存入片内 RAM 中的 20H～2FH单元。设单片机的主频为 11.059MHz，串行口为工作方式 3，接收时进行奇偶校验。

定义波特率为 2.4Kbit/s，根据单片机的主频和波特率，查表 5-5 可知 SMOD=0，定时器采用工作模式 2，初值为 F4H。接收过程判断奇偶校验 RB8，若出错 F0 标志置 1，则正确的 F0 标志为 0。采用中断方式接收数据的 C51 程序代码如下。

```
#include <reg52.h>
#include <string.h>
#define uchar unsigned char
#define uint  unsigned int
uint i=0, q;
char data *p;                /*定义一个指向片内 RAM 地址的指针*/
void init ()
{
    TMOD=0X20;
    TH1=0XFD;                /* 波特率为 9 600bit/s */
```

```
    TL1 = 0XFD;
    EA = 1;
    ES = 1;
    SCON = 0xF0;            /* 串口方式 3 */
    TR1 = 1;
    q = 0;
}
void main ()
{
    init ();
    p = 0x20;               /* 片内 RAM 地址为 0x20 */
    while (1);
}
void recv () interrupt 4
{
    RI = 0;
    p [i] = SBUF;
    ACC = SBUF;
    if (PSW^0 = = RB8)  /* 进行校验 */
      q + = p [i];          /* 为接收校验和，之后根据实际要求进行校验和的位判断处理 */
    i ++;
    if (i > 16)
      i = 0;
}
```

3. 双机通信

双机通信也称为点对点的异步串行通信。当两个 MCS-51 系列单片机应用系统相距很近时，可将它们的串行口直接相连，以实现双机通信。双机通信示意图如图 5-29 所示。在双机通信中，通信双方处于平等地位，不需要相互之间识别地址，因此串行口工作方式 1、2、3 都可以实现双机之间的全双工异步串行通信。如果要保持通信的可靠性，就还需要在收发数据前规定通信协议，包括对通信双方发送和接收信息的格式、差错校验与处理、波特率设置等事项的明确约定。

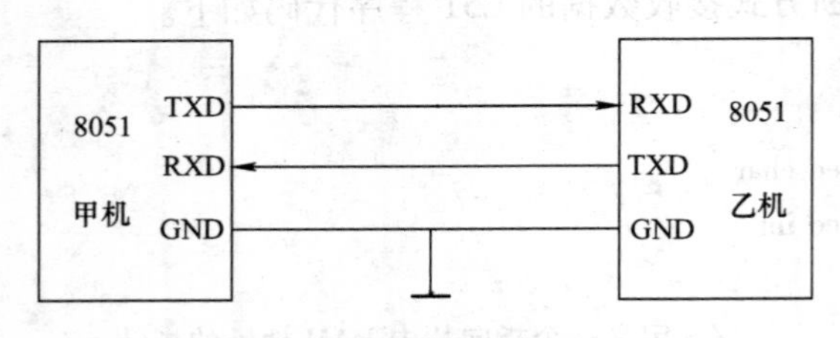

图 5-29　双机通信示意图

【例 5-12】　编制甲机发送乙机接收的双机通信程序。在甲机的 P1.0 接上一个按键，在按下按键后，甲机将发送一个字节数据 0X0F，乙机接收到该数据后在乙机的 P0 口用 LED

显示出来。双机通信仿真图如图 5-30 所示。

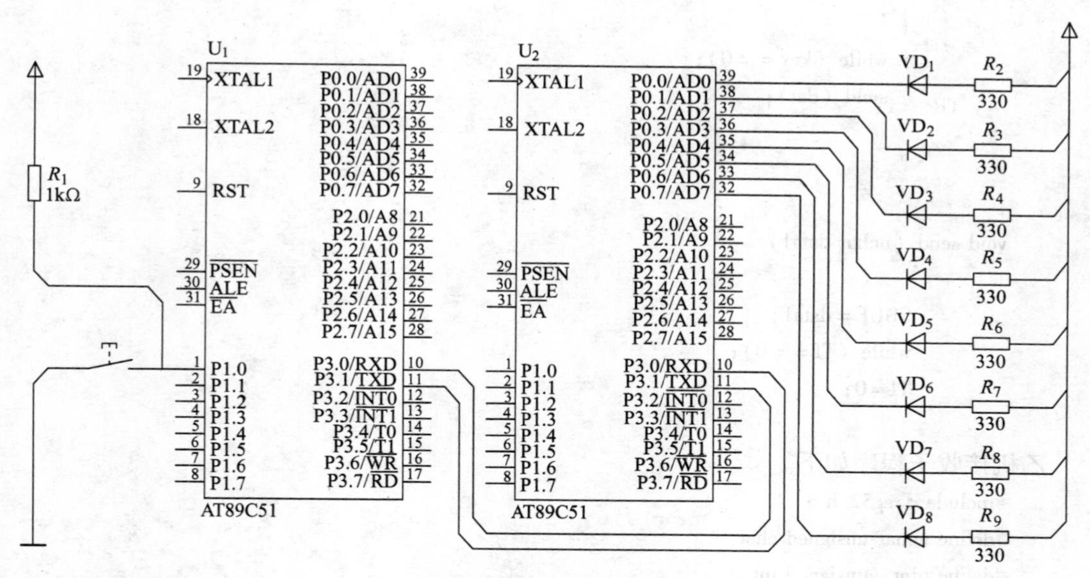

图 5-30 双机通信仿真图

甲机发送子程序如下。

```
#include < reg52. h >
#define uchar unsigned char
#define uint   unsigned int
#define dat 0x0F                        //设置发送数据
sbit key = P1^0;
void send (uchar data1);
void init (void)
{
        TMOD = 0x20;
        TH1 = 0xFA;                     /* 设定波特率 */
        TL1 = 0xFA;
        TR1 = 1;
        PCON = 0x80;                    //波特率倍增位置 1
        SCON = 0xd0;                    //将串行口设置为方式 3，REN = 1
                                        /* 串行口工作在方式 3，允许接收，波特率为 9 600 */
        ES = 1;
        EA = 1;
}
void main ()
{
        init ();
        while (1)
```

```
        {
        if (key = =0)
        {
          while (key = =0);
          send (dat);
        }
        }
}
void send (uchar data1)
{
        SBUF = data1;
        while (TI = =0);
        TI =0;
}
```

乙机接收子程序如下。

```
#include < reg52. h >
#define uchar unsigned char
#define uint   unsigned int
uchar dat;
void init (void)
{
    TMOD =0x20;
    TH1 =0xFA;                    //设定波特率
    TL1 =0xFA;
    TR1 =1;
    PCON =0x80;
    SCON =0xd0;                   //将串行口设置为方式3，REN =1
                                  /* 串行口工作在方式3，允许接收，波特率为9 600 */
    ES =1;
    EA =1;
}
void main ()
{
    init ();
    while (1);
}
void recv () interrupt 4
{
    uchar add =0;
    if (RI)
    {
      RI =0;                      //RI 软件清零
      dat =SBUF;
```

```
        P0 = dat;
    }
}
```

4. 多机通信

MCS-51 系列单片机的串行口方式 2 和方式 3 可用于多机通信。多机通信常采用一台主机和多台从机组成主从式多机系统的方式。MCS-51 单片机多机通信系统示意图如图 5-31 所示。主机与各从机之间能实现全双工通信，而各从机之间不能直接通信，只能通过主机才能实现。

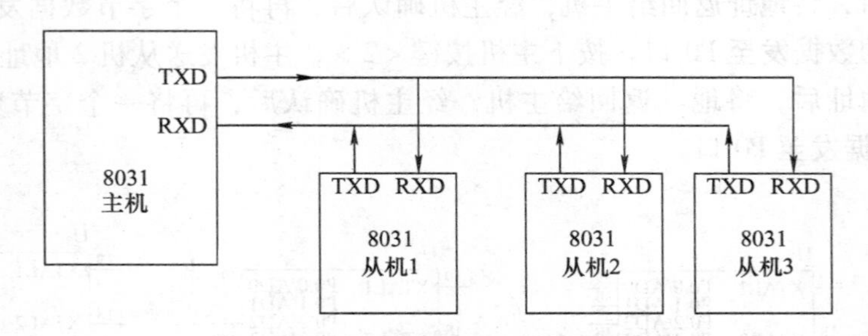

图 5-31　MCS-51 单片机多机通信系统示意图

（1）多机通信原理

多机通信要求主机和从机之间必须协调配合。主机向从机发送的地址帧和数据帧要有相应的标志位加以区分，以便让从机识别。在主机选中与其通信的从机后，只有该从机能够与主机通信，其他从机不能与主机进行数据交换，而只能准备接收主机发来的地址帧。

上述要求是通过 SCON 寄存器中的 SM2 和 TB8 来实现的。如前所述，当串行口以方式 2 或方式 3 接收时，若 SM2 = 1，则只有当收到的第 9 位数据为 1 时，数据才装入 SBUF，并置位 RI，向 CPU 发出中断申请；若接收到的第 9 位数据为 0，则 RI 不置 1，接收的数据将丢失。若 SM2 = 0，则不论接收到的第 9 位数据是 1 还是 0，都置位 RI，将接收到的数据装入 SBUF。利用这一特点，当主机发送地址帧时，使 TB8 = 1；发送数据帧时，使 TB8 = 0。TB8 是发送的一帧数据的第 9 位，从机接收后将第 9 位数据作为 RB8，这样就知道主机发来的这一帧数据是地址还是数据了。另外，当一台从机的 SM2 = 0 时，可以接收地址帧或数据帧，而当 SM2 = 1 时，只能接收地址帧，这样就能实现主机与所选从机之间的单独通信了。

多机通信的具体过程如下。

1）将所有从机的 SM2 位置 1，使从机只能接收地址帧。

2）主机发送一帧地址信息（包含所选从机的 8 位地址，置 TB8 = 1 装入第 9 位），用以选中要通信的从机。

3）在各从机接收到地址帧后，与本机地址相比较，如果相同，就向主机回送本机地址信息，并将自身的 SM2 清 0，以准备接收主机发送过来的数据帧，其他从机保持 SM2 为 1，对主机送来的数据不予接收。

4）主机在收到被选中的从机回送的地址信号后，对该从机发送控制命令（此时置 TB8 = 0），以说明主机要求从机接收还是发送。

5）从机在接到主机的控制命令后，向主机发回一个状态信息，表明是否已准备就绪。在主机收到从机的状态信息后，若得知从机已准备就绪，则主机便与从机开始进行数据传送。

（2）多机通信实例

在多机通信中，为保证通信顺利进行，主机和从机都要按事先约定的规范（即通信协议）进行操作。不同的通信系统有不同的协议。

【例 5-13】 按照图 5-32 所示的单片机 3 机通信电路图，编出主机和从机的通信程序，要求波特率为 9 600bit/s。要求按下主机按键 <1>、主机发送从机 1 地址、从机 1 接收到主机发送的地址后，将地址返回给主机，经主机确认后，再将一个字节数据发送给从机 1，从机 1 将接收到的数据发至 P0 口。按下主机按键 <2>，主机发送从机 2 地址，在从机 2 接收到主机发送的地址后，将地址返回给主机，经主机确认后，再将一个字节数据发送给从机 2，从机 2 将数据发至 P0 口。

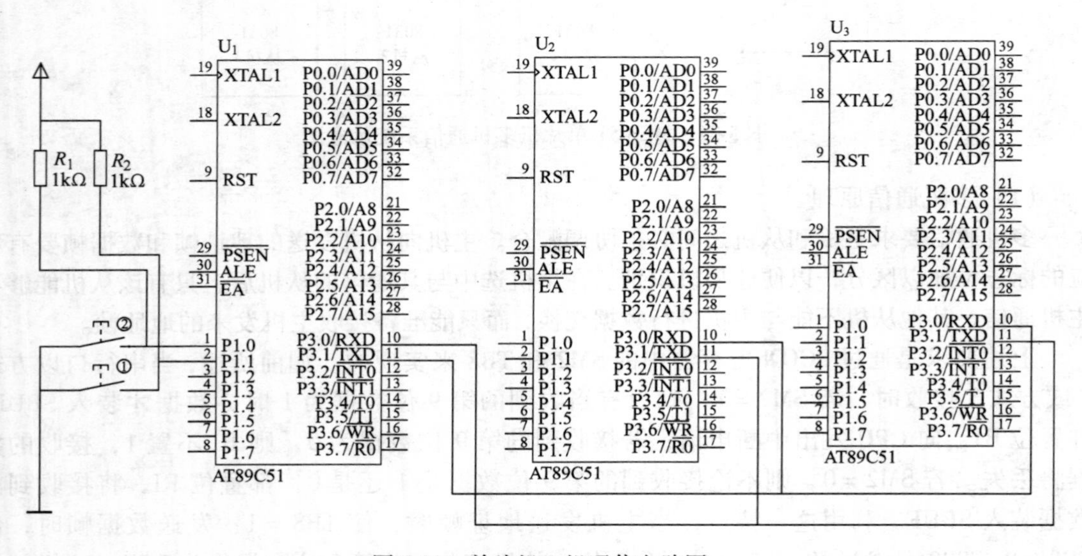

图 5-32 单片机 3 机通信电路图

1）主机程序。

主机程序由主机主程序和主机通信子程序组成。在主程序中，应完成定时器 T1 的初始化、串行口初始化和通信子程序所需的入口参数设置。

主机程序如下。

```
#include < reg52. h >
#define uchar unsigned char
#define uint   unsigned int
#define add_c1 0x01                //设置访问的从机地址
#define add_c2 0x02                //设置访问的从机地址
sbit key1 = P1^0;
sbit key2 = P1^1;
void send（uchar data1）;
```

```
void init (void)
{   TMOD = 0x20;
    TH1 = 0xFA;                    //设定波特率
    TL1 = 0xFA;
    TR1 = 1;
    PCON = 0x80;                   //波特率倍增位置 1
    SCON = 0xd0;                   //将串行口设置为方式 3，REN = 1
                                   /*串行口工作在方式 3，允许接收，波特率为 9 600 */
    ES = 1;
    EA = 1;
}
void main ()
{
    init ();
    while (1)
    {
      if (key1 = =0)
      {
      while (key1 = =0);
      TB8 = 1;
      send (add_c1);
      }
    if (key2 = =0)
    {
      while (key2 = =0);
      TB8 = 1;
      send (add_c2);
      }
    }
}
void send (uchar data1)
{
    SBUF = data1;
    while (TI = =0);
    TI = 0;
}
void recv () interrupt 4
{
    uchar add = 0;
    if (RI)
    {
      RI = 0;
      add = SBUF;
```

```
        if (add = =add_c1)
        {
            TB8 =0;
            send (0x0f);
        }
        if (add = =add_c2)
        {
            TB8 =0;
            send (0xf0);
        }
    }
}
```

2）从机1程序。

从机1程序由从机主程序和从机中断服务子程序组成。在从机主程序中，应完成定时器T1初始化、串行口初始化、中断初始化和从机中断服务子程序所需的入口参数设置。

从机1程序如下。

```
#include <reg52. h>
#define uchar unsigned char
#define uint  unsigned int
#define Address0x01
void send (uchar data1);
void init (void)
{
    TMOD =0x20;
    TH1 =0xFA;          /*设定波特率*/
    TL1 =0xFA;
    TR1 =1;
    PCON =0x80;
    SCON =0xd0;         //将串行口设置为方式3，REN =1
                        /*串行口工作在方式3，允许接收，波特率为9 600*/
    SM2 =1;             //在方式3中，当SM2 =1且接收到的第9位数据RB8 =1时，RI才置1
    ES =1;
    EA =1;
}
void main ()
{   init ();
    while (1);
}
void send (uchar data1)
{   SBUF =data1;
    while (TI = =0);
    TI =0;
```

```
}
void recv () interrupt 4
{   uchar add =0;
      if (RI)
      {       RI =0;                                  //RI 软件清零
              add = SBUF;
              if (RB8)                                //判断是否为地址帧，若不是，则数据接收送到 P2 口
              {          if (add = = Address)
                              {  RB8 =0;
                                 send (Address);       //回送地址
                                 SM2 =0;
                              }
                         }
      else
              {       P2 = add;
                      SM2 =1;
              }
      }
}
```

3）从机 2 程序如下。

```
#include < reg52. h >
#define uchar unsigned char
#define uint  unsigned int
#define Address 0x02
void send (uchar data1);
void init (void)
{   TMOD =0x20;
    TH1 =0xFA;
                                          /*设定波特率*/
    TL1 =0xFA;
    TR1 =1;
    PCON =0x80;
    SCON =0xd0;                           //将串行口设置为方式 3，REN =1
                                          /*串行口工作在方式 3，允许接收 9 600 */
    SM2 =1;
    ES =1;
    EA =1;
}
void main ()
{   init ();
    while (1);
}
void send (uchar data1)
```

```
{   SBUF = data1;
    while (TI = =0);
    TI =0;
}
void recv () interrupt 4
{   uchar add =0;
    if (RI)
    {   RI =0;
        add = SBUF;
        if (RB8)                    //判断是否为地址帧，若不是，则数据接收送到 P2 口
        { if (add = = Address)
                {   RB8 =0;
                send (Address);     //回送地址
                SM2 =0;
                }
        }
        else
        {   P2 = add;
            SM2 =1;
        }
    }
}
```

5.3.4 常用串行通信总线标准及接口电路

随着国民经济的发展和工业自动化水平的提高，由多个单片机及 PC 构成的主从式多机通信系统和分布式通信系统的应用日益广泛。这些通信系统要求单片机与单片机之间、单片机与 PC 之间能够进行可靠的远距离通信。下面介绍单片机标准通信接口电路及 PC 常用的标准异步串行通信接口 RS-232C、RS-422/485、USB 等。

1. RS-232C 总线标准及接口电路

RS-232C 是使用最早、在异步串行通信中应用最广的总线标准。它由美国电子工业协会（EIA）1962 年公布，1969 年最后修订而成。其中，RS 是英文“推荐标准”的缩写，232 是标识号，C 表示修改次数。

（1）RS-232C 总线标准

RS-232C 适用于短距离或带调制解调器的通信场合，当设备之间的通信距离不大于 15m 时，可以用 RS-232C 电缆直接连接；对于距离大于 15m 以上的长距离通信，需要采用调制解调器才能实现。RS-232C 传输速率最大为 20Kbit/s。

RS-232C 标准总线为 25 条信号线，采用一个 25 脚的连接器，一般使用标准的 D 型 25 芯插头座（DB-25）。连接器的 25 条信号线包括一个主通道和一个辅助通道。在大多数情况下，RS-232C 接口主要使用主通道，对于一般的双工通信，通常仅需使用 RXD、TXD 和 GND 3 条信号线，因此 RS-232C 又经常采用 D 型 9 芯插头座（DB-9）。DB-25 和 DB-9 型 RS-232C 接口连接器的引脚定义见表 5-6。

表 5-6　DB-25 和 DB-9 型 RS-232C 接口连接器的引脚定义

引脚		定义	引脚		定义
DB-25	DB-9		DB-25	DB-9	
1		保护接地（PE）	14		辅助通道发送数据
2	3	发送数据（TXD）	15		发送时钟（TXC）
3	2	接收数据（RXD）	16		辅助通道接收数据
4	7	请求发送（RTS）	17		接收时钟（RXC）
5	8	清除发送（CTS）	18		未定义
6	6	数据准备好（DSR）	19		辅助通道请求发送
7	5	信号地（SG）	20	4	数据终端准备就绪（DTR）
8	1	载波检测（DCD）	21		信号质量检测
9		供测试用	22	9	回铃音指示（RI）
10		供测试用	23		数据信号速率选择
11		未定义	24		发送时钟（TXC）
12		辅助载波检测	25		未定义
13		辅助通道清除发送			

RS-232C 采用负逻辑，即逻辑 1 用 -5V ~ -15V 表示，逻辑 0 用 +5V ~ +15V 表示。因此，RS-232C 不能与 TTL 电平直接相连。MCS-51 单片机的串行口采用 TTL 正逻辑，它与 RS-232C 接口必须进行电平转换。目前，RS-232C 与 TTL 之间电平转换的集成电路很多，最常用的是 MAX232。

（2）RS-232C 接口电路（MAX232）

MAX232 是 MAXIM 公司生产的包含两路接收器和驱动器的专用集成电路，用于完成 RS-232C 电平与 TTL 电平的转换。MAX232 内部有一个电源电压变换器，可以把输入的 +5V 电压变换成 RS-232C 输出电平所需的 ±10V 电压。因此，采用此芯片接口的串行通信系统只需单一的 +5V 电源即可。对于没有 ±12V 电源的场合，其适应性更强，因而被广泛使用。

MAX232 的引脚结构如图 5-33 所示。

MAX232 芯片内部有两路发送器和两路接收器。两路发送器的输入端 T1IN、T2IN 引脚为 TTL/CMOS 电平输入端，可接 MCS-51 单片机的 TXD；两路发送器的输出端 T1OUT、T2OUT 为 RS-232C 电平输出端，可接 PC RS-232C 接口的 RXD。两路接收器的输出端 R1OUT、R2OUT 为 TTL/CMOS 电平输出端，可接 MCS-51 单片机的 RXD；两路接收器的输入端 R1IN、R2IN 为 RS-232C 电平输入端，可接 PC RS-232C 接口的 TXD。在实际使用时，可以从两路发送/接收器中任选一路作为接口，但要注意发送、接收端子必须对应。MCS-51 单片机与 MAX232 的接口原理图如图 5-34 所示。

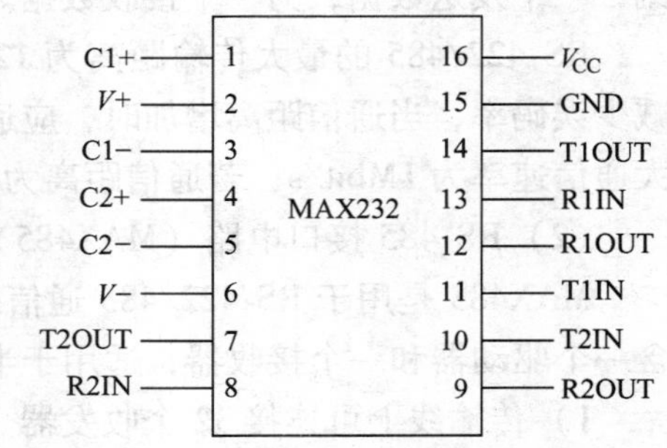

图 5-33　MAX232 的引脚结构

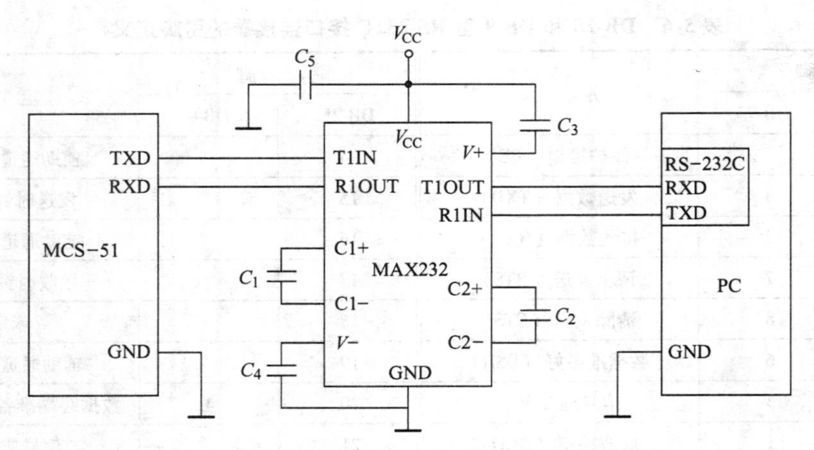

图 5-34　MCS-51 单片机与 MAX232 的接口原理图

2. RS-422/485 总线标准及接口电路

RS-232C 虽然应用广泛，但由于推出较早，所以数据传输速率慢，通信距离短。为了满足现代通信传输数据速率越来越快和通信传输距离越来越远的要求，美国电子工业协会（EIA）随后推出了 RS-422 和 RS-485 总线标准。

（1）RS-422/485 总线标准

RS-422 采用差分接收、差分发送工作方式，不需要数字地线。它使用双绞线传输信号，根据两条传输线之间的电位差值来决定逻辑状态。RS-422 接口电路采用高输入阻抗接收器和比 RS-232C 驱动能力更强的发送驱动器，可以在相同的传输线上连接多个接收节点，因此，RS-422 支持点对多的双向通信。RS-422 可以全双工工作，通过两对双绞线可以同时发送和接收数据。

RS-485 是 RS-422 的另一种类型。它是多发送器的电路标准，允许双绞线上一个发送器驱动 32 个负载设备，负载设备可以是被动发送器、接收器或收发器。当用于多站点网络连接时，可以节省信号线，便于高速远距离传输数据。RS-485 为半双工工作模式，在某一时刻，一个发送数据，另一个接收数据。

RS-422/485 的最大传输距离为 1200m，最大传输速率为 10Mbit/s。在实际应用中，为减少误码率，当通信距离增加时，应适当降低通信速率。例如，当通信距离为 120m 时，最大通信速率为 1Mbit/s；若通信距离为 1200m，则最大通信速率应为 100Kbit/s。

（2）RS-485 接口电路（MAX485）

MAX485 是用于 RS-422/485 通信的差分平衡收发器，由 MAXIM 公司生产。芯片内部包含一个驱动器和一个接收器，适用于半双工通信。其主要特性如下。

1）传输线上可连接 32 个收发器。

2）具有驱动过载保护。

3）最大传输速率为 2.5Mbit/s。

4）共模输入电压范围为 −7V ~ +12V。

5）工作电流范围为 120 ~ 500μA。

6）供电电源为 +5V。

MAX485 为 8 引脚封装，其引脚配置如图 5-35 所示。

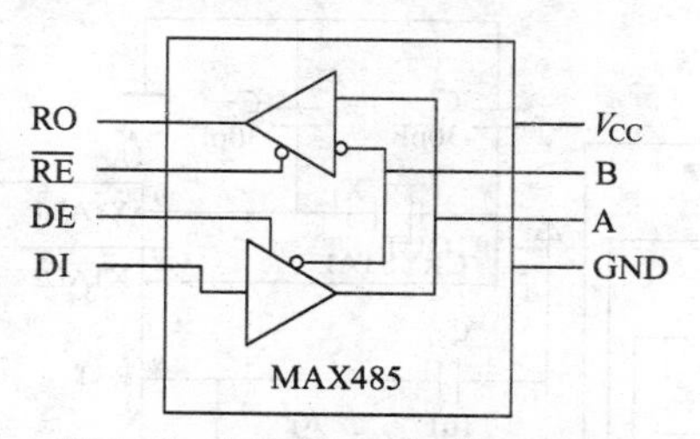

图 5-35　MAX485 的引脚配置图

MAX485 的功能表见表 5-7。

表 5-7　MAX485 功能表

驱动器				接收器		
输入端 DI	使能端 DE	输出		差分输入 VID = A - B	使能端$\overline{RE}$	输出端 RO
		A	B			
H	H	H	L	VID > 0.2V	L	H
L	H	L	H	VID < -0.2V	L	L
X	L	高阻	高阻	X	H	高阻

注：H——高电平；L——低电平；X——任意。

MCS-51 单片机与 MAX485 的典型连接图如图 5-36 所示。

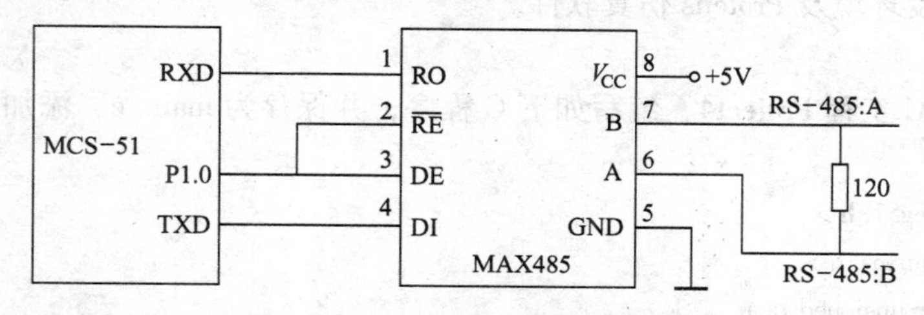

图 5-36　MCS-51 单片机与 MAX485 的典型连接图

5.4　实训项目五　51 单片机外部中断及定时器中断

5.4.1　实训项目　输入口程序设计项目

1. 目的

1）掌握 51 单片机外部中断的初始化。

2）掌握 51 单片机中断服务程序的编写。

2. 项目内容

硬件连接如下。

外部中断 0（P3.2）引脚连接一个按钮；P1 口连接 8 个 LED。

1）用 Proteus 建立工程。外部中断 0 的系统硬件电路图如图 5-37 所示。

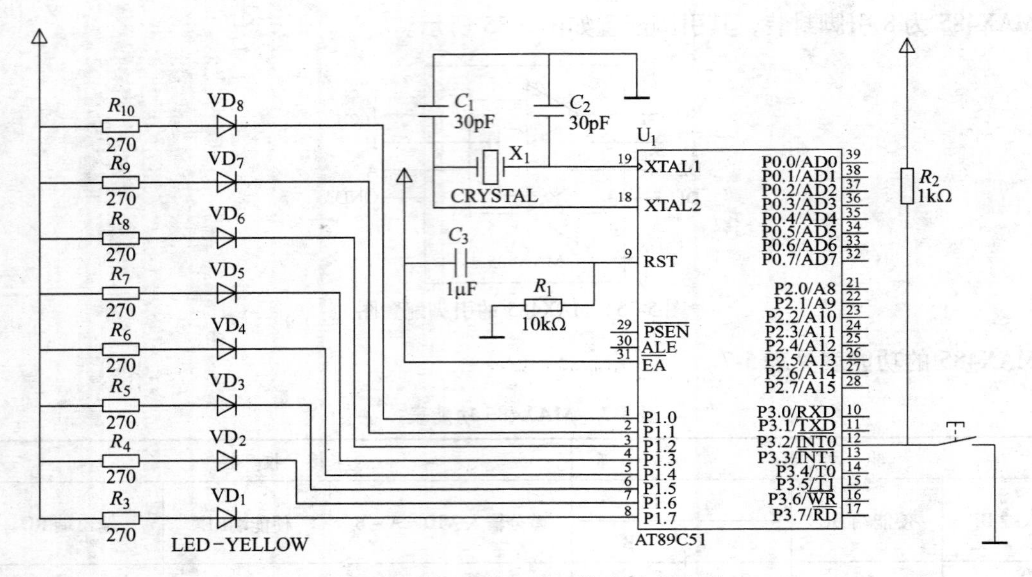

图 5-37 外部中断 0 的系统硬件电路图

2）用 Keil C 建立工程，添加 C51 源程序文件。

3）通过 Proteus 仿真功能，观察程序运行结果。

3. 环境

KeilC 集成开发环境及 Proteus 仿真软件。

4. 步骤

1）新建 Keil C 工程 Project4，编写如下 C 程序，并保存为 main. c，添加到工程中。参考程序如下。

```
#include <reg51. h>
#include <intrins. h>
#define uchar unsigned char
#define uint   unsigned int
#define led P1
void delay (uchar m);
void Init ()
{
    EX0 = 1;                          //打开外部中断
    IT0 = 1;                          //设置触发方式为下降沿有效
    EA = 1;                           //打开 CPU 总中断
}
void main ()
{
  uchar s_data = 0x01;
  Init ();
  while (1)
  {
```

```
    led = ~s_data;
    s_data = _crol_ (s_data, 1);
    delay (200);
    }
}

void delay (uchar m)                        //M ms 延时程序 (12MHz)
{
    unsigned char a, b, c;
    for (c = m; c > 0; c -- )
        for (b = 142; b > 0; b -- )
            for (a = 2; a > 0; a -- );
}

void ext0 (void) interrupt 0 using 1        //中断服务程序
{                                           //划线部分代表 0 号中断 (外部中断 0)
    led = 0x00;
    delay (200);
    led = 0xff;
    delay (200);
}
```

2）编译连接，生成 hex 文件。

3）将生成的 hex 文件放入项目一的 Proteus 工程内，观察程序运行结果。

4）思考问题；

① 若将 IT0 设置为 0，则对程序运行结果有何影响？

② void ext0 (void) interrupt 0_using 1 将函数中的 using 1 去掉，会影响程序运行结果吗？

5.4.2 实训项目 输出口程序设计项目

1. 目的

1）掌握 51 单片机定时器的初始化。

2）掌握 51 单片机中断服务程序的编写。

2. 项目内容

硬件连接如下。

将 P1 口连接两个共阳极数码管；P3.0，P3.1 连接数码管的位选。单片机晶振为 12MHz。

1）用 Proteus 建立工程，系统硬件电路图如图 5-38 所示。

2）用 Keil C 建立工程，添加 C51 代码文件。

3）通过 Proteus 仿真功能观察程序运行结果。

3. 环境

在 PC 上运行 Keil C 集成开发环境及 Proteus 仿真软件。

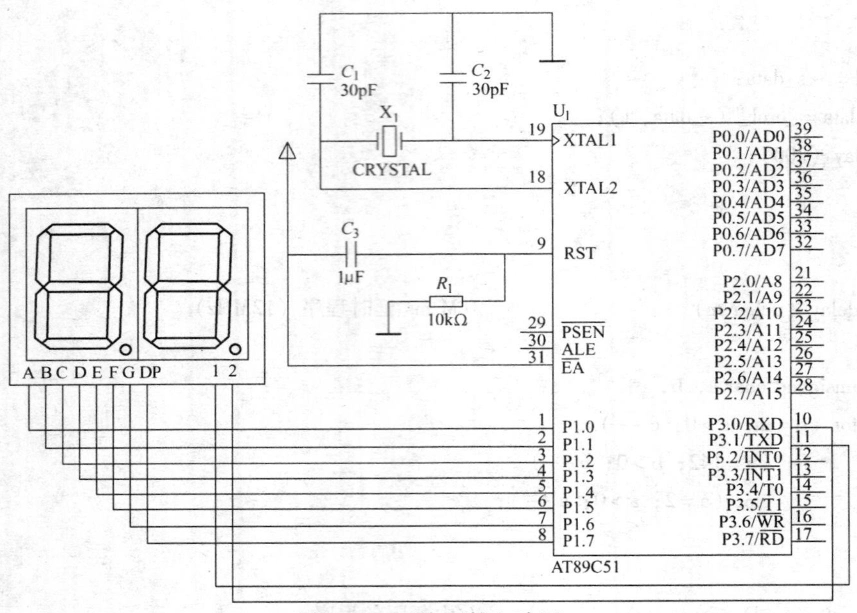

图 5-38　系统硬件电路图

4. 步骤

1）新建 Keil C 工程 Project4，编写如下 C 程序，并保存为 main. c，添加到工程中。参考程序代码如下。

```
#include <reg51. h>
#define uchar unsigned char
#define uint unsigned int
#define d_code P1
#define d_wei P3
uchar code tab[] = {0x3f,0x06,0x5b,0x4f,0x66,0x6d,0x7d,0x07,0x7f,0x6f}; //共阴极数码管段//
uchar sec;
uchar count = 0;
void delay (uchar m);
void InitTimer0 (void)                          //定时器及中断初始化
{
  TMOD = 0x01;                                  //定时器 0 采用方式 1
  (65536 - 50000)/256;                          //将定时 50ms 的定时初值装入计数器
  TL0 = -50000 % 256;
  ET0 = 1;                                      //打开定时器 0 中断
  EA = 1;                                       //打开总中断
  TR0 = 1;                                      //定时器开始计时
}
void main (void)
{
uchar shi, ge;
InitTimer0 ();
sec = 0;
while (1)
{
    shi = sec/10;                               //求秒十位
    ge = sec % 10;                              //秒个位
    d_code =   0xff;                            //数码管消隐（用实物时可省去）
    d_code =    ~tab [shi];                     //赋段码值
    d_wei = 0x02;                               //电量低十位数码管
```

```
        delay (10);                              //延时一段时间
        d_code =   0xff;
        d_code = ~tab [ge];
        d_wei =0x01;                             //点亮个位数码管
        delay (10);
    }
}
void Timer0Interrupt (void) interrupt 1
{
        TH0 = -50000/256;                        //计数器重新装入计时初值
        TL0 = -50000 % 256;
        count ++ ;                               //50ms, 加 1
        if (count > 19)                          //若 count 达到 19, 则秒加 1
        {
            count =0;
            sec ++ ;
            if (sec > 59)
            sec =0;
        }
    }
void delay (uchar m)                             //延时程序(时钟为 12MHz)
{
        unsigned char a, b, c;
        for (c =m; c >0; c -- )
            for (b =142; b >0; b -- )
                for (a =2; a >0; a -- );
}
```

2） 编译连接，生成 hex 文件。

3） 将生成的 hex 文件放入项目一的 Proteus 工程内，观察程序运行结果。

5.5 思考与练习

1. MCS-51 系列单片机能提供几个中断源、几个中断优先级？各个中断源的优先级怎样确定？在同一优先级中，各个中断源的优先顺序怎样确定？

2. 简述 MCS-51 系列单片机的中断响应过程。

3. MCS-51 系列单片机的外部中断有哪两种触发方式？如何进行设置？对外部中断源的中断请求信号有何要求？

4. MCS-51 单片机中断响应时间是否固定？为什么？

5. 若将 MCS-51 单片机扩展 6 个中断源，则可采用哪些方法？如何确定它们的优先级？

6. 试用中断技术设计一个发光二极管 LED 闪烁电路，闪烁周期为 2s，要求亮 1s、再暗 1s。

7. 当正在执行某一中断源的中断服务程序时，如果有新的中断请求出现，那么试问在什么情况下可响应新的中断请求？在什么情况下不能响应新的中断请求？

8. 8051 定时器/计数器有哪几种工作模式？各有什么特点？

9. 8051 定时器作定时和计数时，其计数脉冲分别由谁提供？

10. 设 f_{osc} =12MHz，定时器 0 的初始化程序和中断服务程序如下：

```
MAIN:  MOV   TH0, #9DH
       MOV   TL0, #0D0H
       MOV   TMOD, #01H
       SETB  TR0
```

```
        …
中断服务程序：
        MOV   TH0，#9DH
        MOV   TL0，#0D0H
              …
              RETI
```

问：1）该定时器工作于什么方式？

2）相应的定时时间或计数值是多少？

11. 以定时器1进行外部事件计数，每计数1000个脉冲后，定时器1转为定时工作方式。定时10ms后，又转为计数方式，如此循环不止。设 $f_{osc}=12MHz$，试用模式1编程。

12. 设 $f_{osc}=12MHz$，试编写一段程序，功能为：对定时器T0初始化，使之工作在模式2，产生200μs定时。并用查询T0溢出标志的方法，控制P1.1输出周期为2ms的方波。

13. 已知8051单片机系统时钟频率为12MHz，利用其定时器测量某正脉冲宽度时，采用哪种工作模式可以获得最大的量程？能够测量的最大脉宽是多少？

14. 异步通信和同步通信的主要区别是什么？MCS-51串行口有没有同步通信功能？

15. 解释下列概念：

1）并行通信、串行通信。

2）波特率。

3）单工、半双工、全双工。

4）奇偶校验。

16. MCS-51串行口控制寄存器SCON中SM2、TB8、RB8有何作用？主要在哪几种方式下使用？

17. 试分析比较MCS-51串行口在4种工作方式下发送和接收数据的基本条件和波特率的产生方法。

18. 为何T1在用做串行口波特率发生器时常用模式2？若 $f_{osc}=6MHz$，则试求出T1在模式2下可能产生的波特率的变化范围。

19. 简述多机通信原理。

20. 试用8051串行口扩展I/O口，控制16个发光二极管自右向左以一定速度轮流发光，画出电路并编写程序。

21. 试设计一个8051单片机的双机通信系统，串行口工作在方式1，波特率为2 400bit/s，试编写程序：将甲机片内RAM中40H～4FH的数据块通过串行口传送到乙机片内RAM的40H～4FH单元中。

22. 8051以方式2进行串行通信，假定波特率为1 200bit/s，第9位作为奇偶校验位，以中断方式发送。试编写程序。

23. 8051以方式3进行串行通信，假定波特率为1 200bit/s，第9位作奇偶验位，以查询方式接收。试编写程序。

24. RS-232C总线标准是如何定义其逻辑电平的？在实际应用中可以将MCS-51单片机串行口和PC的串行口直接相连吗？为什么？

25. 为什么RS-485总线比RS-232C总线具有更快的数据传输速率和更远的通信距离？

26. 在完成5.4.2节实训项目后，思考下列问题：

1）如何提高定时器精度？定时器最长定时时间是多少？

2）定时器及其中断初始化需要进行哪些设置和操作？

第6章　MCS-51系统扩展技术

MCS-51系列单片机内部集成了计算机的基本功能部件，能够满足大多数一般控制系统的要求。对于一些功能要求较高、较复杂的控制系统，如果单片机的片内资源不能满足控制系统的需求，就需要对单片机系统资源进行扩展。

6.1　单片机系统扩展概述

单片机是集CPU、RAM、ROM、定时/计数器和I/O接口电路于一体的大规模集成电路芯片。在简单的应用场合中，可以选用51系列单片机中某一款合适的产品构成一个功能简单的配置系统，即最小系统。但对于一个复杂应用环境，当最小系统无法满足功能要求时，就需要对单片机进行外围电路扩展。

51系列单片机具有很强的系统扩展能力，可以对总线、程序存储器、数据存储器、I/O口等进行扩充。就存储器而言，程序存储器、数据存储器可以扩充至64KB。

在51单片机扩展系统中，往往既需要扩展程序存储器，又需要扩展数据存储器，还需要扩展I/O接口，而且往往需要同时扩展多片。外部扩展I/O口占用外部存储器地址空间，与外部存储器统一编址。

1. 单片机系统扩展地址空间编址方法

所谓编址就是使用系统提供的地址线，通过适当地连接，使外部存储器的每一个单元或扩展I/O接口的每一个端口都对应一个地址。该地址一般由片选地址和片内存储单元地址两部分组成。目前常用的芯片片选编址方法有线选法和译码法两种，而芯片存储单元地址只需要提供地址线由其内部译码即可。

（1）线选法

在扩展芯片接口电路中，51单片机必须由P0和P2口提供外部地址总线。所谓线选法就是P2口的某一位独立直接与外接芯片的片选端（一般低电平有效）相连，只要该位为低电平，则相应的外接芯片就被选中。

线选法的特点是连接简单，不必专门设计逻辑电路，但是各个扩展芯片占有的空间地址不连续，因而地址空间利用率低，只适用于扩展地址空间容量不太大的场合。

（2）译码法

所谓译码法就是51单片机P2口的某些位经译码器译码后的输出位信号线再与外接芯片的片选端相连，只要某位译码输出信号为低电平，与译码输出信号相连的外接芯片就被选中。

译码法的特点是在P2口未被扩展芯片地址线占用的地址总线数量相同的情况下，可以比线选法扩展更多的芯片，而且可以使各个扩展芯片占有的空间地址连续，因而适用于扩展芯片数量多、地址空间容量大的复杂系统。

2. 单片机系统扩展常用接口芯片

（1）常用输出接口芯片

扩展 8 位输出口常用的锁存器有 74LS273、74LS377 以及带三态门的 8D 锁存器 74LS373 等。74LS273 是带清除端的 8D 触发器，上升沿触发，具有锁存功能。图 6-1 为 74LS273 的引脚图和功能表。

74LS377 是带有输出允许控制的 8D 触发器，上升沿触发，其引脚图和功能表如图 6-2 所示。

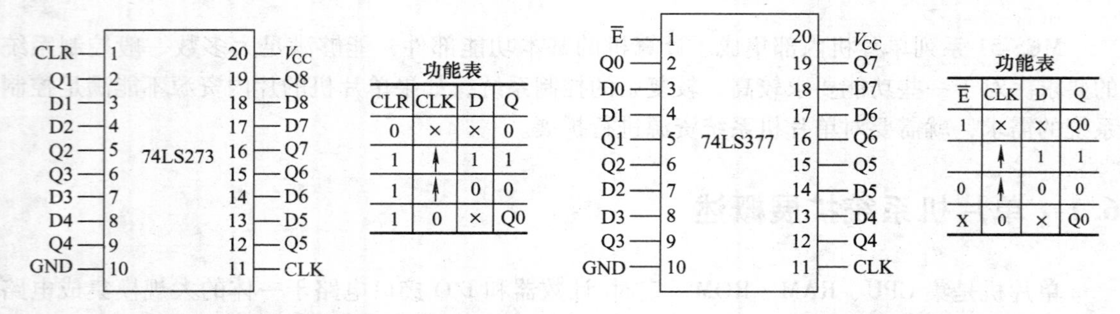

CLR	CLK	D	Q
0	×	×	0
1	↑	1	1
1	↑	0	0
1	0	×	Q0

$\overline{E}$	CLK	D	Q
1	×	×	Q0
	↑	1	1
0	↑	0	0
X	0	×	Q0

图 6-1　74LS273 的引脚图和功能表　　图 6-2　74LS377 的引脚图和功能表

（2）常用输入接口芯片

输入口常用的三态门电路有 74LS244、74LS245 和 74LS373 等。74LS244 是一种三态输出的 8 位总线缓冲驱动器，无锁存功能，其引脚图和逻辑图如图 6-3 所示。

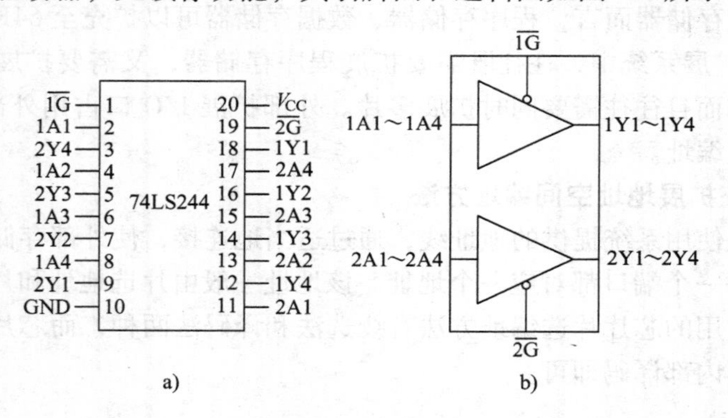

图 6-3　74LS244 的引脚图和逻辑图

a）引脚图　b）逻辑图

74LS245 是三态输出的 8 位总线收发器/驱动器，无锁存功能。该电路可将 8 位数据从 A 端送到 B 端或反之（由方向控制信号 DIR 电平决定），也可禁止传输（由使能信号 $\overline{G}$ 控制），其引脚图和功能表如图 6-4 所示。

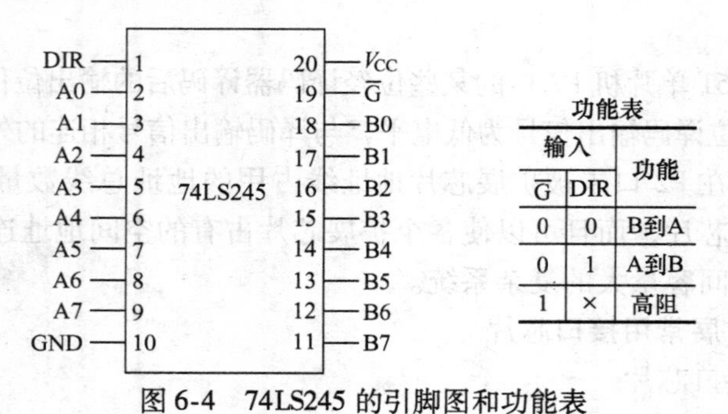

输入		功能
$\overline{G}$	DIR	
0	0	B到A
0	1	A到B
1	×	高阻

图 6-4　74LS245 的引脚图和功能表

3. 单片机系统扩展后的系统结构

CPU 一般外部都有地址总线、数据总线和控制总线，而 MCS-51 系列单片机由于受引脚数量的限制，数据总线和地址总线复用 P0 口。在使用时，为了与外部电路正确连接，需要在单片机外部增设一片地址锁存器（如 74LS373），构成与一般 CPU 类似的片外三总线，其结构如图 6-5 所示。

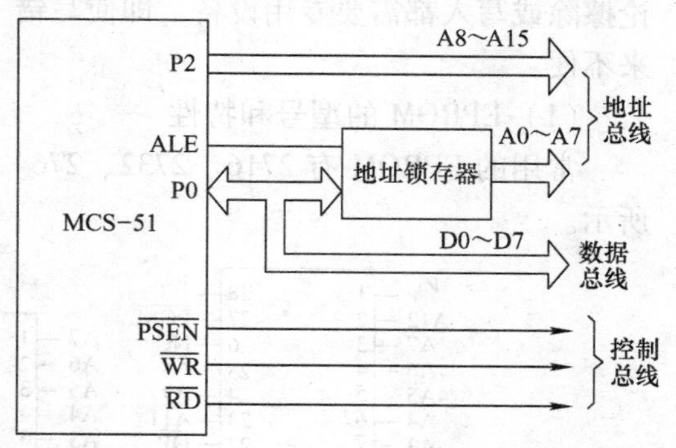

图 6-5　MCS-51 系列单片机片外三总线结构

所有外部芯片都是通过 3 组总线进行扩展的。下面具体介绍这 3 组总线的组成。

（1）地址总线（AB）

MCS-51 系列单片机地址总线宽度为 16 位，寻址范围为 2^{16} = 64KB。16 位地址总线由 P0 口和 P2 口共同提供，P0 口提供 A0 ~ A7 低 8 位地址，P2 口提供 A8 ~ A15 高 8 位地址。由于 P0 口还要作为数据总线，只能分时使用低 8 位地址线，所以 P0 输出的低 8 位地址必须用锁存器锁存。P2 口具有输出锁存功能，故不需外加锁存器。锁存器的锁存控制信号为单片机的 ALE 输出信号。

地址总线是单向总线，只能由单片机向外发送，用于选择单片机要访问的存储单元或 I/O 口。P0、P2 口在系统扩展中用做地址线后，不能再作一般 I/O 口使用。

（2）数据总线（DB）

MCS-51 系列单片机数据总线宽度为 8 位，由 P0 口提供，用于单片机与外部存储器或 I/O 设备之间传送数据。P0 口为三态双向口，可以进行两个方向的数据传送。

（3）控制总线（CB）

MCS-51 系列单片机控制总线是单片机发出的控制片外存储器和 I/O 设备读/写操作的一组控制线，主要包括以下几个控制信号线。

ALE：作为地址锁存器的选通信号，用于锁存 P0 口输出的低 8 位地址。

$\overline{\text{PSEN}}$：作为扩展程序存储器的读选通信号。

$\overline{\text{EA}}$：作为片内或片外程序存储器的选择信号。当 $\overline{\text{EA}}$ = 0 时，只访问外部程序存储器，因此在扩展并且只使用外部程序存储器时，必须使 $\overline{\text{EA}}$ 接地。

$\overline{\text{RD}}$、$\overline{\text{WR}}$：分别作为片外数据存储器和扩展 I/O 口的读/写选通信号，当执行 MOVX 指令时，这两个控制信号分别自动有效。

6.2　程序存储器的扩展

MCS-51 系列单片机的 8051 单片机片内有 4KB 的 ROM 或 EPROM。当程序代码较大以至于片内 ROM 容量容纳不下时，需要对程序存储器进行片外扩充。

6.2.1　常用的程序存储器

半导体存储器 EPROM、E^2PROM 常作为单片机的外部程序存储器。由于 EPROM 价格低廉，性能稳定，所以它获得广泛应用。

1. EPROM

EPROM 是紫外线擦除的可编程序只读存储器，掉电后信息不会丢失。EPROM 缺点是无论擦除或写入都需要专用设备，即使写错一个字节，也必须全片擦掉后重写，从而给使用带来不便。

（1）EPROM 的型号和特性

常用的 EPROM 有 2716、2732、2764、27128、27256、27512 等，其引脚定义如图 6-6 所示。

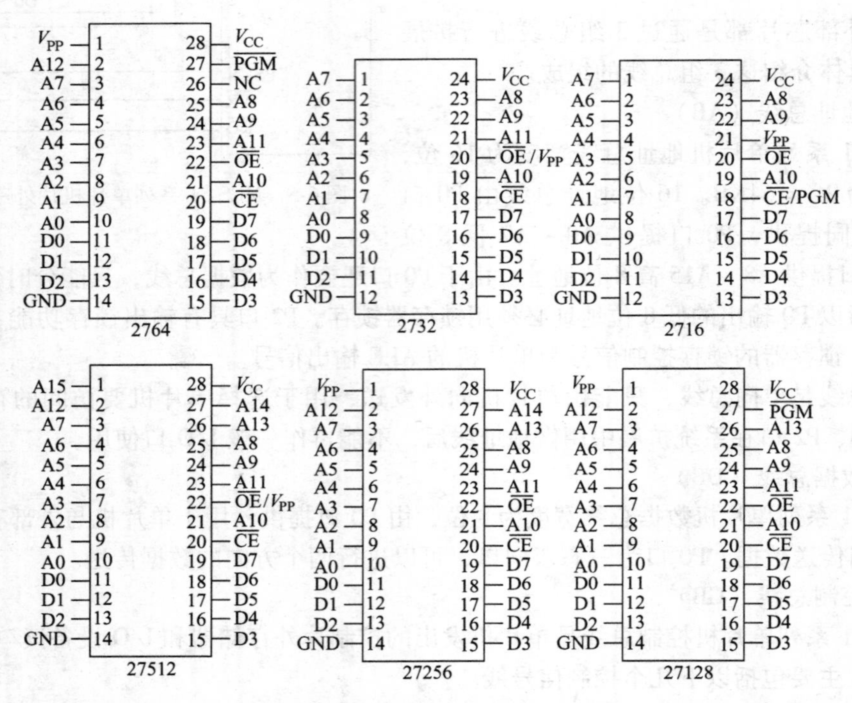

图 6-6 常用 EPROM 的引脚定义

图 6-6 中芯片各引脚功能如下。

A0 ~ Ai：地址输入线，i∈（10，…，15）。

D0 ~ D7：数据总线，三态双向，读或编程序校验时为数据输出线，编程序时为数据输入线。维持或编程序禁止时呈高阻态。

$\overline{\text{CE}}$：片选信号输入线，低电平有效。

$\overline{\text{PGM}}$：编程脉冲输入线，2716 的编程信号 PGM 为正脉冲，而 2764、27128 的编程信号 $\overline{\text{PGM}}$ 为负脉冲，脉冲宽度都是 50ms 左右。

$\overline{\text{OE}}$：读选通信号输入线，低电平有效。

V_{PP}：编程电源输入线，V_{PP} 的值因芯片型号和制造厂商而异，有 25V、21V、12.5V 等不同值。

V_{CC}：主电源输入线，一般为 +5V。

GND：接地线。

表 6-1 列出了常用 EPROM 的主要技术特性。

表 6-1 常用 EPROM 的主要技术特性

型　号	2716	2732	2764	27128	27256	27512
容量/KB	2	4	8	16	32	64
读出时间/ns	350 ~ 450	100 ~ 300	100 ~ 300	100 ~ 300	100 ~ 300	100 ~ 300
最大工作电流/mA		100	75	100	100	125
最大维持电流/mA		35	35	40	40	40

（2）EPROM 的工作方式

EPROM 的主要工作方式有编程方式、编程校验方式、读出方式、维持方式、编程禁止方式等。现以 2764 为例加以说明。2764 的工作方式见表 6-2。

表 6-2 2764 的工作方式

引脚 / 工作方式	$\overline{CE}$	$\overline{OE}$	$\overline{PGM}$	V_{PP}	V_{CC}	D7 ~ D0
读出	V_{IL}	V_{IL}	V_{IH}	V_{CC}	V_{CC}	D_{OUT}
维持	V_{IH}	×	×	V_{CC}	V_{CC}	高阻
编程	V_{IL}	V_{IH}	编程脉冲	V_{IPP}	V_{CC}	D_{IN}
程序检验	V_{IL}	V_{IL}	V_{IH}	V_{IPP}	V_{CC}	D_{OUT}
禁止编程	V_{IH}	×	×	V_{IPP}	V_{CC}	高阻

1）读出。当片选信号$\overline{CE}$和输出允许信号$\overline{OE}$都有效（为低电平）而编程信号$\overline{PGM}$无效（为高电平）时，芯片工作于该方式，CPU 从 EPROM 中读出指令或常数。

2）维持。当$\overline{CE}$无效时，芯片就进入维持方式。此时，数据总线处于高阻态，芯片功耗降为 200mW。

3）编程。当$\overline{CE}$有效而$\overline{OE}$无效时，V_{PP}外接 21V ± 0. 5V（或 12. 5V ± 0. 5V）编程电压，当$\overline{PGM}$输入宽为 50ms（45 ~ 55ms）的 TTL 低电平编程脉冲时，工作于该方式，此时可把程序代码固化到 EPROM 中。必须注意，V_{PP}不能超过允许值，否则会损坏芯片。

4）程序校验。此方式工作在编程完成之后，以校验编程结果是否正确。除了 V_{PP}加编程电压外，其他控制信号状态与读出方式相同。

5）禁止编程。V_{PP}已接编程电压，但因$\overline{CE}$无效，故不能进行编程操作。该方式适用于多片 EPROM 并行编程不同的数据。

2. E²PROM

E²PROM 是电擦除可编程存储器，掉电后信息不会丢失，+5V 供电下就可进行编程，而且对编程脉冲一般无特殊要求，不需要专用的可编程序控制器和擦除器。它不仅能进行整片擦除，而且能实现以字节为单位的擦除和写入，擦除和写入均可在线进行。E²PROM 品种繁多，还有并行 E²PROM 和串行 E²PROM 之分，被广泛用于智能仪器仪表、家用电器、IC 卡设备、检测控制系统以及通信等领域。在此只介绍并行 E²PROM。

（1）E²PROM 的型号与特性

常用的并行 E²PROM 有 2816（2KB × 8）、2817（2KB × 8）、2864（8KB × 8）、28256（32KB × 8）、28010（128KB × 8）、28040（512KB × 8）等。图 6-7 给出了 2816/2816A、

2817/2817A 和 2864A 的引脚图。

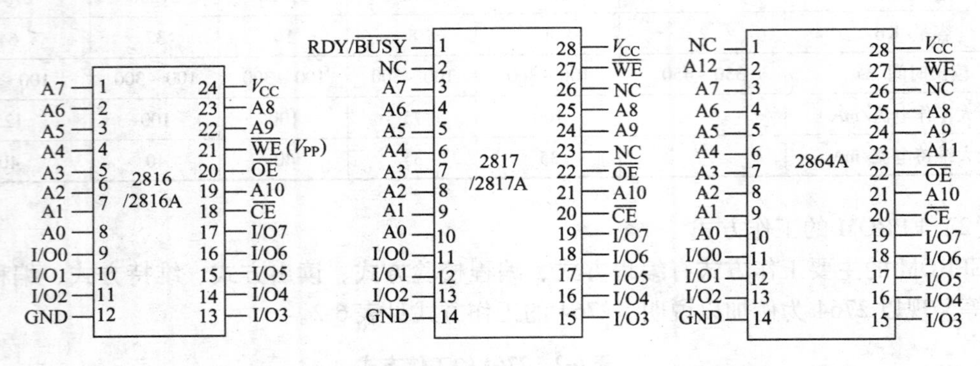

图 6-7　2816/2816A、2817/2817A 和 2864A 的引脚图

在图 6-7 中，有的型号分为两种，其中型号不带“A”的是早期产品，其擦写电压高于 5V，型号带“A”的为改进型芯片，其擦写操作电压为 5V。图中有关引脚的含义如下。

A0 ~ Ai：地址输入线。

I/O0 ~ I/O7：双向三态数据线。

$\overline{CE}$：片选信号输入线，低电平有效。

$\overline{OE}$：读选通信号输入线，低电平有效。

$\overline{WE}$：写选通信号输入线，低电平有效。

RDY/$\overline{BUSY}$：2817 的空/忙状态输出线，当芯片进行擦写操作时该信号线为低电平，擦写完毕后该信号线为高阻状态。该信号线为漏极开路输出。

V_{CC}：工作电源为 +5V。

GND：地线。

表 6-3 列出了 Intel 公司生产的几种 E^2PROM 产品的主要性能。2817A 与 2816A 容量相同，主要性能也基本相同，但两者引脚图不同，工作方式也有所区别。

表 6-3　几种 E^2PROM 产品的主要性能

型号 性能	2816	2816A	2817	2817A	2864A
存储容量/bit	2K × 8	2K × 8	2K × 8	2K × 8	2K × 8
读出时间/ns	250	200/250	250	200/250	250
读操作电压/V	5	5	5	5	5
擦/写操作电压/V	21	5	21	5	5
字节擦除时间/ms	10	9 ~ 15	10	10	10
写入时间/ms	10	9 ~ 15	10	10	10

（2）E^2PROM 的工作方式

E^2PROM 的工作方式主要有读出、写入、维持 3 种（2816A 还有字节擦除和整片擦除方式）。表 6-4 列出了 2816A、2817A 和 2864A 的工作方式。

表 6-4　2816A、2817A 和 2864A 的工作方式

型　　号	工 作 方 式	引　　脚				
		$\overline{CE}$	$\overline{OE}$	$\overline{WE}$	RDY/$\overline{BUSY}$	I/O0 ~ I/O7
2816A	读出	V_{IL}	V_{IL}	V_{IH}		D_{OUT}
	维持	V_{IH}	×	×		高阻
	字节擦除	V_{IL}	V_{IH}	V_{IL}		$D_{IN} = D_{IH}$
	字节写入	V_{IL}	V_{IH}	V_{IL}		D_{IN}
	整片擦除	V_{IL}	+10 ~ +15V	V_{IL}		$D_{IN} = D_{IH}$
	不操作	V_{IL}	V_{IH}	V_{IH}		高阻
2817A	读出	V_{IL}	V_{IL}	V_{IH}	高阻	D_{OUT}
	写入	V_{IL}	V_{IH}	V_{IL}	V_{IL}	D_{IN}
	维持	V_{IH}	×	×	高阻	高阻
2864A	读出	V_{IL}	V_{IL}	V_{IH}		D_{OUT}
	写入	V_{IL}	V_{IH}	V_{IL}		D_{IN}
	维持	V_{IH}	×	×		高阻

2817A 的工作方式基本上与 2816A 相同，其区别是：① 2817A 在字节写入方式开始时自动进行擦除操作，因此无需单独进行擦除工作；② 2817A 增加了 RDY/$\overline{BUSY}$信号线用于判别字节写入操作是否已完成。

2864A 的写入方式有字节写入和页面写入两种。字节写入每次只写入一个字节，与 2817A 相同，只是 2864A 无 RDY/$\overline{BUSY}$线，需用查询方式判断写入是否已结束。字节写入实际上是页面写入的一个特例。页面写入方式是为了提高写入速度而设置的。

2864A 内部有 16 字节的“页缓冲器”，这样可以把整个 2864A 的存储单元划分成 512 页，每页 16 个字节，页地址由 A4 ~ A12 确定，每页中的某一单元由 A0 ~ A3 选择。页面写入分两步进行，第一步是页加载，由 CPU 向页缓冲器写入一页数据；第二步是页存储，在芯片内部电路控制下，擦除所选中页的内容，并将页缓冲器中的数据写入到指定单元。

在页存储期间，允许 CPU 读取写入当前页的最后一个数据。若读出的数据的最高位是原写入数据最高位的反码，则说明“页存储”未完成；若读出的数据和原写入的数据相同，则表明“页存储”已经完成，CPU 可加载下一页数据。

6.2.2　程序存储器的扩展

本节重点介绍外部程序存储器扩展的操作时序和一般方法。

1. 访问外部程序存储器的操作时序

MCS-51 的外部程序存储器的读操作时序如图 6-8 所示。P0 口作为地址/数据复用的双向三态总线，用于输出程序存储器的低 8 位地址或输入指令，P2 口具有输出锁存功能，用于输出程序存储器的高 8 位地址。当 ALE 有效（高电平）时，高 8 位地址从 P2 口输出，低 8 位地址从 P0 口输出，在 ALE 的下降沿把 P0 口输出的低 8 位地址锁存起来，然后在$\overline{PSEN}$有效（低电平）期间，选通外部程序存储器，将相应单元的数据送到 P0 口，CPU 在$\overline{PSEN}$

上升沿完成对 P0 口数据的采样。

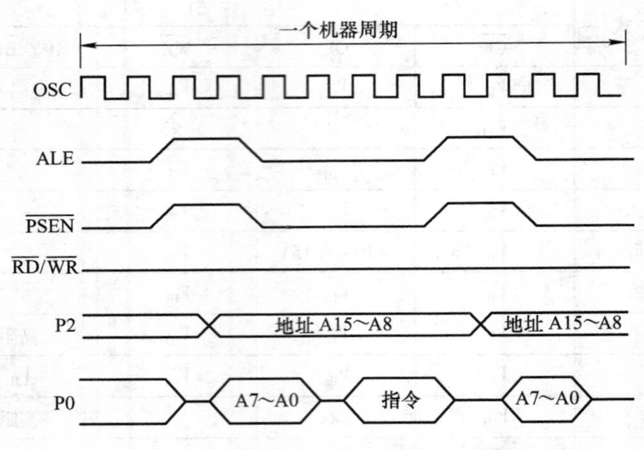

图 6-8　MCS-51 的外部程序存储器的读操作时序

2. 程序存储器扩展的一般方法

MCS-51 单片机扩展外部程序存储器（EPROM）的一般连接方法如图 6-9 所示。

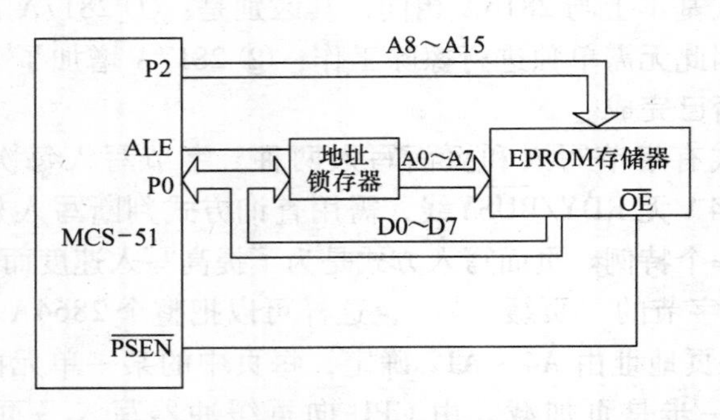

图 6-9　MCS-51 单片机扩展外部程序存储器的一般连接方法

P0 口兼作低 8 位地址线和数据线，为了锁存低 8 位地址，P0 口必须连接锁存器。根据外部程序存储器的读操作时序，用 ALE 作为地址锁存器的锁存信号，用 $\overline{PSEN}$ 作为外部程序存储器的读选通信号。外部程序存储器的片选信号可由 P2 口未用做地址线的剩余口线，以线选方式或译码方式提供。

3. 扩展举例

外部存储器的扩展可通过线选方式或译码方式实现片选。

【例 6-1】　扩展 4KB EPROM 的 8051 系统。

图 6-10 所示是采用线选方式对 8051 扩展一片 2732 EPROM 的连接图。图中锁存器采用 74LS373，8031 的 P2.0 ~ P2.3 用做 2732 的地址线，其余 P2.4 ~ P2.7 中的任一根都可作为 2732 的片选信号线，片选信号决定了 2732 的 4KB 存储器在整个 8051 扩展程序存储器 64KB 空间中的位置。图中选用 P2.7 作为 2732 的片选信号线，则 2732 EPROM 的地址范围为 0000H ~ 0FFFH。

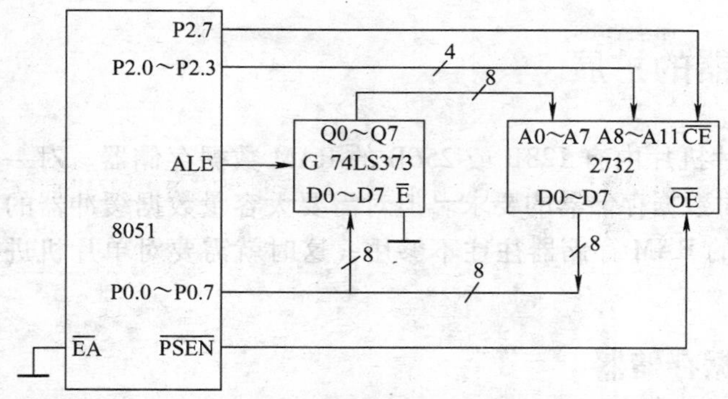

图 6-10　采用线选方式对 8051 扩展一片 2732 EPROM 的连接图

【例 6-2】　扩展 16KB EPROM 的 8051 系统。

图 6-11 所示是采用译码方式对 8051 扩展两片 2764 EPROM 的连接图。图中利用两根高位地址线 P2. 5（A13）和 P2. 6（A14），经 2/4 译码器后，用其中两根译码输出线接到 2764 的片选信号输入端。两片 2764 EPROM 程序存储器的地址范围分别为 0000H ~ 1FFFH（1）和 2000H ~ 3FFFH（2）。

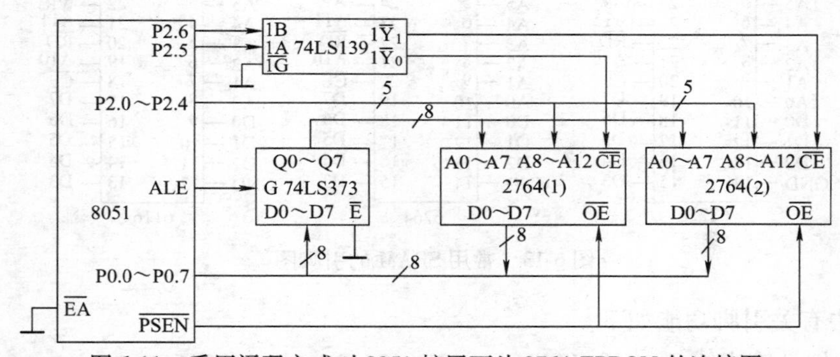

图 6-11　采用译码方式对 8051 扩展两片 2764 EPROM 的连接图

【例 6-3】　扩展 2817A 作为 8051 的程序存储器，而且程序存储器的内容可在线改写。

图 6-12 所示为 8051 扩展 2817A 作为外部程序存储器的连接图。图中 8051 与 RDY/$\overline{\text{BUSY}}$的联络采用查询方式，通过 P1. 0 查询该信号的状态来判断字节写入是否完成。也可采用中断方式进行联络。由于 RDY/$\overline{\text{BUSY}}$信号为开漏输出，所以需通过上拉电阻接至 +5V 电源。

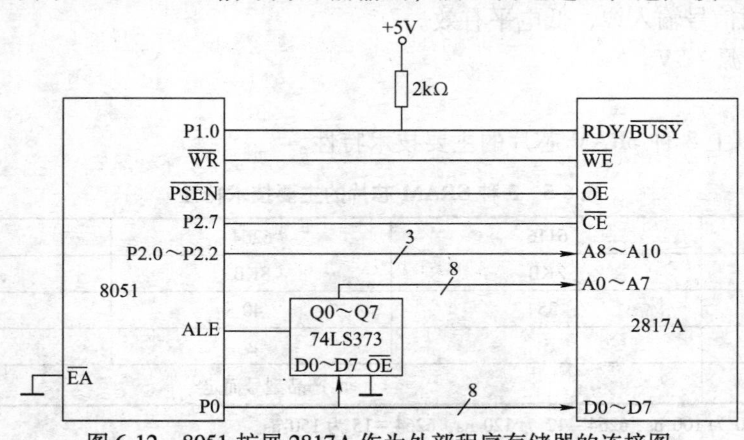

图 6-12　8051 扩展 2817A 作为外部程序存储器的连接图

6.3 数据存储器的扩展

MSC-51 系列单片机片内有 128B 或 256B 的 RAM 数据存储器。对一般应用场合，内部 RAM 可以满足系统对数据存储器的要求。但对需要大容量数据缓冲器的应用系统（如数据采集系统），仅片内的 RAM 存储器往往不够用，这时就需要对单片机进行外部数据存储器扩展。

6.3.1 常用的数据存储器

单片机外部数据存储器的扩展芯片大多采用静态随机存储器（SRAM），根据需要也可采用 E^2PROM 或其他非易失随机存储器（NV-SRAM）芯片。常用的 SRAM 有 62256、6264 和 6116 等，它们的引脚图如图 6-13 所示。

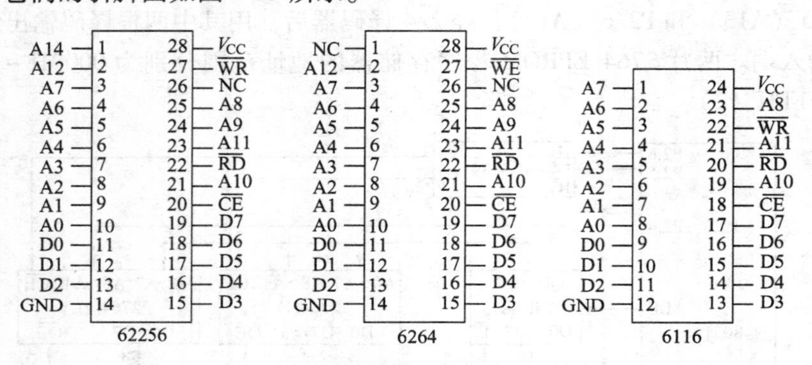

图 6-13 常用 SRAM 的引脚图

图 6-13 中有关引脚功能如下。

A0 ~ Ai：地址输入线，i = 10（6116）、12（6264）、14（62256）。

D0 ~ D7：双向三态数据线。

$\overline{CE}$：片选信号输入线，低电平有效。6264 的 26 脚（CS）为高电平，且当 20 脚为低电平时才选中该片。

$\overline{RD}$：读选通信号输入线，低电平有效。

$\overline{WR}$：写选通信号输入线，低电平有效。

V_{CC}：工作电源 +5V。

GND：地线。

表 6-5 列出以上 3 种 SRAM 芯片的主要技术特性。

表 6-5 3 种 SRAM 芯片的主要技术特性

型　号	6116	6264	62256
容量/B	2KB	8KB	32KB
典型工作电流/mA	35	40	8
典型维持电流/A	5	2	0.5
存取时间/ns	由产品型号而定①		

① 例如，6264 - 10 为 100 ns，6264 - 12 为 120 ns，6264 - 15 为 150 ns。

SRAM 6116、6264、62256 的工作方式有读出、写入、维持 3 种见表 6-6。

表 6-6　SRAM 6116、6264、62256 的工作方式

方式 \ 信号	$\overline{CE}$	$\overline{OE}$	$\overline{WR}$	D0 ~ D7
读出	V_{IL}	V_{IL}	V_{IH}	数据输出
写入	V_{IL}	V_{IH}	V_{IL}	数据输入
维持①	V_{IH}	任意	任意	高阻态

① 对于 CMOS 的静态 RAM 电路，$\overline{CE}$为高电平时，电路处于降耗状态。此时，V_{CC}电压降至 3V 左右，内部所存储的数据也不会丢失。

6.3.2　数据存储器的扩展

1. 数据存储器扩展的一般方法

MCS-51 单片机扩展外部数据存储器的一般连接方法如图 6-14 所示。外部数据存储器的高 8 位地址由 P2 口提供，低 8 位地址线由 P0 口经地址锁存器提供。外部 RAM 的读、写控制信号分别接 MCS-51 的$\overline{RD}$、$\overline{WR}$。外部 RAM 的片选信号可由 P2 口未用做地址线的剩余口线以线选方式或译码方式提供。

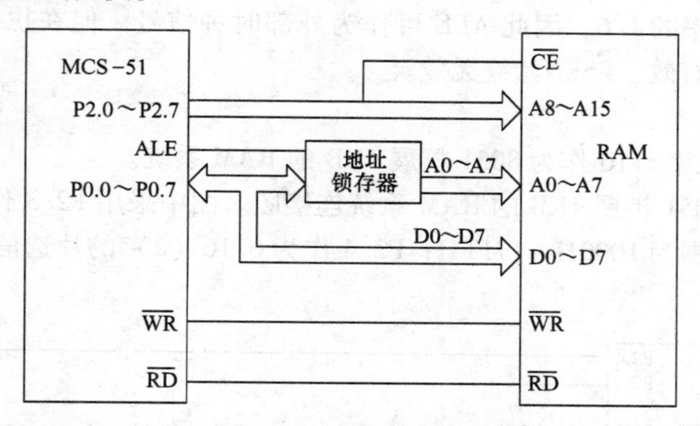

图 6-14　MCS-51 单片机扩展外部数据存储器的一般连接方法

2. 访问外部 RAM 的操作时序

MCS-51 对外部数据存储器的访问指令有以下 4 条。

① MOVX　A，@ Ri

② MOVX　@ Ri，A

③ MOVX　A，@ DPTR

④ MOVX　@ DPTR，A

CPU 在执行①②指令时，P2 口输出 P2 锁存器的内容，P0 口输出 R0 或 R1 的内容；在执行③④指令时，P2 口输出 DPH 内容，P0 口输出 DPL 内容。图 6-15 为 MCS-51 系列单片机的外部数据存储器读/写时序图。

图中第一个机器周期是从外部程序存储器读取 MOVX 指令操作码，第二个机器周期才是执行 MOVX 指令访问外部数据存储器。在该周期中，若是读操作，则$\overline{RD}$信号有效（低电平），P0 口变为输入方式，被地址信号选通的外部 RAM 某个单元中的数据通过 P0 口输入

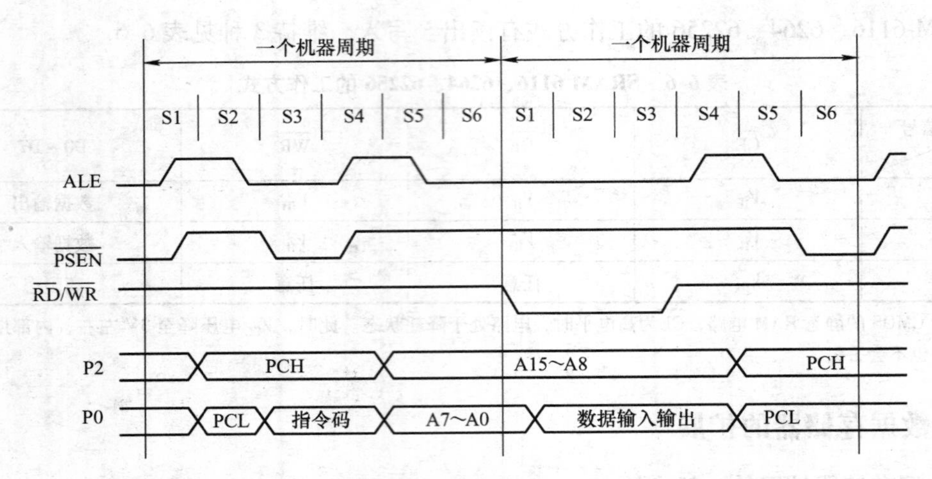

图 6-15 MCS-51 系列单片机的外部数据存储器读/写时序图

CPU；若是写操作，则$\overline{WR}$信号有效（低电平），P0 口变为输出方式，CPU 内部数据通过 P0 口写入地址信号选通的外部 RAM 的某个单元中。

从图 6-14 中可以看出，只要不执行 MOVX 指令，ALE 信号就总是每个机器周期两次有效，其频率为时钟频率的 1/6，因此 ALE 可作为外部时钟信号。但在执行 MOVX 指令的周期中，ALE 只有一次有效，$\overline{PSEN}$始终无效。

3. 扩展举例

【例 6-4】 用两片 6116 作为 8051 扩展 4KB 的 RAM 系统。

图 6-16 所示为 8051 扩展 4KB 的 RAM 系统连接图。图中采用 P2.3 作为 6116（1）的片选信号线，其地址范围为 1000H～17FFH；P2.4 作为 6116（2）的片选信号线，其地址范围为 0800H～0FFFH。

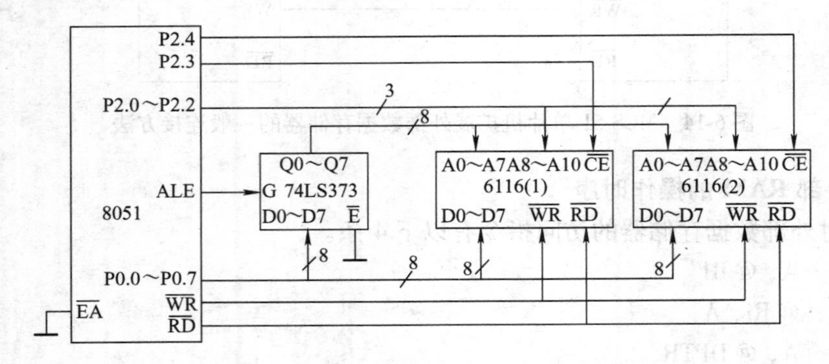

图 6-16 8051 扩展 4KB 的 RAM 系统连接图

【例 6-5】 8051 扩展 2864A E^2PROM 作为外部数据存储器。

图 6-17 所示为 8051 扩展 8KB E^2PROM 2864A 作为外部 RAM 的连接图。2864A 的引脚与 6264 相同并兼容，其读、写控制信号分别由 8051 的$\overline{RD}$和$\overline{WR}$提供，片选端$\overline{CE}$与 P2.7 连接，当 P2.7 = 0 时才能选中 2864A，所以 2864A 的地址范围为 0000H～1FFFH。

也可以将 E^2PROM 同时作为程序存储器和数据存储器使用。在硬件结构上，只要将 8051 的$\overline{RD}$信号和$\overline{PSEN}$信号相"与"，其输出选通 2864A 的读允许端$\overline{OE}$，就能使程序空间和

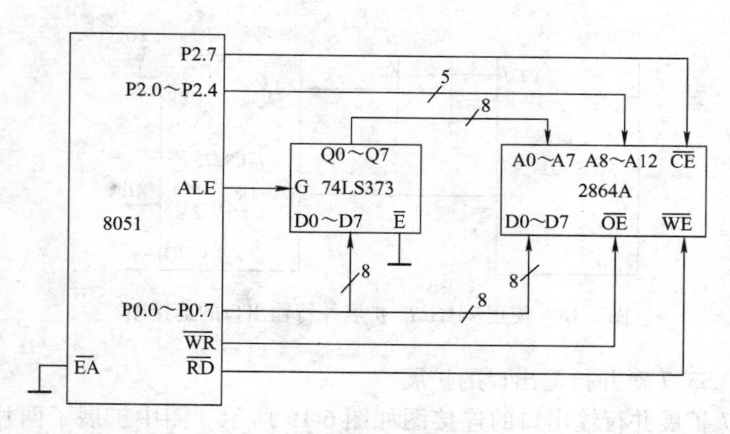

图 6-17　8051 扩展 8KB E^2PROM 2864A 作为外部 RAM 的连接图

数据空间混合。在执行 MOVX 指令时，产生$\overline{RD}$、$\overline{WR}$信号，在执行 2864A 中的程序时，由 PSEN选通 2864A 的$\overline{OE}$端。

6.4　I/O 端口的扩展

MCS-51 系列单片机虽然有 4 个 8 位 I/O 口，但 4 个 I/O 口在实际应用时，并不能全部留给用户作为系统的 I/O 口用。例如，当单片机在外部扩展了程序存储器、数据存储器时，就要占用 P0 和 P2 口作为地址/数据总线，而留给用户使用的 I/O 口只有 P1 口和一部分 P3 口，这往往不能满足用户的要求。因此，许多情况下需要扩展 I/O 口。对于简单外设的输入输出，可以用简单的 I/O 接口电路进行扩展。但对于比较复杂的应用系统，需要在单片机上扩展可编程的 I/O 口来实现系统功能的要求。本节介绍简单 I/O 扩展技术和可编程接口芯片 8155 及其接口电路。

6.4.1　简单并行 I/O 口的扩展

当应用系统需要扩展的 I/O 口数量较少而且功能单一时，可采用锁存器、三态门等构成简单的 I/O 接口电路。这种接口一般通过 P0 口扩展，由于 P0 口是数据/地址复用总线，所以扩展的输入接口面向总线，必须要求有三态功能。扩展的输出接口连接外围设备，应具有锁存功能；输入接口若用于瞬态量输入，则也应具有锁存功能。

MCS-51 系列单片机扩展 I/O 口与外部数据存储器统一编址，I/O 口的地址占用外部数据存储器的地址空间。CPU 对扩展 I/O 口的访问与对外部 RAM 的访问一样都使用 MOVX 指令，用$\overline{RD}$、$\overline{WR}$作为输入、输出控制信号。下面介绍几种常用的简单 I/O 接口。

1. 并行输出口的扩展

扩展 8 位输出口常用的锁存器有 74LS273、74LS377 以及带三态门的 8D 锁存器 74LS373 等。

（1）使用 74LS273 对并行输出口的扩展

使用 74LS273 扩展并行输出口的连接图如图 6-18 所示。图中并行扩展接口 74LS273 的地址为 0FEFFH（即 P2.0 =0，其余地址线为 1）。

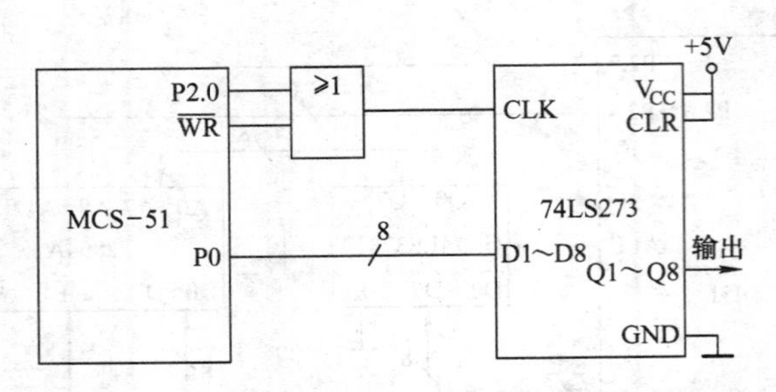

图 6-18　使用 74LS273 扩展并行输出口的连接图

（2）使用 74LS377 对并行输出口的扩展

使用 74LS377 扩展并行输出口的连接图如图 6-19 所示。图中扩展了两片 74LS377 作为并行输出口，这里采用线选法。当 P2.4 为低电平时选中 74LS377（1），其地址为 0EFFEH；当 P2.5 为低电平时选中 74LS377（2），其地址为 0CFFFH。

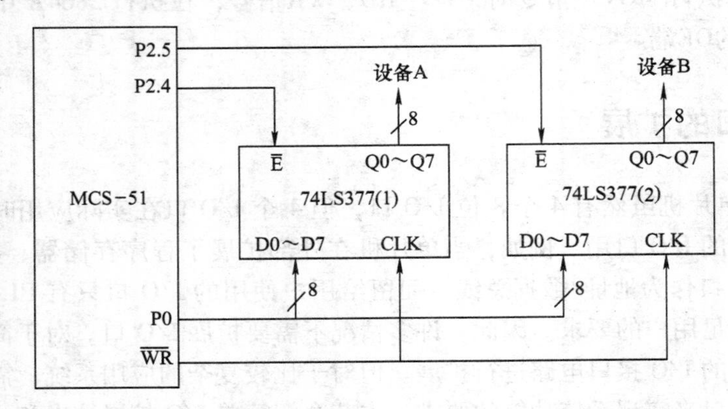

图 6-19　使用 74LS377 扩展并行输出口的连接图

2. 并行输入口的扩展

扩展 8 位并行输入口常用的三态门电路有 74LS244、74LS245 和 74LS373 等。

（1）使用 74LS244 对并行输入口的扩展

使用 74LS244 扩展并行输入口的连接图如图 6-20 所示。图中将 74LS244 的 $\overline{1G}$ 和 $\overline{2G}$ 连在一起，受 P2.4 和 $\overline{RD}$ 控制，该扩展口的地址为 0EFFFH。

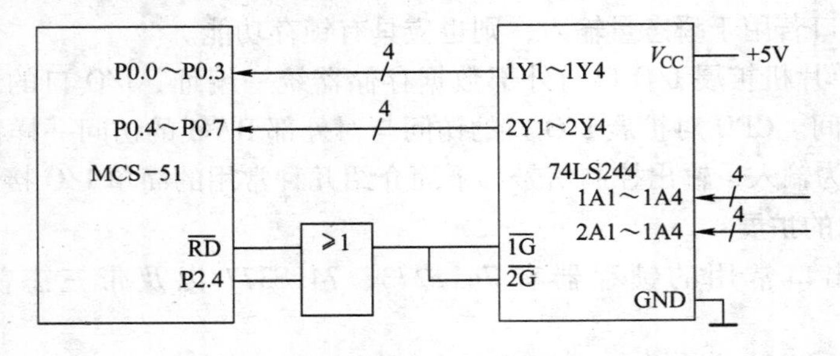

图 6-20　使用 74LS244 扩展并行输入口的连接图

（2）使用 74LS245 对并行输入口的扩展

使用 74LS245 扩展 8 位并行输入口的连接图如图 6-21 所示。图中扩展接口 74LS245 的地址为 0EFFFH。

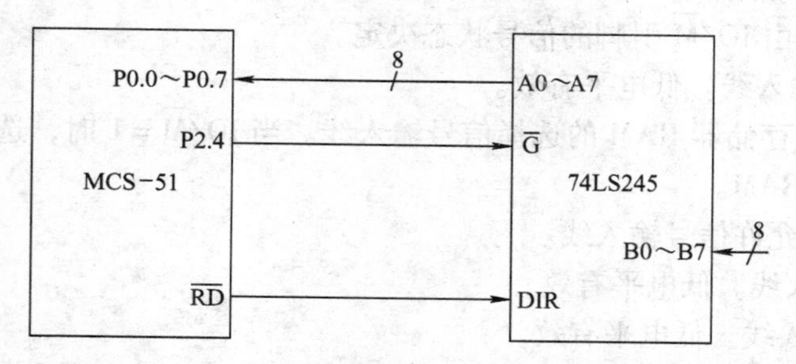

图 6-21　使用 74LS245 扩展 8 位并行输入口的连接图

6.4.2　8155 可编程多功能接口的扩展

可编程接口芯片 8155 内含 3 个并行 I/O 端口、256 字节的 RAM 和一个定时/计数器。该芯片适合于单片机系统 I/O 口的扩展，同时还可以使用其内部 RAM 和定时/计数器，以增强系统功能。

1. 8155 的结构

8155 芯片的内部结构框图如图 6-22 所示。它由以下 3 部分组成。

1） 存储器。容量为 256 ×8 位的静态 RAM。

2） I/O 接口。

端口 A（PA）：可编程 8 位 I/O 口 PA0 ~ PA7。

端口 B（PB）：可编程 8 位 I/O 口 PB0 ~ PB7。

端口 C（PC）：可编程 6 位 I/O 口 PC0 ~ PC5。

3） 定时/计数器。一个 14 位二进制减 1 可编程序定时/计数器。

2. 8155 的引脚功能

8155 芯片的引脚图如图 6-23 所示。下面分别说明引脚功能。

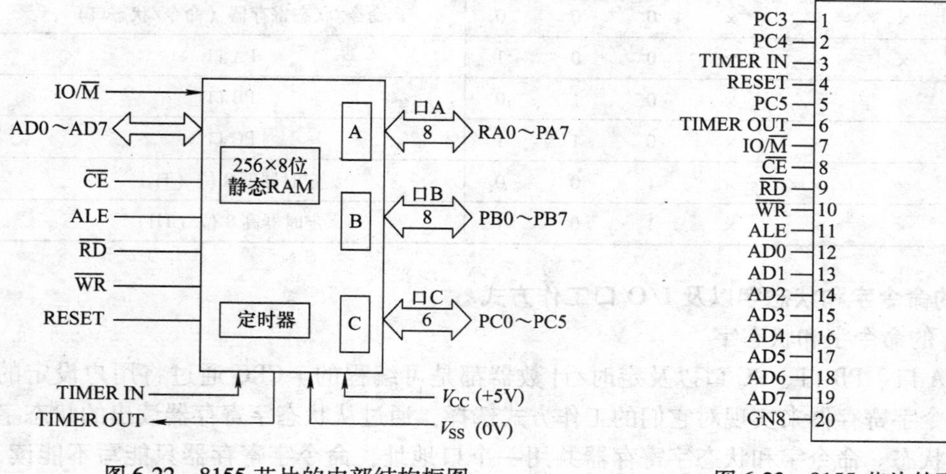

图 6-22　8155 芯片的内部结构框图

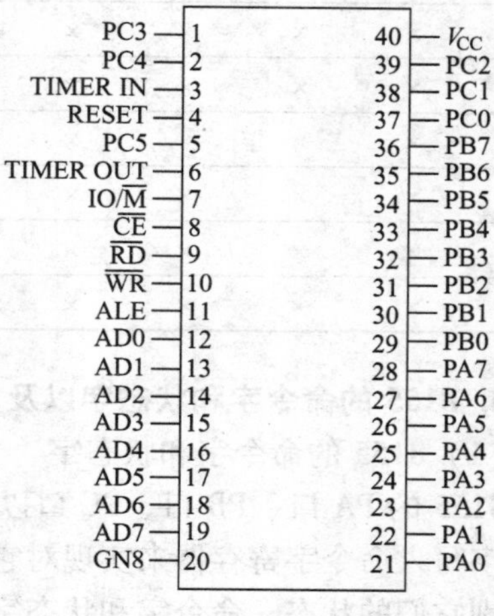

图 6-23　8155 芯片的引脚图

AD0～AD7：双向三态地址/数据总线，与单片机的地址/数据总线相连接。低 8 位地址在 ALE 信号的下降沿锁存到 8155 内部地址锁存器，该地址可作为存储器的 8 位地址，也可作为 I/O 口地址，这由 IO/$\overline{\mathrm{M}}$ 引脚的信号状态决定。

$\overline{\mathrm{CE}}$：片选信号输入线。低电平有效。

IO/$\overline{\mathrm{M}}$：I/O 口或存储器 RAM 的选择信号输入线。当 IO/$\overline{\mathrm{M}}$ = 1 时，选中 I/O 口；当 IO/$\overline{\mathrm{M}}$ = 0 时，选中内部 RAM。

ALE：地址锁存允许信号输入线。

$\overline{\mathrm{RD}}$：读信号输入线。低电平有效。

$\overline{\mathrm{WR}}$：写信号输入线。低电平有效。

PA0～PA7：8 位并行 I/O 线，数据的输入或输出方向由命令字决定。

PB0～PB7：8 位并行 I/O 线，数据的输入或输出方向由命令字决定。

PC0～PC5：6 位并行 I/O 线，既可作为 6 位通用 I/O 口，工作在基本输入输出方式，又可作为 PA 口和 PB 口，工作在选通方式下的控制信号，这由命令字决定。

TIMER IN（简写为 TIN）：定时/计数器的计数脉冲输入线。

TIMER OUT（简写为 TOUT）：定时/计数器的输出线，由定时/计数器的寄存器决定输出信号的波形。RESET 为复位信号输入线，高电平有效，脉冲典型宽度为 600ns。在该信号作用下，8155 将复位，命令字被清 0，3 个 I/O 口被置为输入方式，定时/计数器停止工作。

V_{CC}：+5V 电源。

GND（V_{SS}）：接地端。

3. 8155 的 RAM 和 I/O 口寻址

8155 的 I/O 口、RAM 和定时/计数器在单片机应用系统中是按外部数据存储器统一编址的，为 16 位地址数据，其中高 8 位由 $\overline{\mathrm{CE}}$ 和 IO/$\overline{\mathrm{M}}$ 确定，而低 8 位由 AD0～AD7 确定。当 IO/$\overline{\mathrm{M}}$ = 0 时，单片机对 8155 RAM 读/写，RAM 低 8 位编址为 00H～FFH；当 IO/$\overline{\mathrm{M}}$ = 1 时，单片机对 8155 中的 I/O 口进行读/写。8155 内部 I/O 口及定时器的低 8 位编址见表 6-7。

表 6-7　8155 内部 I/O 口及定时器的低 8 位编址

A7	A6	A5	A4	A3	A2	A1	A0	I/O 口
×	×	×	×	×	0	0	0	命令/状态寄存器（命令/状态口）
×	×	×	×	×	0	0	1	PA 口
×	×	×	×	×	0	1	0	PB 口
×	×	×	×	×	0	1	1	PC 口
×	×	×	×	×	1	0	0	定时器低 8 位（TL）
×	×	×	×	×	1	0	1	定时器高 8 位（TH）

4. 8155 的命令字和状态字以及 I/O 口工作方式

（1）8155 的命令字和状态字

8155 的 PA 口、PB 口、PC 口以及定时/计数器都是可编程的。CPU 通过将用户设定的命令字写入命令字寄存器来实现对它们的工作方式选择，通过从状态字寄存器读出的状态字来判别它们的状态。命令字和状态字寄存器共用一个口地址，命令字寄存器只能写不能读，状态字寄存器只能读不能写。

1）8155 命令字格式如图 6-24 所示。其中 D3、D2 两位确定的 ALT1 ~ ALT4 为 4 种工作方式。

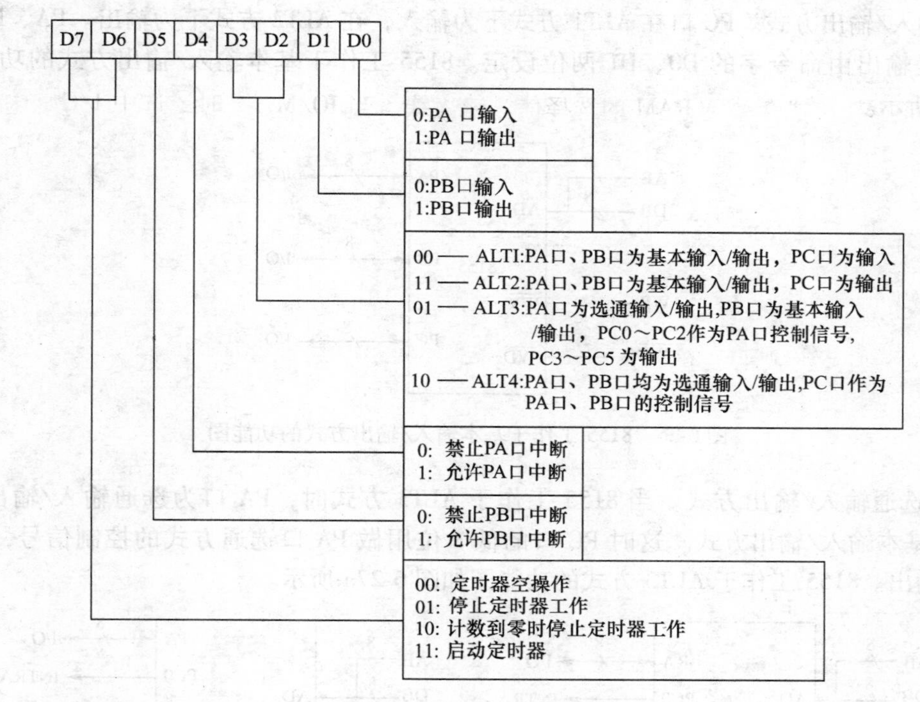

图 6-24　8155 命令字格式

2）8155 的状态字格式如图 6-25 所示。各位都为“1”时有效。

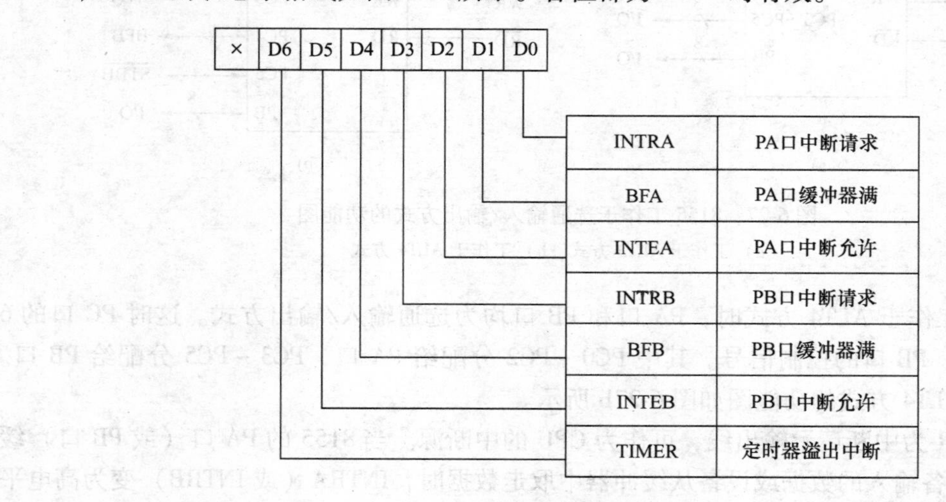

图 6-25　8155 的状态字格式

（2）8155 I/O 口工作方式

8155 的 PA 口和 PB 口都有两种工作方式，即基本输入/输出方式和选通输入/输出方式，在每种方式下都可编程为输入或输出。PC 口能用做基本输入/输出，也可为 PA 口、PB 口工作在选通输入/输出方式时提供控制线。

1）基本输入/输出方式。当8155工作于ALT1、ALT2方式时，PA、PB、PC 3个端口均为基本输入/输出方式。PC口在ALT1方式下为输入，在ALT2方式下为输出。PA、PB口为输入还是输出由命令字的D0、D1两位设定。8155工作于基本输入/输出方式的功能图如图6-26所示。

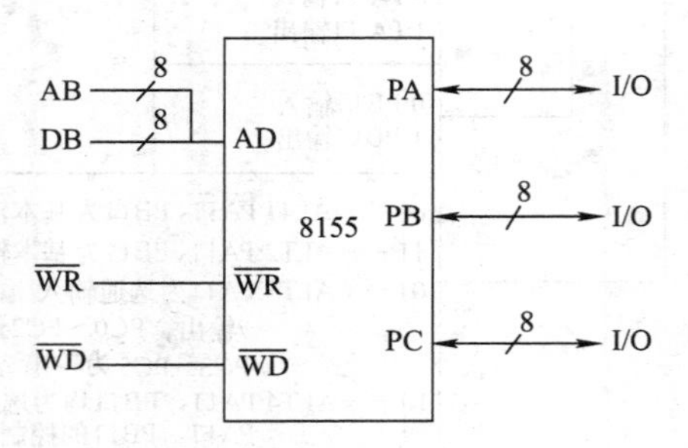

图6-26　8155工作于基本输入/输出方式的功能图

2）选通输入/输出方式。当8155工作于ALT3方式时，PA口为选通输入/输出方式，PB口为基本输入/输出方式。这时PC口的低3位用做PA口选通方式的控制信号，其余3位用做输出。8155工作于ALT3方式的功能图如图6-27a所示。

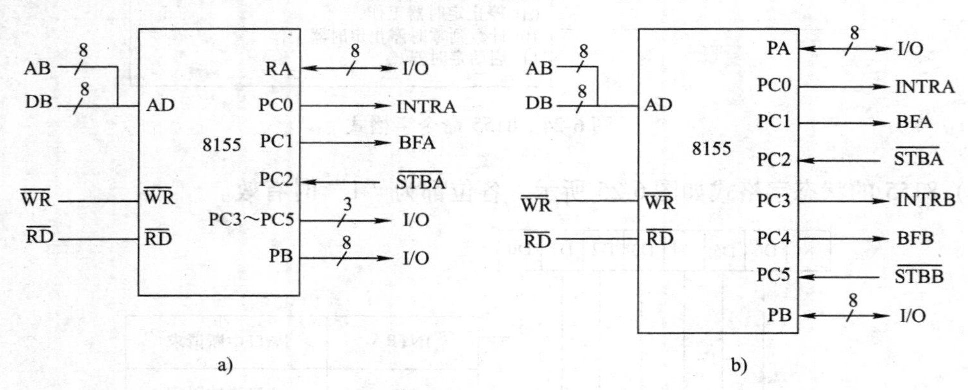

图6-27　8155工作于选通输入/输出方式的功能图

a）工作于ALT3方式　b）工作于ALT4方式

当8155工作于ALT4方式时，PA口和PB口均为选通输入/输出方式。这时PC口的6位作为PA口、PB口的控制信号。其中PC0～PC2分配给PA口，PC3～PC5分配给PB口。8155工作于ALT4方式的功能图如图6-27b所示。

图中INTR为中断请示输出线，可作为CPU的中断源。当8155的PA口（或PB口）缓冲器接收到设备输入的数据或设备从缓冲器中取走数据时，INTRA（或INTRB）变为高电平（仅当命令寄存器中相应中断允许位为1时），向CPU申请中断，CPU对8155相应的I/O口进行一次读/写操作，INTR变为低电平。

BF为I/O口缓冲器满标志输出线，当缓冲器存有数据时，BF为高电平，否则为低电平。

$\overline{STB}$为设备选通信号输入线，低电平有效。

5. 8155 的定时/计数器

8155 有一个 14 位减法计数器，从 TIN 脚输入计数脉冲，当计数器减到零时，从 TOUT 脚输出一个信号，同时将状态字中的 TIMER 置位（读出后清零），这样可实现计数或定时。

8155 定时/计数器（简称定时器）要正常工作需设定其工作状态、时间常数（即定时器初值）和 TOUT 引脚的输出信号形式。定时器的工作状态由上述 8155 命令字的高两位来设定。

00：空操作，即不影响定时器工作。

01：停止定时器工作。

10：若定时器未启动，则表示空操作；若定时器正在工作，则在计数到零时停止工作。

11：启动定时器工作，在设置时间常数和输出方式后立即开始工作；若定时器正在工作，则表示要求在这次计数到零后，定时器以新设置的计数初值和输出方式开始工作。

定时器的时间常数和 TOUT 引脚的输出信号形式由定时器的低字节寄存器和高字节寄存器来设定，其格式如图 6-28 所示。

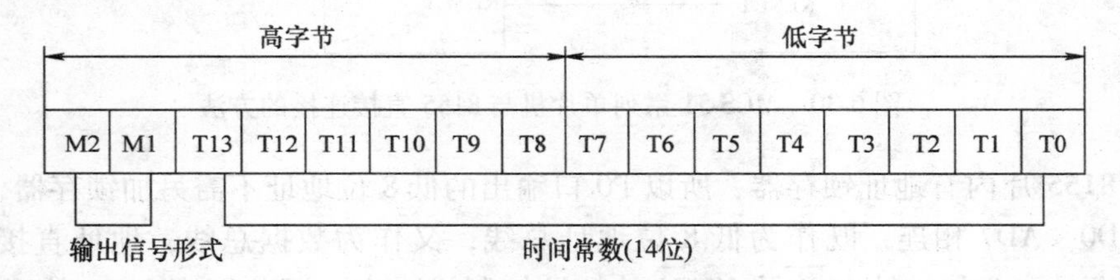

图 6-28　定时器的时间格式

M2、M1 两位用来设定 TOUT 引脚的 4 种输出信号形式。8155 定时器的输出信号形式如图 6-29 所示。

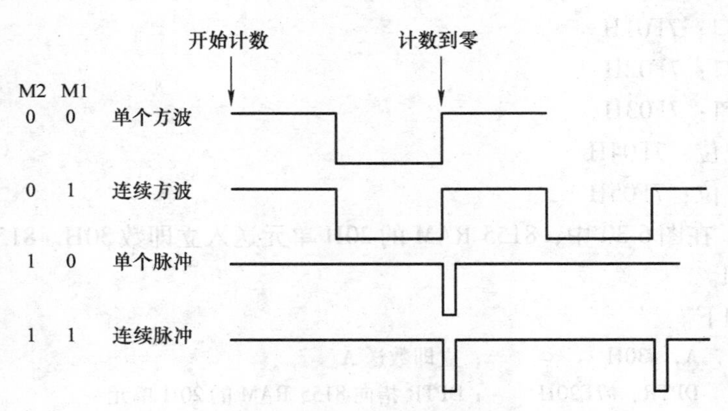

图 6-29　8155 定时器的输出信号形式

图 6-29 中从“计数开始”到“计数到零”为一个计数（定时）周期。在 M2M1 = 00（或 10）时，输出为单个方波（或单个脉冲）。当 M2M1 = 01（或 11）时，输出为连续方波（或连续脉冲），在这种情况下，在一次计数完毕后计数器能自动恢复初值，重新开始计数。

如果时间常数为偶数，输出的方波就是对称的；如果时间常数为奇数，输出的方波就不对称，输出方波的高电平比低电平多一个计数间隔。由于上述原因，时间常数最小应为 2，所以能设定的时间常数范围为0002H～3FFFH。

8155允许TIN引脚输入脉冲的最高频率为4MHz。

6. 8155与MCS-51系列单片机的连接方法

MCS-51系列单片机可以与8155直接连接而不需要任何外加逻辑电路，其连接方法如图6-30所示。

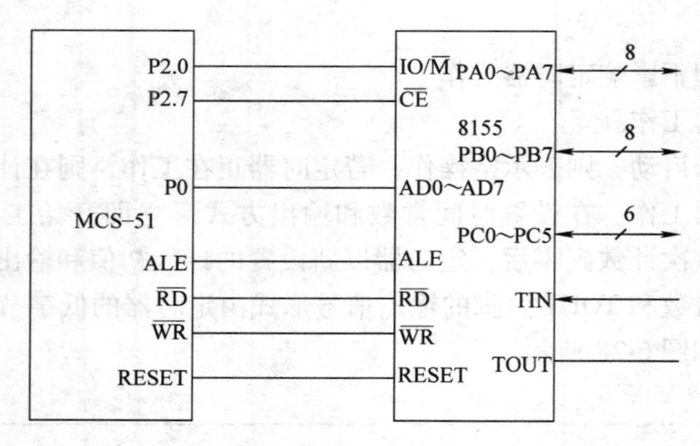

图6-30　MCS-51系列单片机与8155直接连接的方法

由于8155片内有地址锁存器，所以P0口输出的低8位地址不需另加锁存器，而直接与8155的AD0～AD7相连，既作为低8位地址总线，又作为数据总线，地址直接用ALE在8155中锁存。高8位地址由$\overline{CE}$及IO/$\overline{M}$的地址控制线决定，因此图中8155的片内RAM和各I/O口地址如下。

RAM地址：7E00H～7EFFH

命令/状态口：7F00H

PA口：7F01H

PB口：7F02H

PC口：7F03H

定时器低8位：7F04H

定时器高8位：7F05H

【例6-6】　在图6-30中，8155 RAM的20H单元送入立即数30H。8155 RAM的20H单元地址为7E20H。

汇编指令如下。

```
MOV     A, #30H         ; 立即数送A
MOV     DPTR, #7E20H    ; DPTR指向8155 RAM的20H单元
MOVX    @DPTR, A        ; 立即数送入8155 RAM的20H单元
```

C51程序如下。

```
#include <reg51.h>
#define uchar unsigned char
uchar xdata *px = 0x7E20;
void main ()
{
    *px = 0x30;
```

```
}
```

【例 6-7】 在图 6-30 中，要求 PA 口为基本输入方式，PB 口为基本输出方式，定时器作为方波发生器，对输入 TIN 的方波进行 24 分频。

汇编指令如下。

```
MOV     DPTR，#7F04H     ；指向定时器低 8 位
MOV     A，#18H          ；计数常数为 0018H = 24
MOVX    @DPTR，A         ；计数常数装入定时器
INC     DPTR             ；指向定时器高 8 位
MOV     A，#40H          ；设定时器输出方式为连续方波输出
MOVX    @DPTR，A         ；装入定时器高 8 位
MOV     DPTR，#7F00H     ；指向命令/状态口
MOV     A，#0C2H         ；设定 PA 口为基本输入方式，PB 口为基本输
                         ；出方式，并启动定时器
MOVX    @DPTR，A
```

C51 程序如下。

```
#include <reg51.h>
#define uchar unsigned char
uchar xdata *px = 0x7F04;
uchar xdata *pd = 0x7F00;
void main ( )
{ *px = 0x18;
  px ++ ;
  *px = 0x40;
  *pd = 0x0C2;
}
```

6.5 实训项目六 8155 扩展键盘与显示

1. 目的

1）掌握 8155 的初始化。

2）掌握键盘和显示程序的编写。

2. 项目内容

1）8155 扩展键盘与显示的硬件电路图如图 6-31 所示。

单片机扩展连接 8155 芯片，8155 的 PB 口连接 4 位一体共阴极数码管的段码引脚，PA 口低 4 位连接数码管的位选引脚。用 8155 的 PC 口低 4 位和 PA 低 4 位组成 4×4 矩阵键盘，键盘对应的键值分别是 0 ~ F。

2）用 Keil C 建立工程，添加 C51 代码文件。

3）通过 Proteus 仿真功能观察程序运行结果。

3. 环境

在 PC 运行 Keil C 集成开发环境及 Proteus 仿真软件。

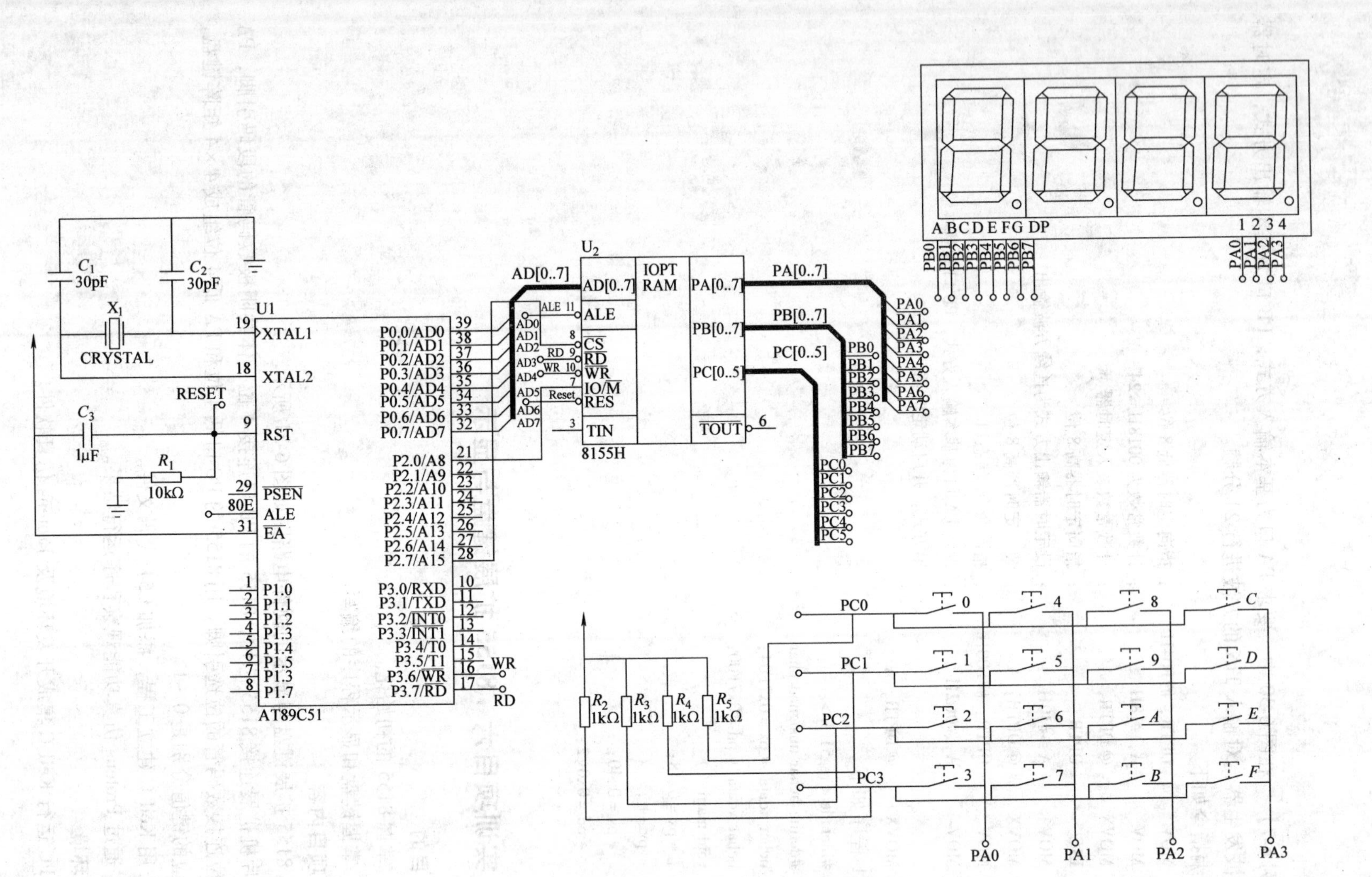

图 6-31　8155 扩展键盘与显示的硬件电路图

4. 步骤

1）新建 Keil C 工程 Project4，编写如下 C 程序，并保存为 main. c，添加入工程中。程序参考代码如下。

```
#include <reg51.h>
#include "absacc.h"                        //51 外部数据读写的头文件
#define uchar unsigned char
#define uint unsigned int
#define COM8155 XBYTE [0x7f00]             //定义 8155 个端口对应的地址
#define PA8155   XBYTE [0x7f01]
#define PB8155   XBYTE [0x7f02]
#define PC8155   XBYTE [0x7f03]
#define TL8155   XBYTE [0x7f04]
#define TH8155   XBYTE [0x7f05]
#define RAM8155   XBYTE [0x7e01]
uchar wei =0x01;
bit press_flag =0;
uchar code tab [] = {0x3F, 0x06, 0x5B, 0x4F, 0x66, 0x6D, 0x7D, 0x07,
                     0x7F, 0x6F, 0x77, 0x7C, 0x39, 0x5E, 0x79, 0x71};
uchar key_scan ();                         //声明键盘扫描函数
void delay (uchar m)                       //M ms 延时程序（12MHz）
{
    uchar a, b, c;
    for (c=m; c>0; c--)
        for (b=142; b>0; b--)
            for (a=2; a>0; a--);
}
void  main ()
{
    uchar num [4] = {0x00, 0x00, 0x00, 0x00}, i=0;
    uchar key_value;
    COM8155 =0x03;                         //初始化 8155，PA、PB 为输出，PC 为输入
    while (1)
    {
    PB8155 =0x00;                          //显示消隐
    PB8155 =tab [num [i]];
    key_value =key_scan ();                //获取键值
    wei =wei << 1;
    if (wei ==0x10)
        wei =0x01;
    i++;
    if (i ==4)
        i=0;
```

```
        while (PC8155 ! =0x0f);
        if (press_flag)                                   //若有键被按下，则键值送入显示缓冲区
        {
          num [3] =num [2];
          num [2] =num [1];
          num [1] =num [0];
          num [0] =key_value;
          press_flag =0;                                  //右键被按下标志位置0
        }
      }
    }
    uchar key_scan ()
    {
        uchar keyv, keyh, keyh1, key;
        PA8155 = ~wei;                                    //矩阵键盘行扫
        switch (wei)
        {
            case 0x1: keyv =0; break;
            case 0x2: keyv =4; break;
            case 0x4: keyv =8; break;
            case 0x8: keyv =12; break;
            default: key =4;
        }
        keyh =PC8155 & 0x0f;
        delay (10);
        keyh1 =PC8155 & 0x0f;
        if (keyh = =keyh1)                                //按键消抖
        {
          switch (keyh)
          {
              case 0xe: key =0; break;
              case 0xd: key =1; break;
              case 0xb: key =2; break;
              case 0x7: key =3; break;
              default: key =4;
          }
        }
        else
        key =4;
        if (key = =4)                                     //若 key 值为 4，则返回一个无效的键值
          return 0x10;
        else
        {
```

```
        key = keyv + key;                              //计算键值
        press_flag = 1;
        return (key);
    }
}
```

2）新建工程，并添加程序代码。

3）编译连接，生成.hex 文件。

4）将生成的 hex 文件放入项目一的 Proteus 工程内，观察程序运行结果。

按下一个按键，数码管会在最左边显示相应的键值。例如：数码管显示 1234，这时再按下 <8> 键，则显示为 8123。

6.6 思考与练习

1. 通常 8051 提供的 I/O 口有哪几个？为什么？

2. 简述 MCS-51 系列单片机 CPU 访问外部扩展程序存储器的过程。

3. 简述 MCS-51 系列单片机 CPU 访问外部扩展数据存储器的过程。

4. 现要求为 8051 扩展两片 2732 作为外部程序存储器。试画出电路图，并指出各芯片的地址范围。

5. 现要求为 8051 外扩 1 片 2864A，兼作程序存储器和数据存储器。试画出硬件连接图。

6. 假设某一 8051 单片机系统，拟扩展两片 2764 EPROM 芯片和两片 6264 SRAM 芯片。试画出电路图，并说明存储器地址的分配情况。

7. 一个 8051 应用系统扩展了 1 片 8155，晶振为 12MHz，具有上电复位功能，P2.1 ~ P2.7 作为 I/O 口线使用，8155 的 PA 口、PB 口为输入口，PC 口为输出口。试画出该系统的逻辑图，并编写初始化程序。

8. 8155 TIN 端输入脉冲频率为 1MHz，试编写能在 TOUT 引脚输出周期为 8ms 方波的程序。

9. 现要求 8155 的 A 口为基本输入，B 口、C 口为基本输出，启动定时器工作，输出连续方波，试编写 8155 的初始化程序。

10. 在完成 6.5 节的实训项目六后，思考问题：如何访问 8155 内部存储器？

第 7 章　单片机典型 I/O 接口技术

在单片机应用系统中，根据系统的需要和用户的要求，常常需要人机交互信息、对系统进行初始设置、输入数据及各种命令等。系统运行的状态和结果也需通过装置显示出来，以便用户观察、记录和存档。在工业生产过程的检测、控制应用中，单片机系统需对现场的数据进行采集，经过分析处理，再将控制信号通过一定装置输出，实现对工业现场的自动化控制。这些任务都需要由输入、输出设备来完成。常用于人机交互的输入、输出设备为键盘和显示器，而实现对工业现场进行信号输入采集、输出控制的主要器件为 A/D 和 D/A 转换器。本章主要介绍键盘、显示器、D/A 及 A/D 转换器的工作原理、接口技术及应用。

7.1　键盘及接口电路

7.1.1　键盘的分类

在单片机系统中，键盘是最常用的输入设备。键盘是由若干个独立的键按一定规则组合而成的。根据按键的识别方法进行分类，可分为编码键盘和非编码键盘。

1. 编码键盘

编码键盘是指键盘中的按键闭合的识别由专用的硬件电路实现，并可产生键编号或键值的，如 BCD 码键盘、ASCII 键盘。

2. 非编码键盘

非编码键盘是指没有采用专用的硬件译码器电路，其按键的识别和键值的产生都是由软件完成的。这类键盘成本较低，且使用灵活。在单片机系统中多采用这种非编码键盘。

7.1.2　键盘的工作原理

键盘中的每个按键都是一个常开的开关电路，它是利用机械触点来实现按键的闭合和释放。在按键的使用过程中，有两种现象需要特别注意：一是按键抖动，二是按键连击。

1. 抖动现象

由于受按键触点的弹性作用的影响，按键的机械触点在闭合及断开的瞬间都会有抖动现象，也就是不能马上实现按键的完全闭合或断开，所以使输入电压信号同样出现抖动现象，抖动时间的长短由按键的机械特性所决定，一般持续的时间为 5 ~ 10ms。

按键抖动一般会引起按键命令的错误执行或重复执行，因此，为了确保单片机对按键的一次闭合仅处理一次，就必须去除键抖动的影响。目前一般采用软件延时的办法来避开抖动阶段，即第一次检测到按键闭合后先不做相应动作，而是执行一段延时程序，产生 5 ~ 10ms 的延时，让前沿抖动消失后再次检测按键的状态，若按键仍保持闭合状态，则确认为真正有键被按下；否则，就作为按键的抖动处理。关于按键的释放检测，一般采用闭合循环，一旦检测到按键被释放，就同样延时 5 ~ 10ms，等待后沿抖动消失后再转入该键的处理程序。只有这样才能保证当按键一次时，单片机也仅进行一次相应处理。

2. 连击的处理

按键在一次被按下的过程中，其相应的程序被多次执行的现象（也就是像按键被多次按下一样），此现象就被称为连击。

在通常情况下，连击是不允许出现的，即按键一次仅响应一次。为达到此目的，一般的做法是：当判断出某键被按下时，就立刻转向去执行该按键相应的功能程序，然后在判断出按键被释放后才能返回。改变以上各步骤的顺序同样也是可以实现的，如当判断出某键被按下时，不立即转向去执行该按键的功能程序，而是等待判断出该按键被释放后，再转向去执行相应程序，然后返回。

7.1.3 键盘结构及扫描子程序

键盘可分为独立连接式和矩阵式两类，而在单片机系统中多采用非编码键盘。下面介绍非编码键盘的应用。

1. 独立式非编码键盘接口及处理程序

在实际的应用系统中，大部分均采用由较少几个按键组成的非编码键盘，也称其为独立式键盘或线性键盘，它与单片机的连接如图 7-1 所示。每一个键对应 P1 口的一个端口，每个按键是相互独立的。当某一个按键被按下时，该按键所连接的端口的电位也就由高电平变为低电平，当单片机来访问并查询所有连接按键的端口时，就可识别是哪一个按键被按下了。

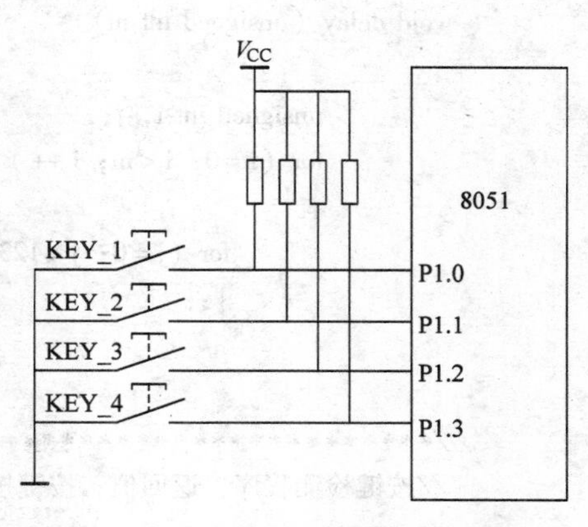

图 7-1　独立式键盘与单片机的连接

这种键盘结构的优点是电路连接简单，检测容易，缺点是当按键较多时，要占用较多的 I/O 端口。对于独立式键盘，因按键数量较少，其处理程序也十分简单。以图 7-1 为例的处理程序如下。

```
START:  ORL     P1，#0FH            ；输入口先置 1
        MOV     A，P1               ；读入键状态
        JNB     ACC.0，KEY_1        ；1 号键转 KEY_1 标号
        JNB     ACC.1，KEY_2        ；2 号键转 KEY_2 标号
        JNB     ACC.2，KEY_3        ；3 号键转 KEY_3 标号
        JNB     ACC.3，KEY_4        ；4 号键转 KEY_4 标号
        SJMP    START
KEY_1:  LJMP    PROG1
KEY_2:  LJMP    PROG2
KEY_3:  LJMP    PROG3
KEY_4:  LJMP    PROG4
PROG1:  …                           ；1 号键功能程序
        LJMP    START               ；1 号键执行完返回
PROG2:  …                           ；2 号键功能程序
        LJMP    START               ；2 号键执行完返回
```

```
PROG3:  …                    ; 3号键功能程序
        LJMP    START        ; 3号键执行完返回
PROG4:  …                    ; 4号键功能程序
        LJMP    START        ; 4号键执行完返回
```

具有去抖动及按键松手检测功能的C51程序如下。

```
/*****************************************************************/
//程序开始，功能：完成按键检测
/*****************************************************************/
#include < reg52. h >                                    //头文件包含
#include < intrins. h >                                  //头文件包含
#define uchar unsigned char                              //宏定义
/*****************************************************************/
//    delay (unsigned int ms); 延时程序带有输入参数
/*****************************************************************/
void delay (unsigned int m)
{
        unsigned int i, j;
        for (i=0; i<m; i++)
        {
            for (j=0; j<123; j++)
            {;}
        }
}
/*****************************************************************/
//按键检测程序，返回值：按键按下的端口值（低电平有效）
/*****************************************************************/
uchar key ()
{
        uchar keynum, temp;
        P1 = P1 | 0x0f;
        keynum = P1;
        if ( (keynum | 0xf0) = = 0xff)
            return (0);
        delay (10);
        keynum = P1;
        if ( (keynum | 0xf0) = = 0xff)
            return (0);
        while (1)
        {
            temp = P1;
            if ( (temp | 0xf0) = = 0xff)
                break;
        }
```

```
        return (keynum);
}
/****************************************************************/
//返回值的处理，判断是哪一个按键被按下
/****************************************************************/
void kpro (uchar k)
{
        if ( (k & 0x01) = = 0x00)
                //添加需要执行的功能
        if ( (k & 0x02) = = 0x00)
                //添加需要执行的功能
        if ( (k & 0x04) = = 0x00)
                //添加需要执行的功能
        if ( (k & 0x08) = = 0x00)
                //添加需要执行的功能
}
/****************************************************************/
//主函数
/****************************************************************/
void main ()
{
        uchar k;
        while (1)
        {
                k = key ();
                if (k ! = 0)
                    kpro (k);
                //添加需要执行的功能
        }
}
```

2. 矩阵式键盘接口及工作原理

当按键数量较多时，为了节省 I/O 端口及减少连接线，通常将按矩阵方式连接键盘电路。若每条行线与每条列线的交叉处通过一个按键来连通，则只需 N 条行线和 M 条列线，即可组成拥有 $N \times M$ 个按键的键盘。例如：要组成具有 16 个按键的键盘，就可将其按 4 ×4 的方式连接，即 4 条行线和 4 条列线，每条行线和每条列线交叉点处分别连接一个按键。矩阵键盘的连接形式如图 7-2 所示。

对于非编码键盘的矩阵结构键盘的检测，常用的按键识别方法有两种：一种是扫描法，另一种是线翻转法，通常采用扫描法。下面以扫描法为例介绍其按键识别的全过程。一般情况下，按键扫描程序都是以子程序的形式出现。以图 7-2 所示的 4 ×4 矩阵键盘扫描为例来具体说明扫描法的实现及子程序控制扫描的方式与步骤。

1）快速扫描判别是否有键被按下。通过行线送出扫描字 0000B，然后读入列线状态，假如读入的列线端口值全为 1，则说明没有按键被按下，反之则说明有键被按下。

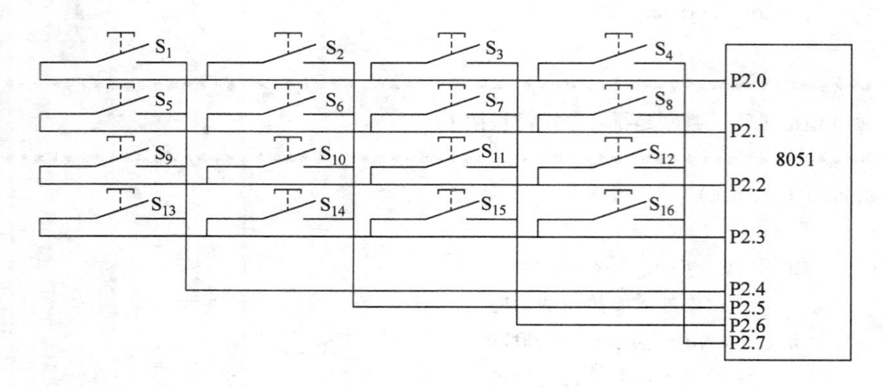

图 7-2　矩阵键盘的连接形式

2）调用延时（或者是执行其他任务来用做延时）去除抖动。在检测到有键被按下后，软件延时一段时间，然后再次检测按键的状态，这时若检测到仍有按键被按下，则可认为按键确实被按下了，否则，只能按照按键抖动来处理。

3）按键的键值处理。当有键被按下时，就可利用逐行扫描的方法来确定到底是哪一个按键被按下。先扫描第 1 行，即将第一行输出为低电平（0），然后再去读入列线的端口值，如果哪一列出现低电平（0），就说明该列与第一行跨接的按键被按下了。如果读入的列线端口值全为 1，就说明与第 1 行跨接的所有按键都没有被按下。接着就扫描第 2 行，依此类推，逐行扫描，直至找到被按下的按键为止，并根据事先的定义将按键的键值送入键值变量中保存。需要注意的是，在返回键盘的键值前还需要检测按键是否被释放，这样才可以避免连击现象的出现，保证每次按键只做一次处理。

4）返回按键的键值的处理。根据按键的编码值，就可以进行相应按键的功能处理。

具有去抖动及按键释放检测功能的 C51 程序代码如下。

```
/****************************************************************/
//按键函数扫描有键按下否（返回值不等于 0xff，说明有键被按下）
/****************************************************************/
uchar keysearch ( )
{
        uchar k;
        P2 = 0xf0;
        k = P2;
        k = ~k;
        k = k&0xf0;
        return k;
}
/****************************************************************/
//按键函数（返回值：等于 0xff，说明没有键被按下）
/****************************************************************/
uchar key ( )
```

```
{
        uchar a, c, kr, keynumb;
        a = keysearch ();
        if (a = =0)
            return 0xff;
        else
            delay (10);                    //延时去抖动
        a = keysearch ();
        if (a = =0)
            return 0xff;
        else
         {
            a = 0xfe;
            for (kr =0; kr <4; kr ++)
             {
                P2 = a;
                c = P2;
                if ( (c & 0x10) = =0) keynumb = kr + 0x00;
                if ( (c & 0x20) = =0) keynumb = kr + 0x04;
                if ( (c & 0x40) = =0) keynumb = kr + 0x08;
                if ( (c & 0x80) = =0) keynumb = kr + 0x0c;
                a = _crol_ (a, 1);         //循环左移函数，需要 intrins. h 头文件支持
            }
        }
        do {                               //按键释放检测
            a = keysearch ();
          } while (a! =0);
        return keynumb;                    //返回按键的编码键值
}
/*******************************************************************/
//按键的键值处理函数
/*******************************************************************/
void keybranch (uchar k)
{
        switch (k)
         {
            case 0x00 : //添加需要执行的功能; break;
            case 0x04 : //添加需要执行的功能; break;
            case 0x08 : //添加需要执行的功能; break;
            case 0x0c : //添加需要执行的功能; break;
            case 0x01 : //添加需要执行的功能; break;
            case 0x05 : //添加需要执行的功能; break;
            case 0x09 : //添加需要执行的功能; break;
```

```
        case 0x0d : //添加需要执行的功能; break;
        case 0x02 : //添加需要执行的功能; break;
        case 0x06 : //添加需要执行的功能; break;
        case 0x0a : //添加需要执行的功能; break;
        case 0x0e : //添加需要执行的功能; break;
        case 0x03 : //添加需要执行的功能; break;
        case 0x07 : //添加需要执行的功能; break;
        case 0x0b : //添加需要执行的功能; break;
        case 0x0f : //添加需要执行的功能; break;
        default: break;
    }
}
```

7.1.4 键盘接口扩展设计

当键盘的按键数量较多或单片机的 I/O 端口使用比较紧张时，就需要通过外部扩展来实现更多按键的键盘功能。通常可以通过 8155、8255 等并行接口芯片，或者通过单片机的串行口进行键盘的扩展，也可通过专用键盘、显示接口芯片（如 8279）进行键盘扩展等。

1. 8051 通过 8155 扩展键盘

图 7-3 所示为 8051 通过 8155 扩展的 4×8 键盘。经 8155 与单片机相连，键扫描子程序可以仿照 4×4 键盘的扫描方法来完成。

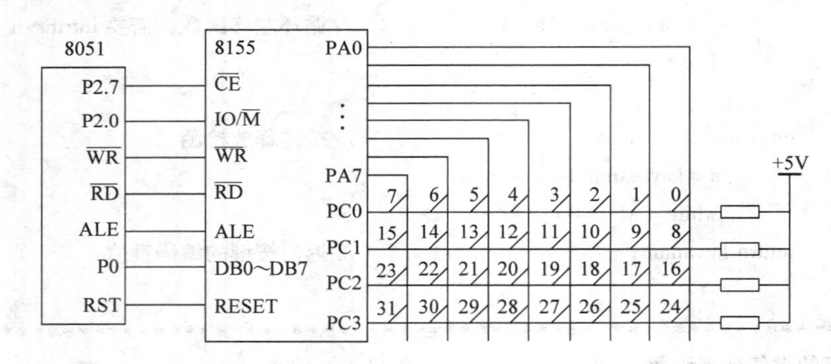

图 7-3　8051 通过 8155 扩展的 4×8 键盘

图中 8155 I/O 口的地址为 7F00H～7F05H，按键扫描子程序与图 7-2 的基本相同。

2. 8051 通过专用键盘、显示接口芯片 8279 扩展

在实际的单片机应用系统的设计中，开发者为了更有效地利用单片机的运行时间，总希望尽可能地减少单片机对按键的检测、管理所占用的时间，特别是在键盘规模较大的情况下更是如此。Intel 公司生产的通用可编程键盘和显示器接口芯片 8279 可以解决此问题。由于它本身可提供扫描信号，能自动识别键盘中按键按下时的键号及去除抖动的问题等，所以可以代替单片机完成键盘和显示器的控制，大大减轻应用系统中单片机的负担，提高系统单片机的工作效率。

8279 包括键盘输入和显示输出两个部分：一是键盘输入，这个部分提供的扫描方式，可以与具有 64 个按键的矩阵键盘相连，能自动消除按键抖动以及多个按键同时被按下的保护；二是显示部分，显示以扫描方式工作，可以显示 8 位或者 16 位 8 段 LED 数码管。

8279 采用 DIP40 引脚封装，以标准总线形式与 8051 连接。8279 键盘和显示器的工作方式由单片机通过编程将相应功能控制字写入 8279 来选择和实现。当需要显示时，只需将要显示的数据写入 8279 的相应显示缓冲器内即可。在中断方式下，当有键被按下（包括多键被按下）时，8279 经过识别和去抖动确认后，向单片机发出中断请求，单片机响应中断后可将按键的键值逐个读入，并进行相应的处理。

7.2　显示器及接口电路

在单片机应用系统中，对系统的工作状态和现场数据需要实时地监测和观察，常用于显示的显示器主要有 LED 发光二极管、LED 数码管和 LCD 液晶显示器。此类显示器成本低、功耗低、寿命长、安全可靠、配置灵活，与单片机连接也较为灵活、方便。在显示复杂、环境条件较好的场合也使用 CRT 显示器。

LED 显示信息可以分为状态显示和数据显示两种。状态显示可以由单只 LED 的亮和灭来反映其是否工作，极为方便；而数据显示则能显示 0 ~ 9 的数字或少量简单的字母，它通常使用的是 7 段 LED 数码管（8 字形）或 16 段 LED 数码管（米 8 复合形）。

7.2.1　LED 状态显示

在许多应用系统中，都需要在面板或操作台上指示设备的工作状态，使操作人员对设备的运行情况做到一目了然。用 LED 发光二极管作为状态显示器，具有电路简单、功耗低、寿命长、响应速度快等特点，并且 LED 发光二极管还有红、黄、绿等多种颜色可供选择。特别是 LED 的低功耗、寿命长特性，使它正在迅速的取代传统上由白炽灯指示的场合，如交通灯、信号灯等。

LED 状态显示的接口电路十分简单，主要分为高电平驱动和低电平驱动。当所用指示较少时，可直接利用单片机的 I/O 端口进行控制；当系统需要较多的 LED 指示时，就需通过并行接口来进行端口的扩展完成。图 7-4 是采用 P1 口实现 8 个发光二极管进行状态显示的电路图。

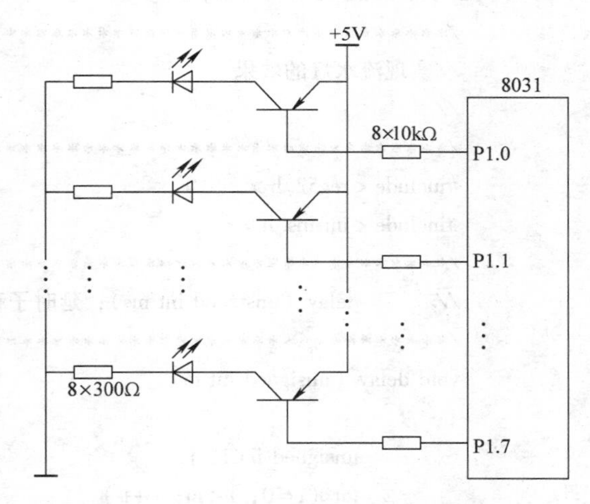

图 7-4　采用 P1 口实现 8 个发光二极管进行状态显示的电路图

在该电路中，改变限流电阻（300Ω）的阻值可调整发光二极管的亮度，当 P1 口的位线为低电平时，对应的晶体管（PNP）导通，则相应的 LED 被点亮。当对亮度要求不是太高时，也可不经晶体管驱动，将发光二极管直接连接在 P1 口的口线上，限流电阻可取 1kΩ 左右。如果经驱动电路连接的是节日彩灯，那么该电路由软件控制就可以实现流水彩灯效果，其实现的汇编程序清单如下。

```
ORG     0000H
START:  MOV     A, #01010101B       ; 流水灯效果
LOOP:   MOV     P1, A
        RL      A                   ; 流水灯方向
        ACALL   DELAY               ; 流水灯速度
        SJMPLOOP
DELAY:  MOV     R0, #250            ; 延迟约0.5s (6MHz)
LOOP0:  MOV     R1, #250
LOOP1:  NOP
        NOP
        DJNZ    R1, LOOP1
        DJNZ    R0, LOOP0
        RET
```

在这段汇编程序中，累加器A的初值决定着流水彩灯的运行效果，即彩灯是逐个被点亮、间隔一个亮、隔3个亮的流动，还是只有一个灯亮的流动等。指令RLA决定流水彩灯轮流点亮的顺序（循环左移），用RRA指令则实现相反的流动效果（循环右移）。延时子程序DELAY的延时时间决定流水彩灯流动的速度，延时时间长，流动速度就慢；反之，则流动速度就快。在应用中，可将各种流水的方式编制在程序中，以实现自动或手动变换以增加流水彩灯的流动效果。

实现同样功能的C51程序如下。

```
/**********************************************************************/
//实现流水灯的效果
//
/**********************************************************************/
#include <reg52.h>                          //头文件定义
#include <intrins.h>
/**********************************************************************/
//      delay (unsigned int ms); 延时子程序，带有输入参数m
/**********************************************************************/
void delay (unsigned int m)
{
        unsigned int i, j;
        for (i=0; i<m; i++)
          {
                for (j=0; j<123; j++)
                  {;}
          }
}
/**********************************************************************/
//主程序
/**********************************************************************/
void main ()
```

```
{
    unsigned char i, temp;
    temp = 0x55;                              //流水灯效果
    while (1)
     {
          P1 = temp;
          delay (500);                        //流水灯变化延时
          temp = _crol_ (temp, 1);            //循环左移函数，方向控制
     }
}
```

7.2.2 LED 数码显示

LED 数码管是由若干个发光二极管组成显示字段的显示元器件。在单片机应用系统中，通常使用 7 段 LED 数码管（加小数点）来显示。

1. LED 七段数码管结构及原理

七段 LED 数码管有共阴极和共阳极两种，如图 7-5a、b 所示。将发光二极管的阳极连在一起的称为共阳极数码管，将阴极连在一起的称为共阴极数码管。一位数码管由 8 个 LED 发光二极管组成，其中，7 个发光二极管 a ~ g 构成字型“8”的每个笔划，另一个发光二极管为小数点（dp）。当某段发光二极管加上一定的正向电压时，数码管的这段就被点亮；没有加电压的发光二极管依然处在熄灭的状态。为了保护数码管的各段不被烧坏，还应该使它工作在安全电流下，因此还必须串接电阻来限制流过各段的电流，使之处在良好的工作状态。

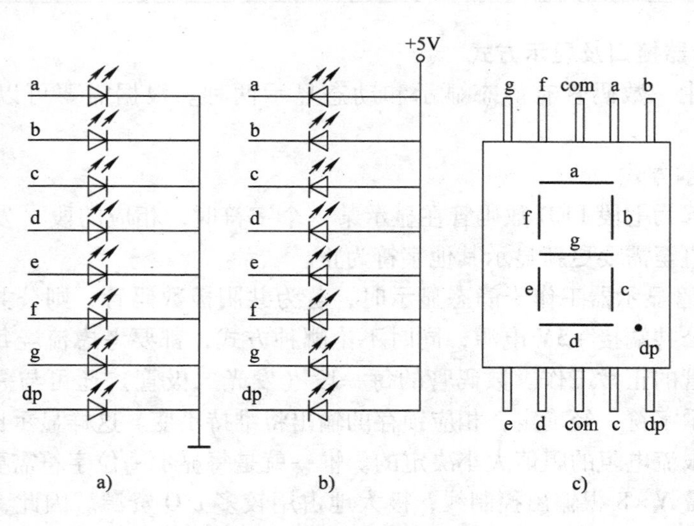

图 7-5　七段 LED 数码管

a）共阴极　b）共阳极　c）引脚分布

以公共极为共阳极的数码管为例，如图 7-5b 所示，将数码管公共阳极接电源，如果向各控制端 a、b、c、…、g、dp 依次送入 00000011 信号，该数码管中相应的段就被点亮了，可以看出数码管显示“0”字型。

在控制数码管上显示的各数字值数据，即加在数码管上的控制数码管各段的亮灭的二进制数据称为段码。显示各数码的共阴极和共阳极七段LED数码管所对应的段码见表7-1。需要说明的是，在表7-1中所列出的数码管的段码是相对的，它是由各段在字节中所处的位置决定的。例如，七段LED数码管段码是按格式dp，g，…，c，b，a而形成的，故对于“0”的段码为C0H（共阳型数码管）。但是如果将格式改为dp，a，b，c，…，g，那么“0”的段码就变为81H（共阳型数码管）。因此，数码管的段码可由开发者根据具体硬件的连接情况而自行确定，不必拘泥于表7-1中的形式。

表7-1　七段LED数码管的段码

显示数码	共阴极段码	共阳极段码	显示数码	共阴极段码	共阳极段码
0	3FH	C0H	A	77H	88H
1	06H	F9H	b	7CH	83H
2	5BH	A4H	c	39H	C6H
3	4FH	B0H	d	5EH	A1H
4	66H	99H	E	79H	86H
5	60H	92H	F	71H	8EH
6	70H	82H			
7	07H	F8H			
8	7FH	80H			
9	6FH	90H			

2. LED显示器接口及显示方式

在实际应用中，数码管有静态显示和动态显示两种。根据需要可以选择适当的显示方式。

（1）静态显示方式

静态显示方式为七段LED数码管在显示某一个字符时，相应的段（发光二极管）恒定的导通或截止，直至需要更新显示其他字符为止。

当LED数码管显示器工作于静态显示时，若为共阴极数码管，则公共端接地；若为共阳极数码管，则公共端接+5V电源，同时不论哪种方式，都要考虑流经每个段的电流的大小，以保护数码管的正常工作。数码管的每一段（发光二极管）还可与一个八位锁存器的输出口相连，显示字符一经确定，相应锁存的输出将维持不变。这样显示比较稳定。静态显示器的亮度是由限流电阻的阻值大小决定的。惟一就是每显示一位字符需要8根输出线。当N位显示时，则需$N \times 8$根输出控制线，极大地占用较多I/O资源。因此，在显示位数比较多的情况下，一般都采用动态显示方式。N位共阴极、共阳极静态显示电路的连接图如图7-6所示。动态显示方式的可直接按图7-7所示的I/O口线连接形式控制。

（2）动态显示方式

为了解决静态显示时占用I/O端口资源较多的问题，在多位显示时通常采用动态显示方式。动态显示是将所有数码管的对应相应段码连接在一起，由一个8位的输出口控制，每位数码管的公共端分别由一位I/O端口控制，以实现每个位的分时选通。N位动态显示连接图

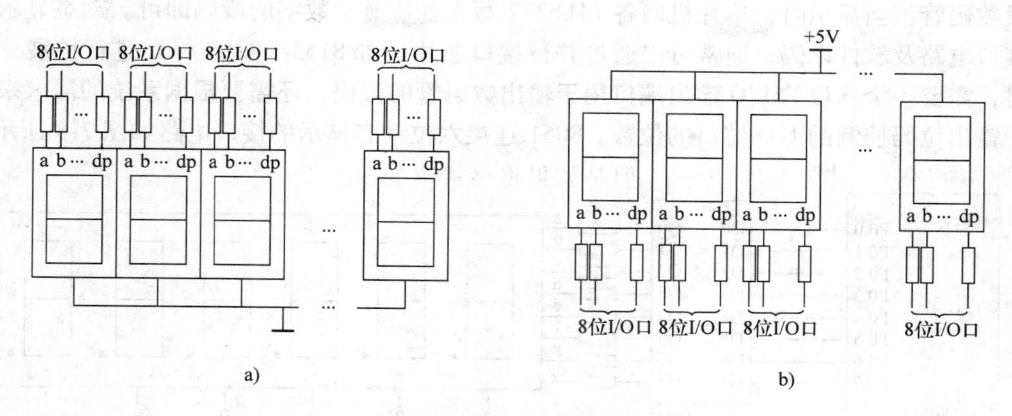

图 7-6　*N* 位共阴极、共阳极静态显示电路的连接图

a）共阴极　b）共阳极

如图 7-7 所示。可以看出，图中所有数码管的每一段都是由一个 I/O 端口控制，I/O 端口送出的段码将同时作用于所有数码管，所有的数码管将都显示相同的字符。如果每一位要显示不同的字符，就必须采取扫描的方法轮流选通每一位数码管，即某一时刻通过位选线只在某一位数码管送入选通电平，同时将段选线送入段码，以保证该位能够显示出相应字符。下一时刻，则将其相邻的数码管送入位选电平，同时送入欲显示的字符段码，依次循环，就可以使每位数码管分时显示不同的字符。考虑到人眼的视觉暂留现象和数码管的余辉，对动态扫描的频率有一定的要求。频率太低，数码管将出现闪烁现象；频率太高，由于每个数码管被点亮的时间太短，所以数码管的亮度太低，人眼无法看清。一般点亮时间取几个 ms 为宜，这就要求开发者在编写程序时，当选通某一位数码管时，使其点亮并保持一定的时间，程序上常采用的是调用延时子程序的方式。只要每位数码管显示的时间间隔不超过 20ms，并保持点亮一段时间（比如 2ms），给观察者的感觉就是每位数码管一直都在亮。

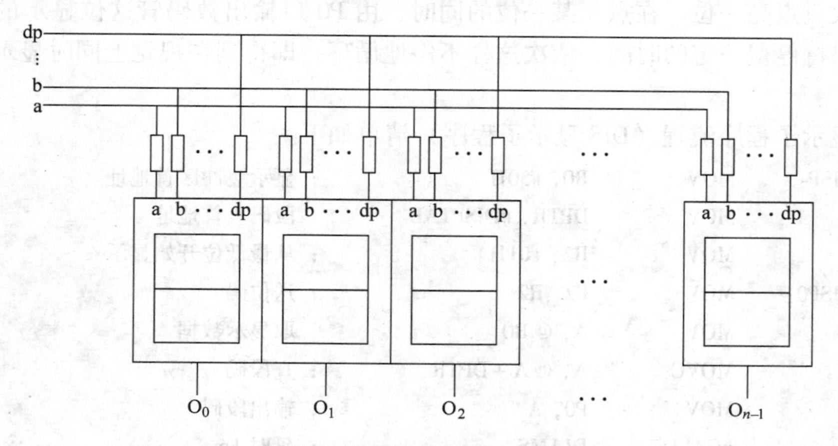

图 7-7　*N* 位动态显示连接图

7.2.3　七段 LED 数码管显示接口

静态显示方式的软件译码显示接口可参考图 7-6 所示的电路。每一片 8D 锁存器接一个

七段数码管，当显示时，单片机向各 74LS377 写入各位显示数字的段码即可。动态显示方式的接口电路及软件译码，通常可以通过并行接口芯片（如 8155、8255 等）进行扩展。当使用时，需要一个八位的 I/O 输出端口用于输出数码管的段码，还需要根据系统的需求来确定用于输出位码控制的 I/O 端口的位数。8051 连接六位动态显示的接口电路如图 7-8 所示。

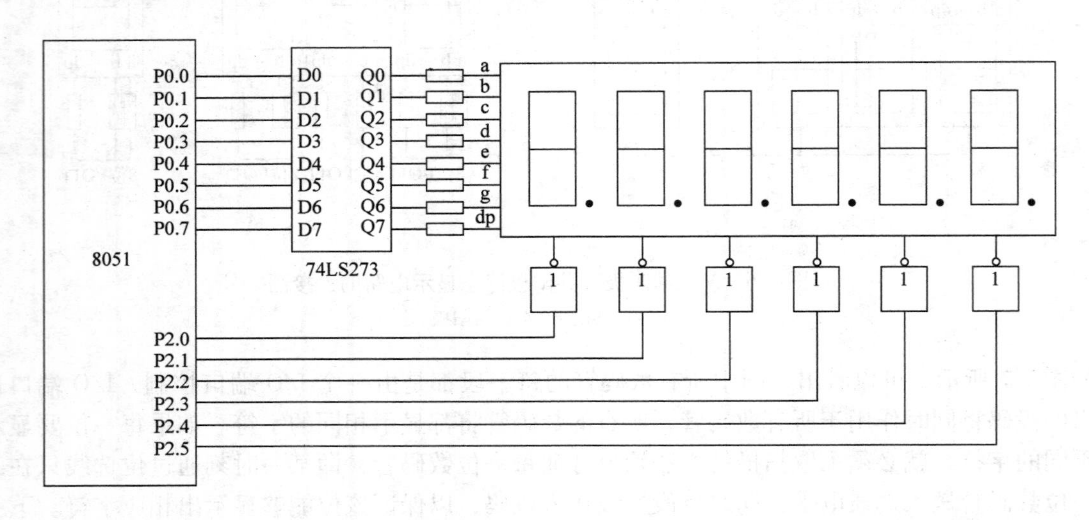

图 7-8　8051 连接六位动态显示的接口电路

在图 7-8 中的六位动态显示接口电路通过一片锁存器 74LS273 对地址进行锁存，如果 P0 口仅用于显示输出段码，而没有与其他外设进行数据交换，就可省略此锁存器 74LS273，直接或通过其他驱动电路驱动连接数码管。在程序设计时，需要在单片机的片内 RAM 中设置 6 个显示缓冲单元 50H ~ 55H，分别存放六位显示的数据，由 P0 口输出段码，P2.0 ~ P2.5 输出位码。在处理显示时，由程序控制使 P2.0 ~ P2.5 按顺序依次轮流输出高电平，对共阴数码管每次只点亮一位。在点亮某一位的同时，由 P0 口输出数码管这位显示的段码。每显示一位并保持停留一定的时间，依次这样不停地循环，即得到在视觉上同时显示稳定信息的效果。

扫描显示子程序流程（DIS 显示子程序）清单如下。

```
DISP:    MOV     R0, #50H          ; 显示缓冲区首地址
         MOV     DPTR, #DISPTAB    ; 段码表首地址
         MOV     R2, #01H          ; 从最低位开始显示
DISP0:   MOV     P2, R2            ; 送位码
         MOV     A, @R0            ; 取显示数据
         MOVC    A, @A+DPTR        ; 查段码
         MOV     P0, A             ; 输出段码
         LCALL   DL1MS             ; 延时 1ms
         INC     R0
         MOV     A, R2
         JB      ACC.5, DISP1      ; 6 位显示完毕?
         RL      A
```

```
        MOV         R2, A
        SJMP        DISP0
DISP1:  RET
DISPTAB: DB         3FH, 06H, 5BH, 4FH, 66H, 6DH
        DB          7DH, 07H, 7FH, 67H, 77H, 7CH
        DB          39H, 5EH, 79H, 71H
DL1MS:  MOV             R7, #02H
DL:     MOV             R6, #0FFH
DL1:    DJNZ            R6, DL1
        DJNZ            R7, DL
        RET
```

完成此功能的 C51 程序如下。

```
/**************************************************************/
//扫描显示六位数码管，显示信息为缓冲区的六个“0”
/**************************************************************/
#include <reg52.h>                                  //头文件定义
#include <intrins.h>
#define uchar unsigned char                         // 宏定义
uchar codeTab [ ] = {0x3f, 0x06, 0x5b, 0x4f, 0x66, 0x6d, 0x7d, 0x07, 0x7f, 0x6f,
0x77, 0x7c, 0x39, 0x5e, 0x79, 0x71};
uchar disp_buffer [ ] = {0, 0, 0, 0, 0, 0};         //显示缓冲区
/**************************************************************/
//延时子程序，带有输入参数 m
/**************************************************************/
void delay (unsigned int m)
{
        unsigned int i, j;
        for (i=0; i<m; i++)
         {
                for (j=0; j<123; j++)
                 {;}
         }
}
/**************************************************************/
//显示子程序
/**************************************************************/
void display ()
{
        uchar i, temp;
        temp = 0x01;
        for (i=0; i<6; i++)
        {
                P2 = temp;                          //位选
```

```
            P0 = lab [disp_buffer [i]];                //送显示段码
            delay (2);
            P0 = 0x00;                                 //消隐
            temp = _crol_ (temp, 1);
        }
}
/***********************************************************************/
//主函数
/***********************************************************************/
void main ()
{
        while (1)
        {
            display ();
        }
}
```

动态显示方式节省了单片机 I/O 端口资源，但要求单片机必须不停地对其扫描，否则就不能正常显示，因而占用了单片机的大量时间，对此可选用 Intel 公司的专用键盘、显示接口芯片 8279 来解决这一问题。

7.2.4 LCD 液晶显示器接口

LCD 液晶显示器是一种被动显示器，以其微功耗、体积小、抗干扰能力强、显示内容丰富等优点，在仪器仪表和低功耗应用系统中得到越来越广泛的应用。

LCD 本身不发光，只是调节光的亮度，目前都是利用液晶的扭曲—向列效应制成的，是一种电场效应。液晶显示的原理是液晶在电场的作用下，液晶分子的排列方式发生了改变，从而使其光学性质发生变化，显示图形。由于液晶分子在长时间的单向电流作用下容易发生电解，所以液晶的驱动不能用直流电，但是液晶在高频交流电作用下也不能很好地显示，故一般液晶的驱动采用 125 ~ 150Hz 的方波。

液晶显示器从显示的形式上可分为段式、点阵字符式和点阵图形式。

LCD 七段显示器除了段极引脚 a ~ g 外，还有一个公共引脚 COM，它可以静态方式驱动(加直流信号)，也可以动态方式驱动（加交流信号）。由于直流信号将会使 LCD 的寿命减少，所以通常采用动态驱动方式。为了显示方便，可采用硬件译码，Motorola 公司生产的 MC14543 芯片是一种常用的 LCD 锁存/译码/驱动电路，使用十分简单。

点阵字符型液晶显示器是指显示的基本单元是由一定数量的点阵组成，可以显示数字、字母、符号等。由于 LCD 的控制必须使用专用的驱动电路，而且 LCD 面板的接线需要特殊方式，一般这类显示器需要将 LCD 面板、驱动器与控制电路组合在一起制作成一个 LCD 液晶显示模块（LCM）。

LCM 的种类很多。LCM 通常由控制器 HD44780、驱动器 HD44100 及必要的电阻电容组成。对于编程人员来讲，只要掌握控制器的指令，就可以为 LCD 模块正确编程。下面以常用的 LCD 1602 模块为例进行介绍。

1. LCD 1602 简介

LCD 1602 液晶模块是两行 16 个字符、用 5×7 点阵图形来显示字符的液晶显示器，属于 16 字×2 行类型。内部具有字符发生器 ROM（Character-Generator ROM，CG ROM），可显示 192 种字符（160 个 5×7 点阵字符和 5×10 点阵字符）。具有 64B 的自定义字符 RAM（Character-Generator RAM，CG RAM），可以定义 8 个 5×8 点阵字符或 4 个 5×11 点阵字符。具有 64B 的数据显示 RAM（Data-Display RAM，DD RAM），可供进行显示编程时使用。图 7-9 所示为一般字符型 LCD 模块的外形尺寸。

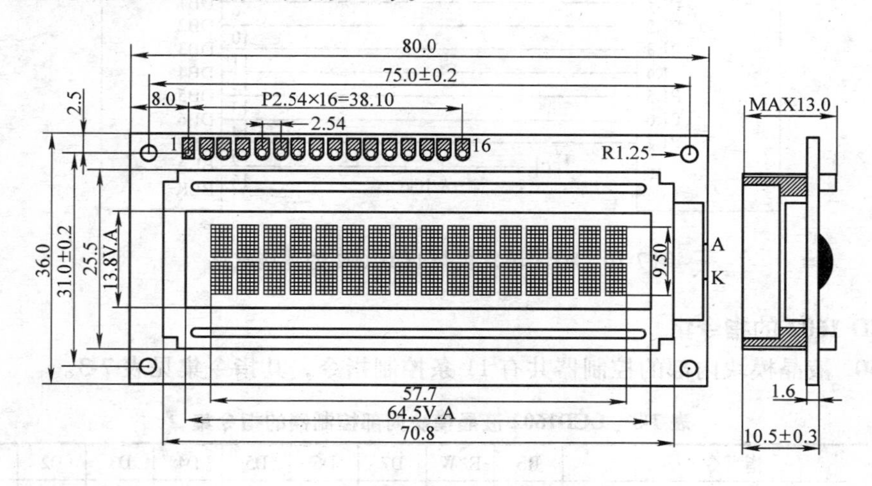

图 7-9　一般字符型 LCD 模块的外形尺寸

LCD1602 模块的引脚按功能可划分为 3 类，即数据类、电源类和编程控制类。引脚 7～14 为数据线。当选择直接控制方式时需用 8 根数据线；当选用间接控制时，只用 D4～D7 高 4 位数据线。LCD1602 模块的引脚功能见表 7-2。

表 7-2　LCD1602 模块的引脚功能表

引　脚	符　号	引脚说明	引　脚	符　号	引脚说明
1	VSS	电源地	9	D2	Data I/O
2	VDD	电源正极	10	D3	Data I/O
3	V0	LCD 偏压输入	11	D4	Data I/O
4	RS	数据/命令选择端（H/L）	12	D5	Data I/O
5	R/W	读写控制信号（H/L）	13	D6	Data I/O
6	E	使能信号	14	D7	Data I/O
7	D0	Data I/O	15	BLK	背光源负极
8	D1	Data I/O	16	BLA	背光源正极

2. LCD 1602 与 8051 单片机的连接

LCD1602 与单片机的连接有两种方式，一种是直接控制方式，另一种是间接控制方式。它们的区别在于数据线的数量不同。间接控制方式比直接控制方式少用了 4 根数据线，这样可以节省单片机的 I/O 端口，但数据传输稍微复杂。这里采用直接控制方式完成对 LCD1602

的使用。8051 单片机与 LCD1602 的连接电路如图 7-10 所示。

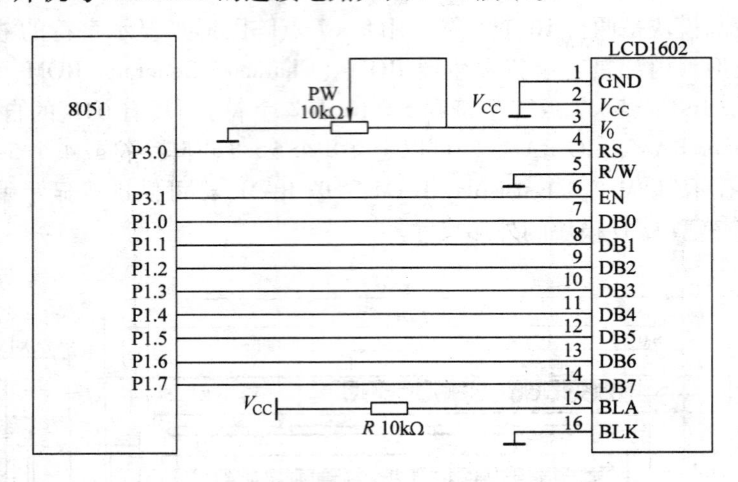

图 7-10　8051 单片机与 LCD1602 的连接电路

3. LCD 1602 的指令集

LCD1602 液晶模块内部的控制器共有 11 条控制指令，其指令集见表 7-3。

表 7-3　LCD1602 液晶模块内部控制器的指令集

序号	指　令	RS	R/W	D7	D6	D5	D4	D3	D2	D1	D0
1	清显示	0	0	0	0	0	0	0	0	0	1
2	光标返回	0	0	0	0	0	0	0	0	1	*
3	置输入模式	0	0	0	0	0	0	0	1	I/D	S
4	显示开/关控制	0	0	0	0	0	0	1	D	C	B
5	光标或字符移位	0	0	0	0	0	1	S/C	R/L	*	*
6	置功能	0	0	0	0	1	DL	N	F	*	*
7	置字符发生存储器 CGRAM 地址	0	0	0	1	字符发生存储器地址					
8	置数据存储器 DDRAM 地址	0	0	1	显示数据存储器地址						
9	读忙标志或地址	0	1	BF	计数器地址						
10	写数到 CGRAM 或 DDRAM	1	0	要写的数据内容							
11	从 CGRAM 或 DDRAM 读数	1	1	读出的数据内容							

注：* 表示可以取任意值。

LCD1602 液晶模块的读写操作、屏幕和光标的操作都是通过指令编程来实现的。（说明：1 为高电平、0 为低电平）。

对各指令的功能说明如下。

指令 1：清显示，指令码 01H，光标复位到地址 00H 位置。

指令 2：光标复位，光标返回到地址 00H。

指令 3：光标和显示模式设置。I/D：光标移动方向，高电平右移，低电平左移。S：屏幕上所有文字是否左移或者右移。高电平表示有效，低电平则无效。

指令 4：显示开关控制。D：控制整体显示的开与关，高电平表示开显示，低电平表示关显示。C：控制光标的开与关，高电平表示有光标，低电平表示无光标。B：控制光标是否闪烁，高电平表示闪烁，低电平表示不闪烁。

指令5：光标或显示移位。S/C：高电平时移动显示的文字，低电平时移动光标。

指令6：功能设置命令。DL：高电平时为8位总线，低电平时为4位总线。N：低电平时为单行显示，高电平时双行显示。F：低电平时显示5×7的点阵字符，高电平时显示5×10的点阵字符。

指令7：字符发生器RAM地址设置。

指令8：DDRAM地址设置。

指令9：读忙信号和光标地址。BF为忙标志位。高电平表示忙，此时模块不能接收命令或者数据；若为低电平，则表示不忙。

指令10：写数据。

指令11：读数据。

4. LCD 1602的应用编程

从LCD1602指令集中可以看出，在编程时主要是向它发送指令、写入或读出数据。读写操作的基本时序见表7-4。

表7-4　读写操作的基本时序表

读状态	输入	RS = L，R/W = H，E = H	输出	D0 ~ D7 = 状态字
写指令	输入	RS = L，R/W = L，D0—D7 = 指令码，E = 高脉冲	输出	无
读数据	输入	RS = H，R/W = H，E = H	输出	D0 ~ D7 = 数据
写数据	输入	RS = H，R/W = L，D0—D7 = 数据，E = 高脉冲	输出	无

在应用编程时，首先要对LCD1602初始化，初始化的内容可根据显示的需要选用上述的指令。在初始化完成后，指定显示位置。当要显示字符时，首先输入显示字符的地址，也就是要显示的位置，第1行第1列的地址是00H+80H。这是因为当写入显示地址时要求最高位D7恒为1，所以，实际写入的数据为内部显示地址加上80H。然后将显示的数据写入，就会在指定的位置显示写入的数据。LCD1602内部显示地址如图7-11所示。

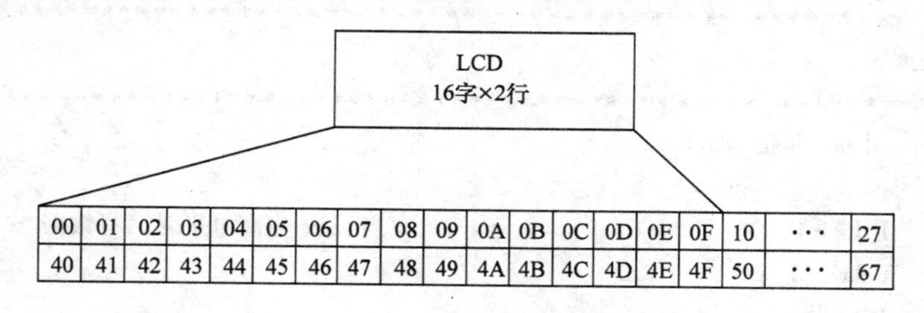

图7-11　LCD1602内部显示地址

液晶显示模块是一个慢显示元器件，故在执行每条指令之前一定要先读忙标志。当模块的忙标志为低电平时，表示不忙，这时输入的指令有效，否则此指令无效。也可以采用写入指令后延时一段时间的方法，也能起到同样的效果。其硬件连接如图7-10所示。若实现在液晶显示器的第一行显示“Welcome to use”，第二行显示“2011-11-11”，则C51程序如下。

```
/***************************************************************/
//LCD1602时钟测试程序
```

```
/********************************************************************/
#include <reg52.h>                          //头文件
#define uchar unsigned char                 //宏定义
#define uint unsigned int
sbit lcden = P3^1;                          //端口定义
sbit lcdrs = P3^0;
/********************************************************************/
//延时函数
/********************************************************************/
void delay (uint x)
{
        uint i, j;
        for (i=0; i<x; i++)
            for (j=0; j<120; j++);
}
/********************************************************************/
//写指令
/********************************************************************/
void write_com (uchar com)
{
        lcdrs=0;                            //当 lcdrs 为低电平时，写命令
        delay (1);
        P0=com;
        lcden=1;
        delay (1);
        lcden=0;
}
/********************************************************************/
//写数据
/********************************************************************/
void write_data (uchar dat)
{
        lcdrs=1;                            //当 lcdrs 为高电平时，写数据
        delay (1);
        P0=dat;
        lcden=1;
        delay (1);
        lcden=0;
}
/********************************************************************/
//初始化
/********************************************************************/
void init ()
```

```
{
        lcden = 0;
        write_com (0x38);                   //显示模式设定
        write_com (0x0f);                   //开关显示、光标有无设置、光标闪烁设置
        write_com (0x06);                   //写一个字符后指针加1
        write_com (0x01);                   //清屏指令
}
/************************************************************************/
//写连续字符函数
/************************************************************************/
void write_word (uchar *s)
{
        while (*s>0)
         {
            write_data (*s);
            s++;
         }
}
/************************************************************************/
//主函数
/************************************************************************/
void main ()
{
        uchar i;
        init ();
        while (1)
         {
            write_com (0x80+0x01);          //设置指针地址为第一行第二个位置
            write_word (" Welcome to use");
            write_com (0x80+0x43);          //设置指针地址为第二行第一个位置
            write_word (" 2011-11-11");
         }
}
```

7.3 A/D、D/A 转换器与单片机的接口

在单片机应用领域中，特别是在实时控制系统中，常常需要把外界连续变化的物理量（如温度、压力、湿度、流量、速度等）变成数字量送入单片机内进行加工和处理。而单片机输出的数字量（控制信号）需要转换成控制设备所能接受的连续变化的模拟量。在实际应用系统中，通常利用传感器将被控对象的物理量转换成易传输、易处理的连续变化的电信号，然后再将其转换成单片机能接受的数字信号，这种转换称为模数转换，完成此功能的元器件称为模/数（A/D）转换器。而将单片机输出的数字信号转换为模拟信号，称为数/模转换，完成此功

能的元器件称为数/模（D/A）转换器。图 7-12 为典型单片机闭环控制的应用系统框图。

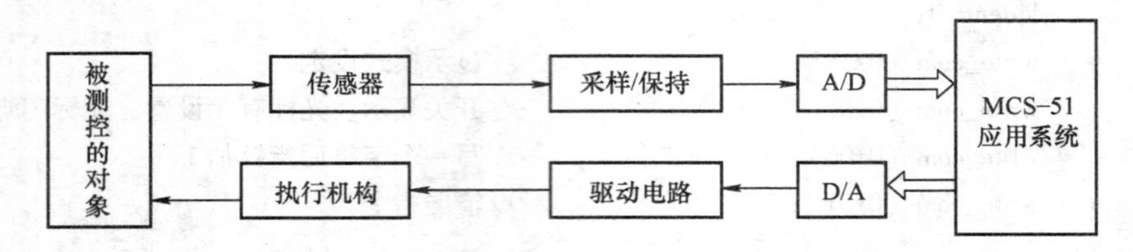

图 7-12　典型单片机闭环控制的应用系统框图

在图 7-12 中，采样/保持部分是为避免模/数转换器的输出产生误差而加入的。因为模/数转换器完成一次转换需要一定的时间，在这段时间之内希望模/数转换器的输入端电压保持不变，加入采样/保持电路后，可使模/数转换器的输入端电压保持不变，从而大大提高数据采集系统的有效采集频率。

模/数（A/D）和数/模（D/A）转换技术是数字测量和数字控制领域中的一个分支，已有很多专门介绍其原理和技术的论著，半导体厂家也推出了各种型号的商品化的 A/D、D/A 转换电路芯片。对于应用系统的开发者，只需按照设计要求合理地选用商品化的 A/D、D/A 转换器，了解它们的功能和接口方法并正确地使用即可。因此，本节从应用方面，介绍典型的 A/D、D/A 转换器原理、与 51 单片机的接口及其相应的程序设计。

7.3.1　D/A 转换器

在测控系统中，D/A 转换器将单片机发出的数字量控制信号转换成模拟信号，用于控制或驱动外部执行电路。

1. D/A 转换器的基本原理

数/模（D/A）转换器的基本功能就是将输入的用二进制表示的数字量转换成相对应的模拟量输出。实现这种转换的基本方法是将相应的二进制数的每一位，产生一个相应的电压（或电流），而这个电压（或电流）的大小正比于相应的二进制的权。图 7-13 所示就是一种加权网络 D/A 转换器的简化原理图。

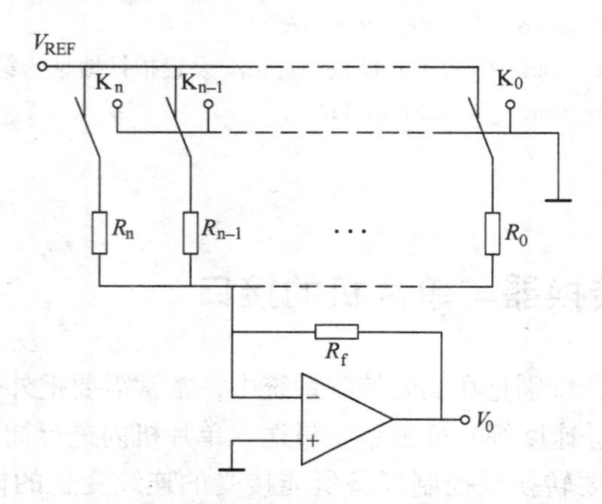

图 7-13　加权网络 D/A 转换器的简化原理图

在图 7-13 中，K0、K1、…、Kn－1、Kn 是一组由数字输入量的第 0 位、第 1 位、…、

第 n-1 位、第 n 位（最高位）来控制的电子开关。当相应位为“1”时，开关接向左面（VREF）；当相应位为“0”时，开关接向右面（地）。VREF 为高精度参考电压源。R_f 为运算放大器的反馈电阻。R_0、R_1、…、R_{n-1}、R_n 称为“权”电阻，取值为 R、2R、4R、8R、…、2n－1R、2nR。运算放大器的输出（也就是反相加法运算）为

$$V_0 = -V_{REF}R_f\sum_{i=0}^{n}\frac{D_i}{R_i} = -V_{REF}R_f\left(\frac{D_0}{R_0}+\frac{D_1}{R_1}+\frac{D_2}{R_2}+\cdots+\frac{D_n}{R_n}\right)$$

$$= -\frac{R_f}{R}V_{REF}\left(D_0+\frac{D_1}{2}+\frac{D_2}{4}+\frac{D_3}{8}+\cdots+\frac{D_n}{2^n}\right)$$

当 R、R_f 和 V_{REF} 一定时，其输出量取决于二进制数的值。但是，在芯片生产时要保证各加权电阻的倍数关系比较困难，因此，在实际应用中大多采用如图 7-14 所示的 T 形网络（也称为 R-$2R$）D/A 转换器原理图的方式。T 形网络中仅有 R 与 $2R$ 两种电阻，制造简单方便，同时还可以将反馈电阻也做在同一块集成芯片中，并且使 $R_f = R$，此时满足此条件的输出电压关系式为

$$V_0 = -V_{REF}\sum_{i=0}^{n}\frac{D_i}{2^n}$$

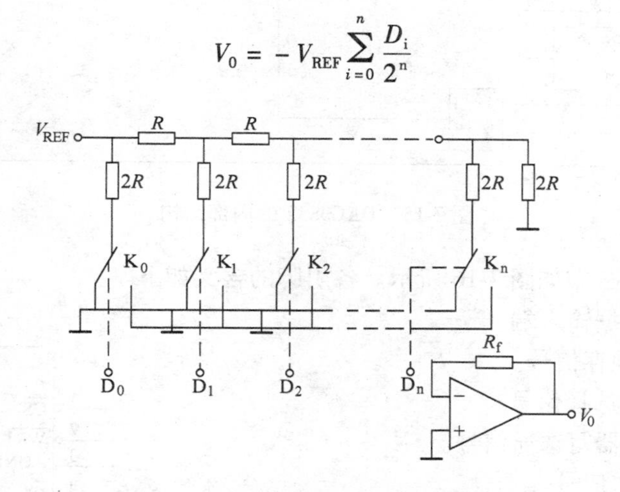

图 7-14　R-$2R$ 电阻网络 D/A 转换器原理图

2. D/A 转换器的主要参数

数/模（D/A）转换器的主要参数如下。

1）分辨率。这是数/模（D/A）转换器能够转换的二进制的位数。位数越多，分辨率也越高，一般为 8 位、10 位、12 位、16 位等。当分辨率的位数为 8 位时，如果转换后电压的满量程为 5V，那么它输出的可分辨出的最小电压就为 5V/255≈20mV。

2）建立时间。这是 D/A 转换的速率快慢的一个重要参数。一般是指在输入数字量变化后，输出的模拟量稳定到相应数值范围所需要的时间，一般在几十 ns～几 μs。

3）线性度。这是 D/A 转换模拟输出偏离理想输出的最大值。

4）输出电平。它有电流型和电压型两种。电流型输出电流在几 mA 到几十 mA；电压一般在 5～10V 之间，有的高电压型可达 24～30V。

3. 集成 D/A 转换器举例——DAC0832

（1）DAC0832 的内部结构及引脚分布

DAC0832 是 8 位 D/A 转换器，它采用先进的 CMOS 工艺制造，采用单片双列直插式封装。转换速度为 1μs，可直接与单片机连接。DAC0832 的内部结构如图 7-15 所示，片内有 *R*-2*R* 电阻的 T 型网络，用以对参考电压提供的两条回路分别产生两个输出电流信号 IOUT1 和 IOUT2。DAC0832 采用 8 位 DAC 寄存器两次缓冲方式，这样可以在 D/A 输出的同时，送入下一个数据，以便提高转换速度；也可以实现多片 D/A 转换器的同步输出。每个输入的数据为 8 位，可以直接与单片机 8 位数据总线相连接，控制逻辑为 TTL 电平。

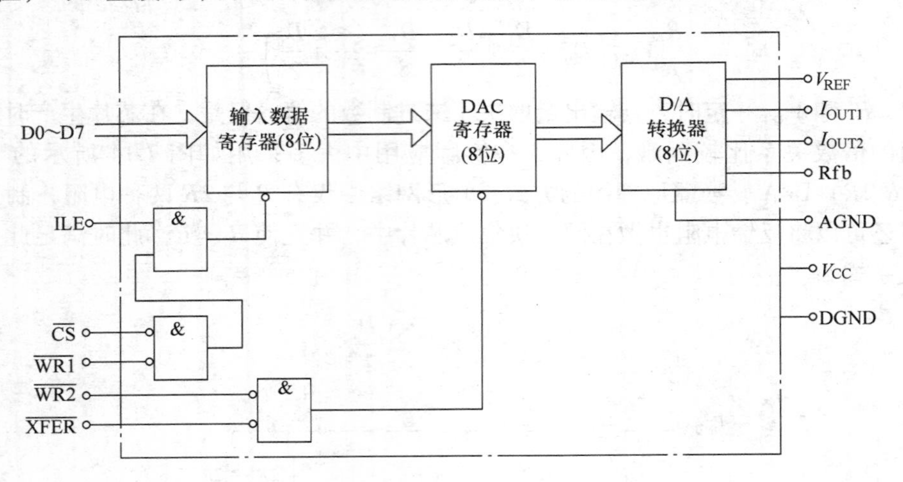

图 7-15　DAC0832 的内部结构

DAC0832 的引脚分布如图 7-16 所示。各引脚的含义如下。

D0 ~ D7：8 位数据输入端。

ILE：数据允许锁存信号。

$\overline{\text{CS}}$：输入寄存器选择信号。

$\overline{\text{WR1}}$：输入寄存器写选通信号。

$\overline{\text{XFER}}$：数据传送信号。

$\overline{\text{WR2}}$：DAC 寄存器的写选通信号。

V_{REF}：基准电源输入端。

R_{fb}：反馈信号输入端。

I_{OUT1}：电流输出 1。

I_{OUT2}：电流输出 2。

V_{CC}：电源输入端。

AGND：模拟地。

DGND：数字地。

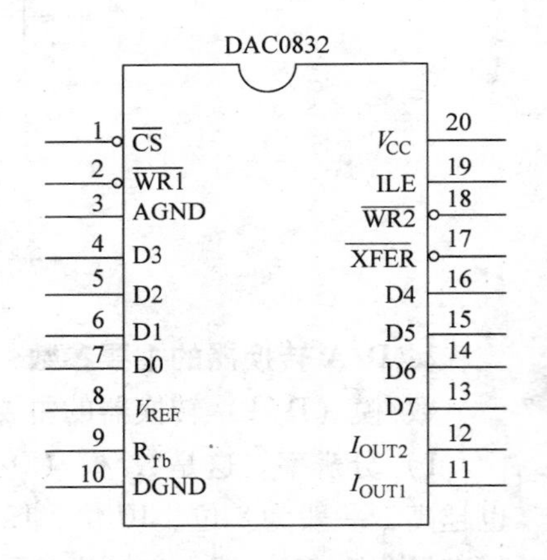

图 7-16　DAC0832 的引脚分布

（2）DAC0832 与 MCS-51 的接口

DAC0832 是电流输出型 D/A 转换器。当 D/A 转换结果需要电压输出时，可在 DAC0832 的 I_{OUT1}、I_{OUT2} 输出端连接一块运算放大器，将电流信号转换成电压信号输出（I/V 转换）。DAC0832 内有两个缓冲器，可工作在直通、单缓冲器和双缓冲器 3 种工作方式。这 3 种工作方式如下。

1）直通工作方式。可将$\overline{CS}$、$\overline{WR1}$、$\overline{WR2}$、及$\overline{XFER}$引脚都直接接地，ILE 引脚接高电平，芯片处于直通状态，这时 8 位数字量只要输入到输入端，就立即进行 D/A 转换。在这种方式中，DAC0832 不能直接与单片机数据总线相连接。一般很少采用此方式。

2）单缓冲器工作方式。对输入寄存器的信号和 DAC 寄存器的信号同时控制，使一个工作于受控锁存状态，另一个工作在直通状态。一般是使 DAC 寄存器处于直通状态，或者可以将两个寄存器的控制信号并接，使之同时选通。单缓冲工作方式适用于只有一路模拟输出或多路模拟量不需要同步输出的系统。

3）双缓冲器工作方式。输入寄存器的信号和 DAC 寄存器的信号分开控制，要进行两步写操作，先将数据写入输入寄存器，再将输入寄存器的内容写入 DAC 寄存器，并开始启动转换。这种方式一般应用于多个模拟量需同步输出的系统。输出电压可为单极性输出，也可为双极性输出。DAC0832 工作于单极性单缓冲器方式与 8051 的连接图如图 7-17 所示。

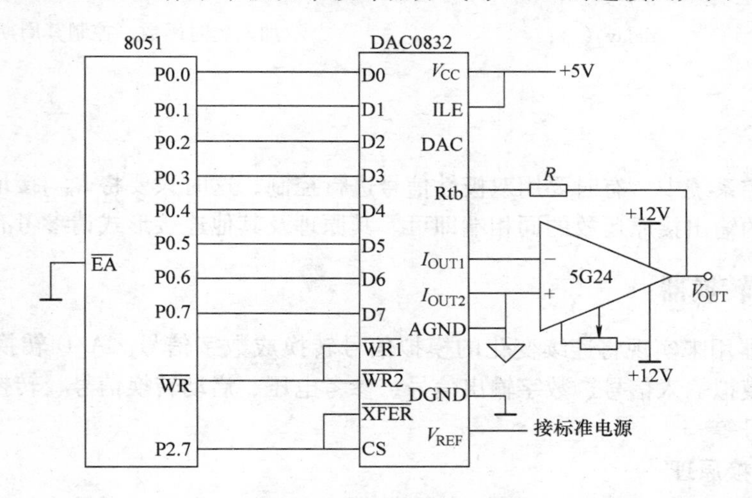

图 7-17　DAC0832 工作于单极性单缓冲器方式与 8051 的连接图

在图 7-17 中，将 V_{CC} 和 ILE 并接于 +5V，$\overline{WR1}$、$\overline{WR2}$并接于 8051 的$\overline{WR}$引脚，$\overline{CS}$和$\overline{XFER}$并接于 8051 的 P2.7（线选）。这样 DAC0832 的地址为 7FFFH。单片机对 DAC0832 执行一次写操作，则把数字量直接写入 DAC 寄存器，模拟输出随之变化。DAC0832 的输出经运放转换成电压输出 V_{OUT}。V_{REF}接标准电源，当 V_{REF} 接 +10V 或 −10V 时，V_{OUT} 为 0 ~ +10V 或 0 ~ −10V；当 V_{REF} 接 +5V 时，V_{OUT} 为 0 ~ +5V 或 0 ~ −5V。

当 8051 执行下面的程序时，将在运算放大器的输出端得到一个锯齿波电压信号。

```
START：MOV    DPTR，#7FFFH；指向 DAC0832 口地址
MOV    A，#00H；转化数字初始值
LOOP：MOVX    @DPTR，A；写数据到 0832，启动转换
INC    A；转换数字量加 1
AJMP    LOOP
```

锯齿波的周期取决于指令执行的时间，相同功能的 C51 程序如下。

```
/*************************************************************************
//程序功能：连续访问外部 DAC 寄存器，产生锯齿波
/*************************************************************************/
```

```
#include <reg52. h>                          //头文件包含
#include <absacc. h>
/*****************************************************************
//主函数
/ ***************************************************************/
void main ()
{
        unsigned char a =0;                  //控制波形累加深度
        while (1)
         {
              XBYTE [0x7FFF] =a;
              a ++;
              delay ( );                     //加入延时函数，控制其周期


         }
}
```

在实际测控系统中，有时要用双极性信号进行控制，这时只要将 I_{OUT2} 接地改为接入一个运放，该运放的输出接原运放的同相端即可。其原理及其他连接形式请参考有关书籍。

7.3.2 A/D 转换器

A/D 转换器用来实现将连续变化的模拟信号转换成数字信号。A/D 转换器通常包括的控制信号有：模拟输入信号、数字输出信号、参考电压、启动转换信号、转换结束信号、数据输出允许信号等。

1. A/D 转换原理

根据 A/D 转换器的原理，可以将 A/D 转换器分成两大类：一类是直接型 A/D 转换器，其输入的模拟电压被直接转换成数字代码，不经任何中间变量；另一类是间接型 A/D 转换器，在工作过程中，首先把输入的模拟电压转换成某种中间变量（时间、频率、脉冲宽度等），然后再把这个中间变量转换为数字代码输出。

A/D 转换器的种类有很多，但目前应用较广泛的主要有逐次逼近式 A/D 转换器（直接型）、双积分式 A/D 转换器、计数式 A/D 转化器和 V/F 变换式 A/D 转换器（间接型）等。

（1）逐次逼近式 A/D 转换器

逐次逼近式 A/D 转换器是一种转换速度较快、精度较高的转换器，外围元器件较少，是使用较多的一种 A/D 转换电路，但其抗干扰能力较差。一般逐次逼近式 A/D 转换器转换时间大约在几 μs 到几百 μs 之间。

逐次逼近式 A/D 转换器的原理图如图 7-18 所示。这种转换方法是用一系列的基准电压与输入电压进行比较，以逐位确定转换后数据的位是 1 还是 0，确定次序是从高位到低位进行。它由电压比较器、D/A 转换器、控制逻辑电路、逐次逼近寄存器和输出缓冲寄存器组成。

在启动逐次逼近式转换时，首先取第一个基准电压为最大允许电压的 1/2，与输入电压相比较，如果比较器输出为低，就说明输入信号电压大于 0、小于最大值的 1/2，将最高位清 0；反之，如果比较器输出为高，就将最高位置 1。然后根据最高位的值为 0 或 1，取第二

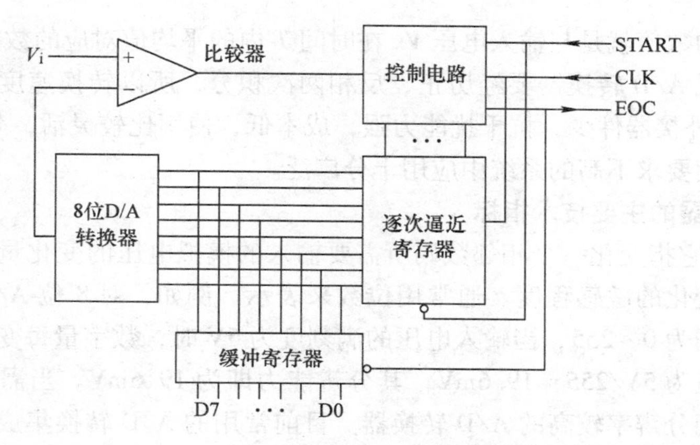

图 7-18　逐次逼近式 A/D 转换器的原理图

个基准电压值为第一个基准电压值减去或者加上最大允许电压的 1/4，再继续和输入信号电压进行比较，大于基准电压值，次高位置 1；小于基准电压值，次高位清 0。依次进行比较，经过多次比较后，就可以使基准电压逐渐逼近输入电压的大小，最终使基准电压和输入电压的误差最小，同时由多次比较也确定了各个位的值。逐次逼近法也称为二分搜索法。

（2）双积分式 A/D 转换器

双积分式 A/D 转换器的工作原理是将模拟电压转换成积分时间，然后用数字脉冲计时的方法转换成计数脉冲数，最后将代表模拟输入电压大小的脉冲数转换成所对应的二进制或 BCD 码输出。它是一种间接的 A/D 转换技术。双积分式 A/D 转换器是由电子开关、积分器、比较器、计数器和控制逻辑等部件组成，如图 7-19a 所示。

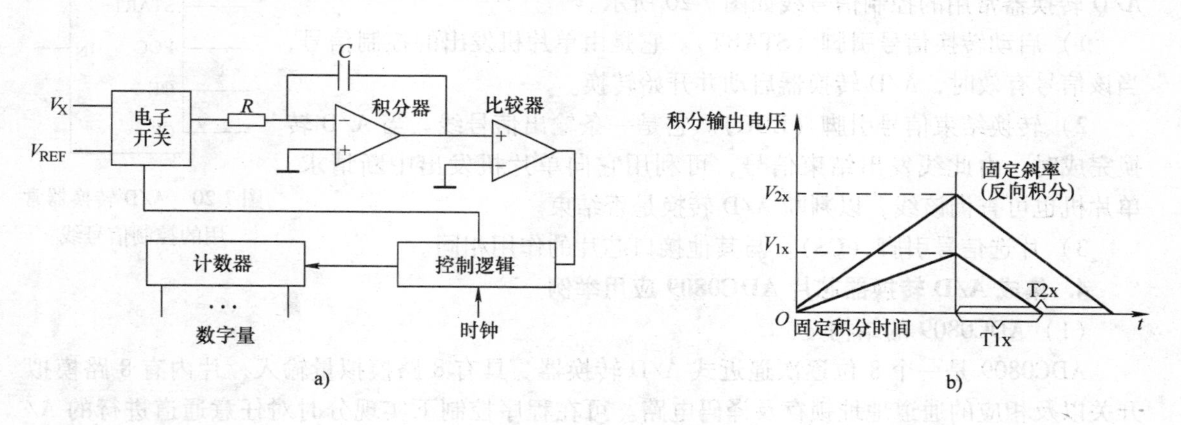

图 7-19　双积分式 A/D 转换器原理图

a）原理框图　b）输出波形图

在需要进行一次 A/D 转换时，开关先把 Vx 采样输入到积分器中，积分器从零开始进行固定时间 T 的正向积分，时间 T 到后，开关将与 Vx 极性相反的基准电压 V_{REF} 输入到积分器中进行反相积分，到输出为 0V 时停止反相积分。

由图 7-19b 所示的双积分式 A/D 转换器的输出波形可以看出：在反相积分时，积分器的斜率是固定的，Vx 越大，积分器的输出电压也越大，反相积分时间越长。计数器在反相积分时间内所计的数值就是与输入电压 Vx 在时间 T 内的平均值对应的数字量。

由于双积分式 A/D 转换器要经历正、反相两次积分，所以转换速度较慢。但是，双积分 A/D 转换器的外接器件少，抗干扰能力强，成本低，使用比较灵活，具有极高的性价比，在一些对转换速度要求不高的系统中应用十分广泛。

2. A/D 转换器的主要技术指标

1）分辨率。它指变化一个相邻数码所需要输入的模拟电压的变化量，也就是表示转换器对微小输入量变化的敏感程度。通常用位数来表示。例如，对 8 位 A/D 转换器，其数字输出量的变化范围为 0～255，当输入电压的满刻度为 5V 时，数字量每变化一个数字所对应输入模拟电压的值为 5V/255≈19.6mV，其分辨能力即为 19.6mV。当需要检测输入信号的精度较高时，采用分辨率较高的 A/D 转换器。目前常用的 A/D 转换集成芯片的转换位数有 8 位、10 位、12 位和 14 位等。

2）量程。它指所能转换的电压范围，如 5V、10V、±5V 等。

3）转换误差。它指一个实际的 A/D 转换器量化值与一个理想的 A/D 转换器量化值之间的最大偏差。通常用最低有效位的倍数给出，转换误差和分辨率一起描述了 A/D 转换器的转换精度。

4）转换时间与转换速率。A/D 转换器的转换时间是指完成一次转换所需要的时间，也就是从发出启动转换命令到转换结束获得整个数字信号为止所需的时间间隔。

3. A/D 转换器的外部特性

集成 A/D 转换芯片的封装和性能都有所不同。但是从原理和应用的角度来看，任何一种 A/D 转换器芯片一般具有以下控制信号引脚。A/D 转换器常用的控制信号线如图 7-20 所示。

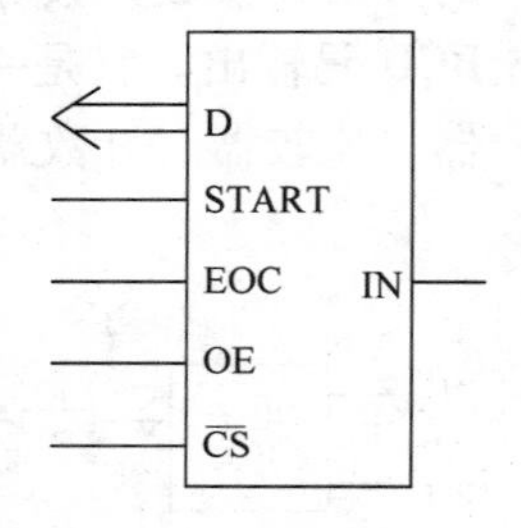

图 7-20　A/D 转换器常用的控制信号线

1）启动转换信号引脚（START）。它是由单片机发出的控制信号，当该信号有效时，A/D 转换器启动并开始转换。

2）转换结束信号引脚（EOC）。它是一条输出信号线。当 A/D 转换完成时，由此线发出结束信号，可利用它向单片机发出中断请求，单片机也可查询该线，以判断 A/D 转换是否结束。

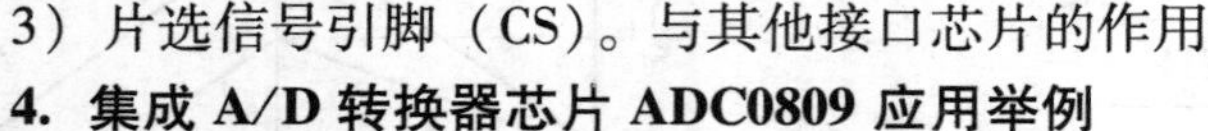
3）片选信号引脚（$\overline{CS}$）。与其他接口芯片的作用相同。

4. 集成 A/D 转换器芯片 ADC0809 应用举例

（1）ADC0809 的结构

ADC0809 是一个 8 位逐次逼近式 A/D 转换器。具有 8 路模拟量输入，片内有 8 路模拟开关以及相应的通道地址锁存及译码电路。可在程序控制下实现分时对任意通道进行的 A/D 转换，并将转换的数据送入三态输出数据锁存器。输出的数据为 8 位二进制数字量。ADC0809 的结构框图如图 7-21 所示。

ADC0809 的外部引脚图如图 7-22 所示。其引脚功能如下。

IN7～IN0：8 路模拟量输入通道。在多路开关控制下，任一时刻只能有一路模拟量实现 A/D 转换。0809 要求对输入模拟量为单极性，电压范围为 0～5V，如果信号过小，就需要进行放大。对于信号变化速度比较快的模拟量，在输入前应增加采样保持电路。

ADDA、B、C：8 路模拟开关的 3 位地址选通输入端。用来选通对应的输入通道。地址码与输入通道的对应关系见表 7-5。

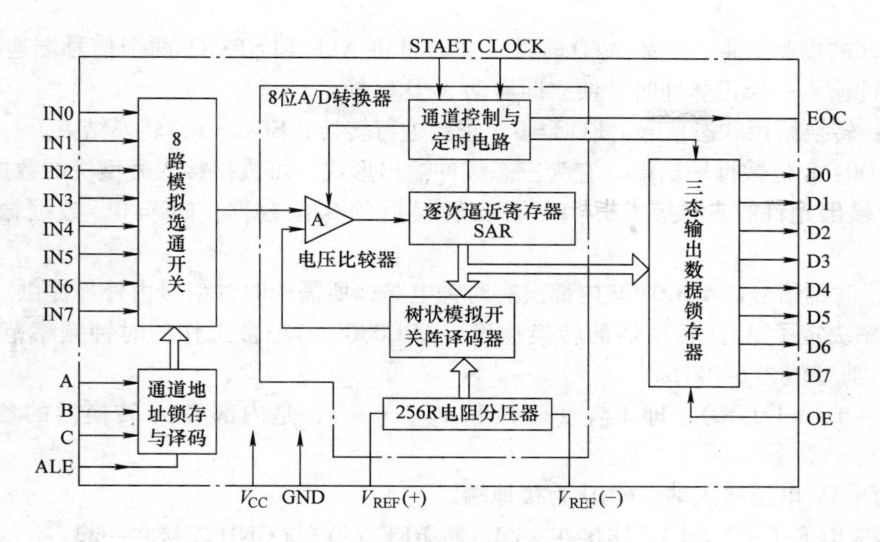

图 7-21 ADC0809 的结构框图

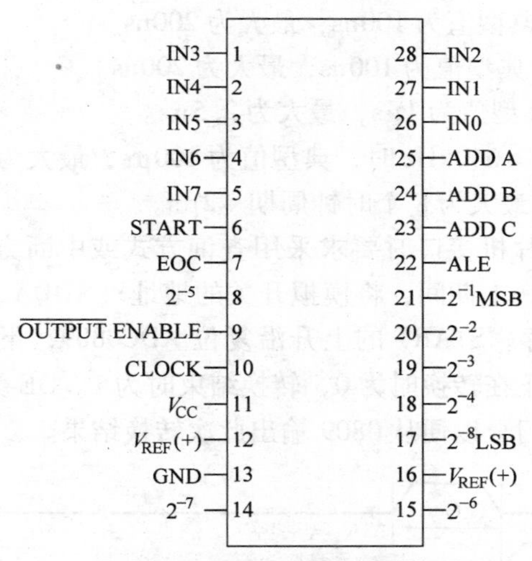

图 7-22 ADC0809 的外部引脚图

表 7-5 地址码与输入通道的对应关系

地 址 码			对应输入通道
C	B	A	
0	0	0	IN0
0	0	1	IN1
0	1	0	IN2
0	1	1	IN3
1	0	0	IN4
1	0	1	IN5
1	1	0	IN6
1	1	1	IN7

ALE：地址锁存输入线。该信号的上升沿可将地址选择信号 A、B、C 锁入地址寄存器。

START：启动转换输入线。其上升沿用以清除 A/D 转换器内部的寄存器，其下降沿用以启动内部的控制逻辑，开始 A/D 转换工作。可将 ALE 和 START 两个信号端连接在一起，当通过软件输入一个正脉冲时，便立即启动 A/D 转换。

EOC：转换结束状态信号。EOC =0，正在进行转换；EOC =1，转换结束。

D7 ~ D0：8 位数据输出端。它为三态缓冲输出形式，可直接接入微型机的数据总线。

OE：输出允许控制端。OE =1，输出转换后的 8 位数据；OE =0，数据输出端为高阻态。

CLK：时钟信号。ADC0809 内部没有时钟电路，所需的时钟信号由外界提供。输入时钟信号的频率决定了 A/D 转换器的转换速度。ADC0809 可正常工作的时钟频率范围为 10 ~ 1280kHz，典型值为 640kHz。

ref（+），ref（-）：即 V_{REF}（+）和 V_{REF}（-），是内部 D/A 转换器的参考电压输入线。

V_{CC}为 +5V 电源接入端，GND 为接地端。

一般将 REF（+）与 V_{CC}连接在一起，将 REF（-）与 GND 连接在一起。

ADC0809 的时序图如图 7-23 所示。其中：

t_{WS}：最小启动脉宽。典型值为 100ns，最大为 200ns。

t_{WE}：最小 ALE 脉宽。典型值为 100ns，最大为 200ns。

t_D：模拟开关延时。典型值为 1μs，最大为 2.5μs。

t_C：转换时间。当 f_{CLK} =640kHz 时，典型值为 100μs，最大为 116μs。

t_{EOC}：转换结束延时。最大为 8 个时钟周期 +2μs。

ADC0809 芯片在与单片机接口时要求采用查询方式或中断方式。ADC0809 的工作时序图如图 7-23 所示。在 ALE =1 期间，将模拟开关的地址（ADDA、B、C）存入地址锁存器；在 ALE =0 时，地址被锁存，START 的上升沿复位 ADC0809，下降沿启动 A/D 转换。EOC 为输出的转换结束信号，正在转换时为 0，转换结束时为 1。OE 为输出允许控制端，在转换完成后用来打开输出三态门，以便从 0809 输出此次转换结果。

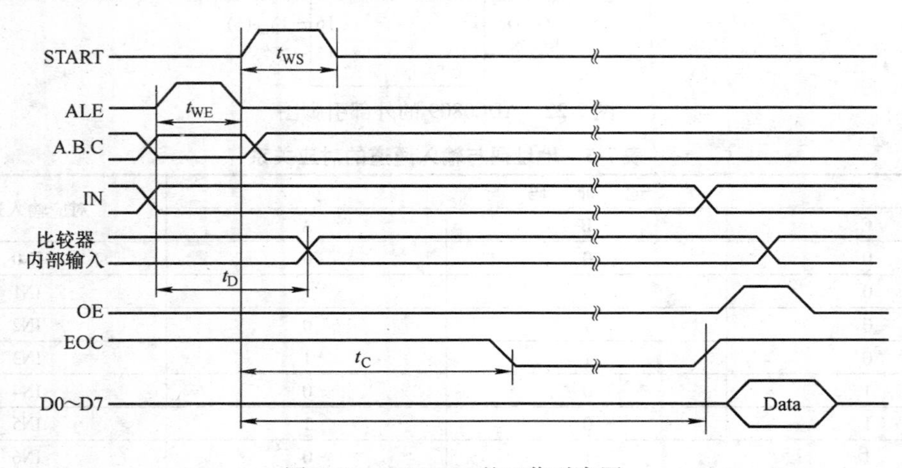

图 7-23　ADC0809 的工作时序图

（2）ADC0809 与 8051 的接口电路

单片机与 ADC0809 的接口电路比较简单。图 7-24 为 ADC0809 与 8051 的典型接口电路。

当系统主频为 6MHz 时，ALE 为 1MHz，将其经过 2 分频后与 ADC0809 的 CLK 连接。

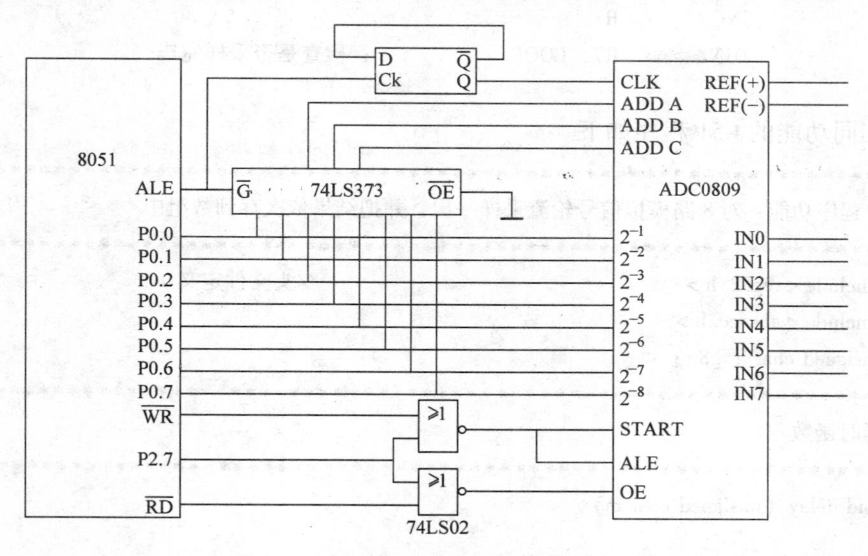

图 7-24　ADC0809 与 8051 的典型接口电路

因为 ADC0809 片内无时钟，所以在此接口电路中，利用 8051 提供的地址锁存允许信号 ALE 经 D 触发器二分频后获得。另外，ADC0809 内部有地址锁存器，如果在系统中没有其他需要地址锁存之处时，就可省去 74LS373。

在图 7-24 中，8051 通过 P2.7 引脚与 $\overline{RD}$、$\overline{WR}$ 一起控制 ADC0809 的工作，这样的做法是为在防止系统中多个外部设备时出现地址重叠的现象。当启动 A/D 转换时，由单片机的写信号 $\overline{WR}$ 和 P2.7 经或非门共同控制 ADC 的地址锁存和转换启动。在读取转换结果时，用单片机的读信号 $\overline{RD}$ 和 P2.7 引脚经或非门后，产生正脉冲作为 OE 信号，用以打开三态输出锁存器。P2.7 与 ADC0809 的 ALE、START 或 OE 之间有如下关系。

$$ALE = START = \overline{\overline{WR} + P2.7}$$

$$OE = \overline{\overline{RD} + P2.7}$$

所以 P2.7 应置为低电平。

下面的程序采用查询的方法，分别对 8 路模拟信号轮流采样一次，并把结果依次存到数据缓冲区中。

```
MAIN:    MOV     R1, #data         ; R1 指向数据存储区首地址
         MOV     DPTR, #7FF8H      ; DPTR 指向通道 0
         MOV     R7, #08H          ; 通道数 8
LOOP:    MOVX    @DPTR, A          ; 启动 A/D 转换
         MOV     R6, #0AH          ; 延时一段时间
DELAY:   NOP
         NOP
         NOP
         DJNZ    R6, DELAY
         MOVX    A, @DPTR          ; 将转换结果读入累加器 A
         MOV     @R1, A            ; 存储数据
```

```
        INC     DPTR            ; 修改指针
        INC     R1
        DJNZ    R7, LOOP        ; 检查是否采样完毕
        …
```

具有相同功能的C51程序如下。

```
/************************************************************/
//程序功能：对8路模拟信号轮流采样一次，并把结果依次存到数组中
/************************************************************/
#include <reg52.h>                          //头文件定义
#include <absacc.h>
unsigned char a [8];
/************************************************************
延时函数
************************************************************/
void delay (unsigned char m)
{
        unsigned char i, j;
        for (i=0; i<m; i++)
            for (j=0; j<123; j++);
}
/************************************************************
主程序
************************************************************/
void main ()
{
        unsigned char i;
        XBYTE [0x7FF8] = a [0];
        for (i=0; i<8; i++)
         {
             delay (10);
             a [i] = XBYTE [0x7FF8+i];
        }
        while (1);
}
```

7.4 实训项目七　键盘及LED显示器程序设计

1. 目的

1）掌握C51程序基本结构。

2）掌握C51多分支程序。

2. 项目内容

在P3口连接4个按钮，P1口连接一个七段数码管，开机状态数码管显示“P.”。分别

按下第一、二、三、四个按键，数码管分别显示1、2、3、4。

1）用 Proteus 建立工程，系统硬件电路图如图7-25所示。

注：七段数码管为共阳极。

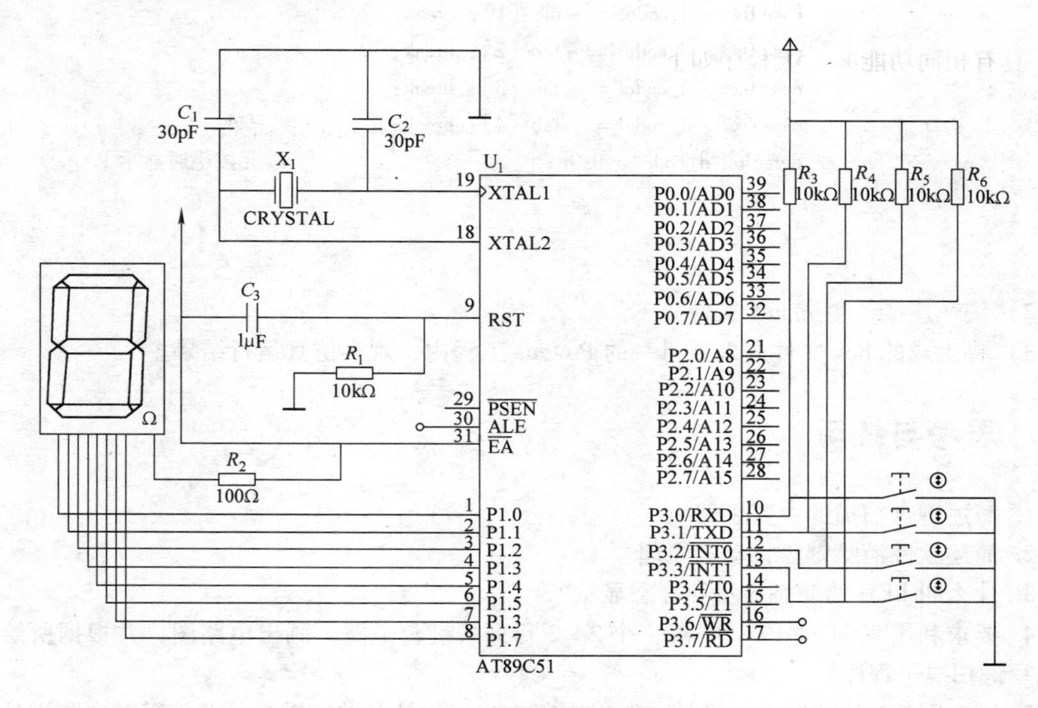

图7-25 系统硬件电路图

2）用 Keil C 建立工程，添加 C51 源程序代码文件。

3）通过 Proteus 仿真功能，观察程序运行结果。

3. 环境

在 PC 上运行 Keil C 集成开发环境及 Proteus 仿真软件。

4. 步骤

1）新建 Keil C 工程 Project5，并编写如下 C 程序，保存为 main. c，添加入工程中。C51 程序代码如下。

```
#include <reg51. h>
#define uchar unsigned char
#define uint unsigned int
#define d_code P1
uchar code tab [ ] = {0x3f, 0x06, 0x5b, 0x4f, 0x66, 0x6d,
0x7d, 0x07, 0x7f, 0x6f};                              //定义数码管的段码
void main ( )
{
        uchar key;
        while (1)
         {
```

```
        key = P3 & 0x0f;                              //获取键值
        switch ( key )
         {
         case 0xe : d_code = ~tab [1]; break;
         case 0xd : d_code = ~tab [2]; break;
         case 0xb : d_code = ~tab [3]; break;
         case 0x7 : d_code = ~tab [4]; break;
         default : d_code = 0x0c;                     //无按键时显示 P.
         }
    }
}
```

2）编译连接，生成 hex 文件。

3）将生成的 hex 文件放入项目一的 Proteus 工程内，观察仿真运行结果。

7.5 思考与练习

1. 简述键盘扫描的主要思路。

2. 简述软件消除键盘抖动的原理。

3. 什么叫 LED 的动态显示和静态显示？

4. 要求利用 8051 的 P1 口扩展一个 2×2 行列式键盘电路，画出电路图，并根据所绘电路编写键扫描子程序。

5. 试在图 7-1 的基础上，设计一个以中断方式工作的开关式键盘，并编写其中断键处理程序。

6. 在状态或数码显示时，对 LED 的驱动可采用低电平驱动，也可以采用高电平驱动，二者各有什么特点？

7. 在用 DAC0832 进行 D/A 转换时，当输出电压的范围在 0～5V 时，每变化一个二进制数其输出电压跳变约 20mV，即输出是锯齿状的。试问：采取何种措施可使输出信号比较平滑？

8. 当系统的主频为 6MHz 时，试计算图 7-17 中 DAC0832 产生锯齿波信号的周期。

9. 编写图 7-17 中用 DAC0832 产生三角波的应用程序。

10. 对图 7-24 所示的 A/D 转换电路采用中断方式，试编写相应程序。

11. 当图 7-24 所示的 ADC0809 对 8 路模拟信号进行 A/D 转换时，编写用查询方式工作的采样程序（8 路采样值存放在 30H～37H 单元）。

12. 在完成 7.4 节的实训项目七后，思考下列问题：

1）在对数码管段码赋值时为什么取反？

2）如果有两个按键被同时按下，那么数码管如何显示？

第 8 章　单片机应用系统

单片机由于其控制灵活、使用简单、可靠性高等一系列特点而广泛应用于各个领域。本章首先介绍单片机应用系统的开发过程，然后详细介绍常见单片机的应用实例及软硬件设计。

8.1　单片机应用系统的开发过程

随着计算机技术的迅速发展，集成电路制造及设计技术也随之发展，同时软件设计思想向各种相关设计技术领域渗透，使得系统的分析软件和软件设计工具日益完善，嵌入式技术也因而得到日新月异的发展。作为嵌入式的一分子，单片机系统的应用开发过程从过去的个人工作模式逐渐向标准化、系统化、联合化、层次化发展。

本节以 51 系列兼容单片机应用为例，从开发者个人的视角和从系统分析的角度两个方面来介绍单片机系统的开发过程。

通常的开发者特别是初学者关心的问题是：在整个开发中需要做哪些工作？这些工作相互之间的关系是什么？现在的工作将会影响后续的哪些工作？由于单片机开发技术相对稳定，所以这一部分的情况变化较小。单片机应用系统的开发流程如图 8-1 所示。图中对整个单片机开发过程的叙述相对比较全面、直观。下面就其中部分重要环节进行具体介绍。

8.1.1　总体论证

在项目提出之后，要顺利完成要求的任务，首先要进行项目的总体论证，它主要是对项目调研后，进行可行性分析，即对项目所要求任务的功能和技术指标进行详细分析和研究，明确功能的要求；对技术指标进行必要的调查、分析和研究；对项目的先进性、可靠性、可维护性、可行性以及功能/价格比进行综合评测；同时还要对国内外同类产品或项目的应用和发展情况予以了解。当用户提出的要求过高、在目前条件下难以实现时，应根据自己的能力和情况提出合理的功能要求及技术指标。

8.1.2　总体设计

在项目的功能和技术指标确定后，应确定系统的主要部分组成，并进行系统的总体设计。

对于功能相对单一的项目来说，可直接进行总体设计。而对于综合性的应用项目来说，它可能涉及的范围比较宽，使用的技术也较多，比如通信、管理以及集散型控制技术等。要首先确定系统的组成，即管理部分和上位机一般由计算机完成，而现场的实时检测、控制和设置等由单片机完成。此时，计算机与单片机二者之间的通信方式、通信协议等也就大致确定，这部分任务交由系统软件的开发者完成。单片机应用系统的开发也就可以相对独立地来进行。

单片机系统的总体设计主要包括系统功能的分配、确定软硬件的任务和相互关系、单片机的选型、调试方案及手段等。系统任务的分配、确定软硬件任务及相互关系主要包括两方面：一是必须确定由硬件或软件完成的任务，它们之间是不能替代的；二是某些任务二者均可完成，还有些任务需要软、硬件配合才能完成。这就要综合考虑软、硬件的优势及其他因素（如运行速度、成本、产品体积等），进行合理的设计。

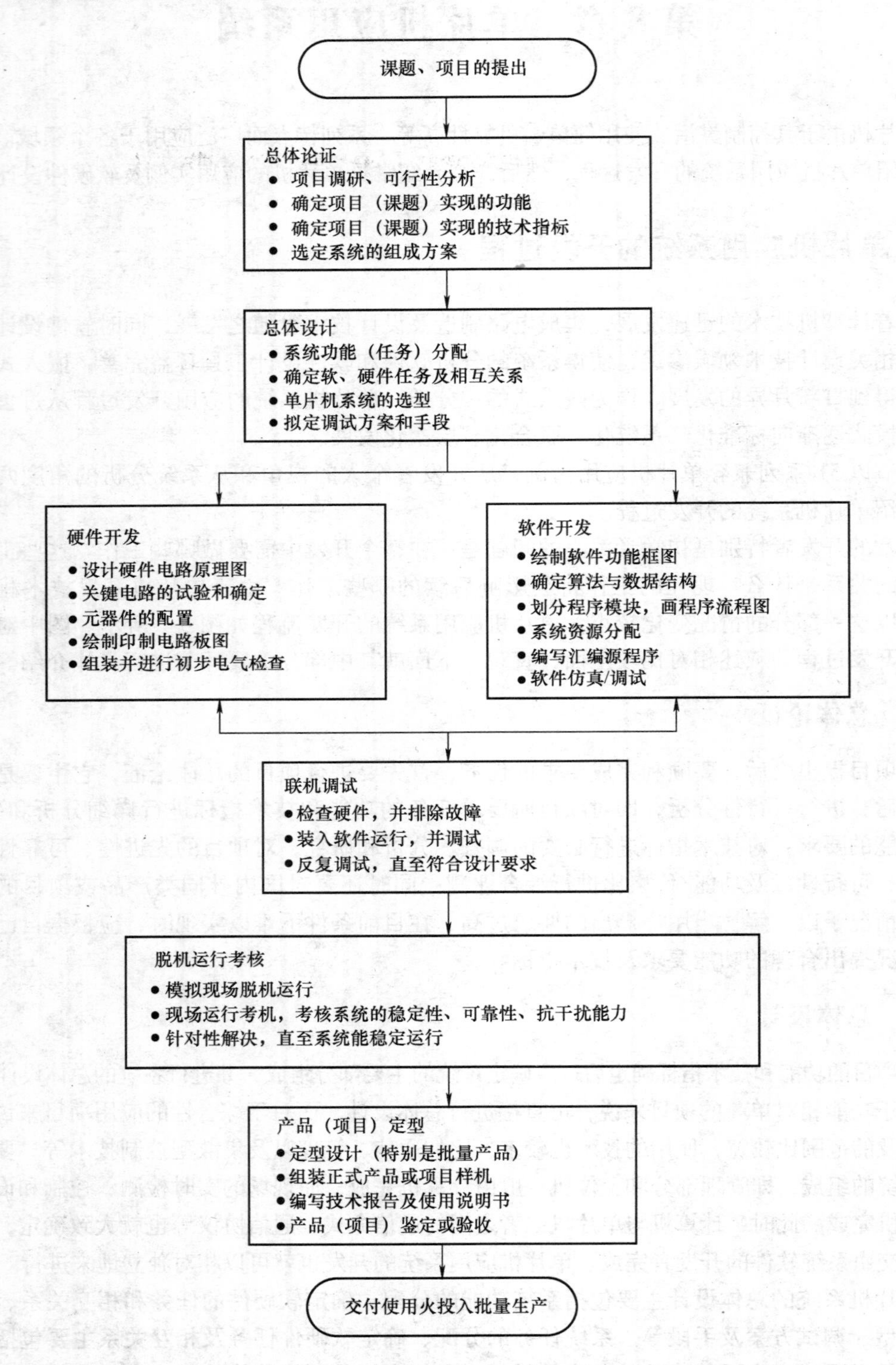

图 8-1　单片机应用系统的开发流程图

单片机的选型是开发者要考虑的主要问题之一。在确定用单片机来实现项目的功能后，还有单片机的选型问题。因为目前单片机的品种多样，所以拥有的资源及性能也不尽相同。如何选择性价比最高、易于开发、开发周期短的产品，是个重要问题。目前我国销售的主流单片机产品有8051兼容机、PIC、MSP430、AVR等系列。选择单片机总体上应考虑两方面的因素：一是所开发的项目系统需要哪些资源；二是成本的控制，应优先选择价格最低的产品，即所谓"性价比最高"原则。

在总体设计软、硬件任务明确的情况下，可分别进行软、硬件设计。

8.1.3 硬件设计

任何一个复杂系统都是可以划分为不同层次的较小的子系统的，然后进行模块设计。在分析各模块功能类型后，应选择合适的器件进行设计。在设计电路时，应充分考虑能否用专用的芯片实现某些单元电路，这样可大大简化逻辑电路的设计，提高系统的可靠性。硬件开发首先是电路原理图的设计，它包括常规通用电路的设计及专用特殊电路的设计。特别是专用电路的原理设计，一般没有现成的电路，首先要根据需求进行原理设计，并利用软件进行模拟仿真。在理论分析通过的基础上，可进行实际电路的试验、调试和确定。在整个系统的硬件电路原理图设计完成并确认无误后，可进行元器件的配置，即将系统所有元器件（封装形式）购齐，以备绘制印制电路板使用。

8.1.4 软件设计

随着单片机开发技术的不断发展，越来越多的参与开发和使用单片机工程技术人员从普遍使用汇编语言到逐渐使用高级语言。对于那些对高级语言比较熟悉而对单片机了解不多，但又想对单片机进行开发的人来说，能用高级语言进行编程是最好的办法。为此，针对目前最通用的单片机8051和目前最流行的程序设计语言C，以Keil C51的编译器为工具，推出了单片机的C语言程序设计。C语言是由早期的编程语言BCPL发展而来的。1970年美国贝尔实验室的Ken Thompson根据BCPL语言设计出B语言，并用B语言编写出了UNIX操作系统。1972—1973年，贝尔实验室的D. M. Ritchie在B语言的基础上设计出了C语言。随着计算机的发展，出现了许多C语言版本，后来美国国家标准研究所为C语言指定了一套ANSI标准，成为现行的C语言标准。C语言发展非常迅速，成为最受欢迎的语言之一，这主要因为它具有强大的功能，是一种结构化语言，可产生紧凑代码。与汇编语言相比，C语言有如下优点。

1）不要求了解单片机的指令系统，仅需要对8051的存储器结构有初步了解。

2）C51编译器管理内部寄存器和存储器的分配，不需要考虑不同存储器的寻址及数据类型等细节问题。

3）具有结构化的控制语句，可分为不同的函数组成，使程序结构化，也改善了程序的可读性及程序的移植性。

4）编程及程序调试时间显著缩短，从而提高了效率。

5）提供丰富的库函数，库中包含许多标准子程序，具有较强的数据处理能力，从而大大减少开发者编程的工作量。

6）C语言和汇编程序可以交叉使用，发挥各自的长处，以提高软件的效率。

C 语言作为一种非常受欢迎的语言而得到广泛的应用，它不依赖于特定 CPU 的硬件系统，源程序具有很好的可移植性，几乎不作修改就可根据单片机的不同特点较快地移植过来。

单片机软件设计过程与一般的软件开发基本相同，主要区别：一是可根据所用单片机的型号进行系统资源的分配；二是软件的调试环境不同。程序的编写可用汇编语言，如对硬件和单片机指令系统不是很熟悉的开发者也可用专用的高级语言编写。对于纯软件完成的任务可在计算机上仿真调试；需硬件配合完成的工作可模拟仿真调试，但最终还是要联机调试。

8.1.5 联机调试

联机调试是借助开发工具对所设计的应用系统硬件进行检查，以排除设计和焊接装配的故障。确认应用系统的硬件没有问题后，可将程序写入，进行综合调试阶段，这一阶段的主要任务是调试排除软件错误，同时也要解决硬件遗留下的问题。然后，将软件及硬件结合起来反复调试，同时尽可能地模拟现场工作环境，也包括人为地制造一些干扰等，考察联机运行情况，直到所有功能均能实现、并且达到设计的要求及技术指标为止。

单片机的开发体现在编程、排错、仿真运行 3 个方面。仿真器可以取代目标系统中的微控制单元（MCU），仿真其运行，实时地观察目标机在运行时单片机中的各项数据，并控制单片机的运行。这是开发调试软件的一个经济、有效的手段。

随着半导体工艺和电子设计自动化的发展及大量新型、功能强大的单片机的出现，也对调试也提出了更高的要求。近几年发展的在系统编程（ISP）、在应用编程（IAP），给开发者带来了很多便利。

8.1.6 脱机运行

在联机调试完成后，可将程序写入外部程序存储器或者片内 ROM 中，进行脱机运行测试，以确定应用系统能否稳定、可靠地工作，这个过程一般不会存在太大的问题。若有问题，则可按照问题的来源，针对性地予以解决。然后可对系统样机现场运行测试，进一步处理出现的问题。现场测试要考察样机对现场环境的适应能力、抗干扰能力等。对样机还需较长时间的连续运行，进行老化实验，以充分考察系统的稳定性及可靠性。

经过现场较长时间的运行和全面严格的检测、调试完善后，确认系统已稳定、可靠并已达到设计要求，方可定型交付使用，整理资料，编写技术说明书，正式投入运行或定型投入批量生产，进行产品鉴定或验收。

8.2 单片机应用系统的设计项目实例

单片机简单易学，成本低廉，功能强，深受各个应用领域的广大科技工作者和电子爱好者的喜爱。本节将介绍几个单片机应用项目实例，以加深对前面所学知识的认识和理解，并介绍单片机开发的全过程。在应用实例中，部分采用 MCS-51 汇编语言及 C51 环境下的 C 语言分别编程，以提高和加强单片机及 C51 初学者的应用开发和操作能力。

8.2.1 项目1 光电计数器

在需要对外部事件进行计数的情况下，利用单片机内部计数器可以方便地构成各种不同需要的计数器。

1. 硬件电路设计

本设计中利用光敏晶体管接收外部计数脉冲（由外部事件转换为计数的输入脉冲），计数的原理是：在未受到光照而截止时，光敏晶体管的集电极输出为高电平，而在受到光照导通时，光敏晶体管的集电极输出为低电平，因此便在光敏晶体管的集电极产生一个负脉冲。为了防止在计数过程中受到外界的信号干扰，使该负脉冲经过施密特触发器进行整形后，接在单片机的定时/计数器的输入端，即可对光电信号产生的脉冲进行计数。通过连接在单片机的通用输入输出接口 P1 口上的 8 只发光二极管来显示当前计数值，设定 0.5s 显示一次。

在本设计中，利用单片机的定时/计数器 T0，将光电计数器的计数输入端接在单片机定时/计数器 T0 的计数输入端的引脚 T0（P3.4）上，并用定时/计数器 T1 设计一个软计数器，以完成 0.5s 的定时功能，每当定时时间到时，就从定时/计数器 T0 中读出当前计数值，并送到 P1 口进行显示。为了方便电路连接及简化程序，采用二极管静态显示，以 8 位二进制方式表示计数值。光电计数器硬件电路如图 8-2 所示。

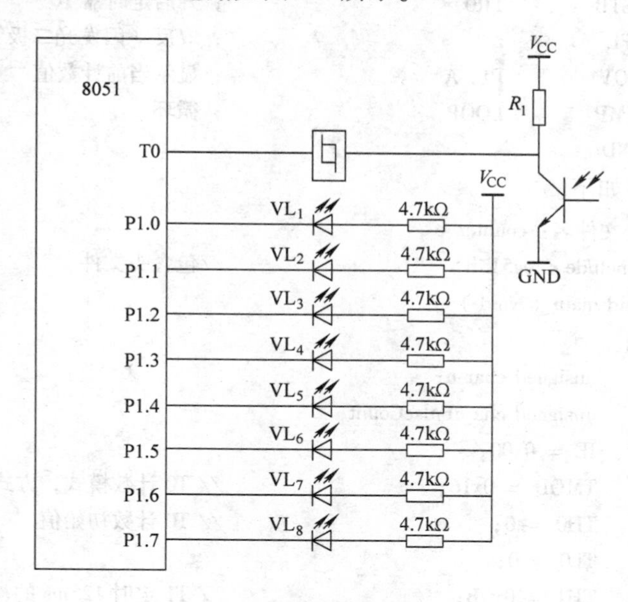

图 8-2 光电计数器硬件电路图

2. 软件设计

假定单片机的晶振频率为 6MHz。定时器/计数器 T0 设为工作方式 2、计数工作方式、禁止中断，其初始值为（TH0）=00H、（TL0）=00H。定时/计数器 T1 设为工作方式 1、定时工作方式，定时时间为 125ms，其初始值为（TH1）= 0BH、（TL1）=0DCH，禁止中断。

汇编语言程序清单如下。

```
        ORG     0000H
```

```
        AJMP    MAIN            ; 跳转主程序
        ORG     0100H
MAIN:   MOV     TMOD, #16H      ; T0 工作方式 2 计数，T1 工作方式 1 定时
        MOV     TH0, #00H       ; T0 计数初始值
        MOV     TL0, #00H
        MOV     TH1, #0BH       ; T1 定时 125ms 的初始值
        MOV     TL1, #0DCH
        SETB    TR0             ; 启动定时器 T0
        SETB    TR1             ; 启动定时器 T1
LOOP:   MOV     R0, #04H        ; 软件计数器初始值
LOOP1:  JNB     TF1, $          ; 125ms 到否？
        CLR     TF1
        MOV     TH1, #0BH       ; T1 重新设置 125ms 定时初始值
        MOV     TL1, #0DCH
        DJNZ    R0, LOOP1       ; 0.5s 到否？
        CLR     TR0             ; 关闭定时器 T0
        MOV     A, TL0          ; 读出当前计数值
        SETB    TR0             ; 开启定时器 T0
        CPL     A               ; 取反（因发光二极管共阳极接法）
        MOV     P1, A           ; 显示当前计数值
        SJMP    LOOP            ; 循环
        END
```

同样功能的 C51 程序如下。

```
//文件名：counter.c
#include <reg51.h>                  //包含头文件
void main ( void )
 {
    unsigned char n;
    unsigned charnPulseCount;
    IE = 0x00;
    TMOD = 0x16;                    // T0 计数模式，方式 2，T1 定时，方式 1
    TH0 = 0;                        // T0 计数初始值
    TL0 = 0;
    TH1 = 0x0B;                     // T1 定时 125ms 的初始值
    TL1 = 0xDC;
    TR0 = 1;                        //启动定时器 T0
    TR1 = 1;                        //启动定时器 T1
    while (1)
     {
        for ( n=4; n>0; n-- )       // 0.5s 到否？
         {
            while ( TF1 = =0 );     //125ms 到否？
            TF1 =0;
```

```
            TH1  =  0x0B;                   //T1 重新设置 125ms 定时初始值
            TL1  =  0xDC;
        }
        TR0 = 0;                            //关闭定时器 T0
        nPulseCount  =  TL0;                //读出当前计数值
        TR0 = 1;                            //开启定时器 T0
        P1 = ~nPulseCount;                  //取反、显示当前计数值
    }
}
```

这是一个完整的单片机的 C51 源程序。请注意，主函数循环语句（while（1））的循环条件恒为真，以便于循环体连续循环来测定显示的当前计数值。

为了使电路图 8-2 所示的光电计数器正常工作，必须将程序代码写入单片机中。下面介绍上机开发过程。

1）启动 Keil C51 后，首先新建一个 C 文件。选择“File”→“New”命令，即在“File”主菜单中选择“New”命令（下同），输入 C51 源程序，在“保存文件”对话框中输入路径和文件名（这里取 counter. c），单击“保存”按钮。新建文件 counter. c 并保存后的窗口如图 8-3 所示。

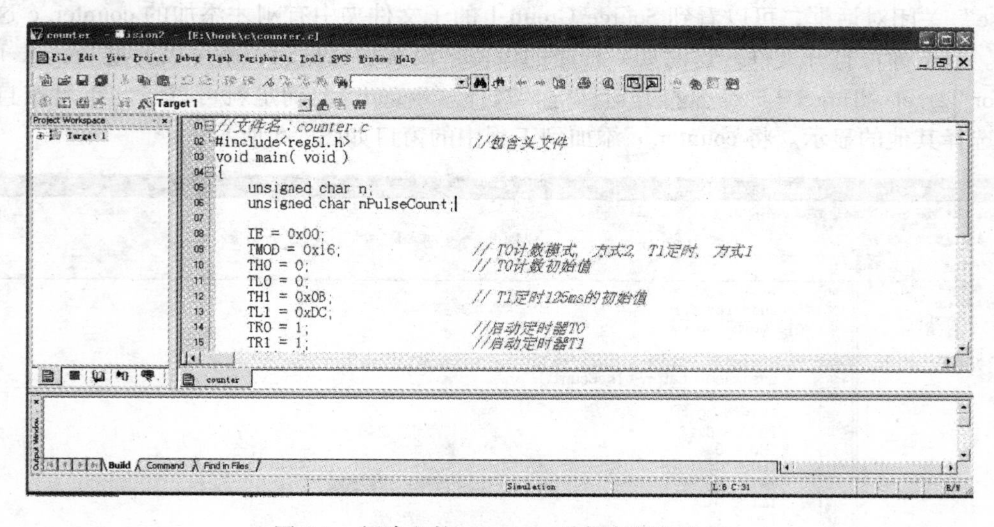

图 8-3　新建文件 counter. c 并保存后的窗口

2）建立工程、选择 CPU。在 Keil 窗口，选择“Project”→“New Project”建立新工程，输入工程名，如 counter（默认扩展名为 . uv2），确定后弹出对话框提示 Select Device for Target'Target 1'，即选择 CPU，这里选择 Atmel 的 89S51，单击确定按钮后，就建立了 counter 工程。建立新工程 counter 后的窗口如图 8-4 所示。

3）将 counter. c 添加到工程。在窗口的左侧的 Project Workspace（工程管理区）显示有一个 Target 1 的文件夹，单击其前面的“+”号按钮，打开该文件夹，可看到一个名为 Source Group 1 的子文件夹，用鼠标右键单击它，在弹出的菜单中选择“Add Files to Group 'Source Group 1'”，在弹出的“打开”对话框中选中刚才建立的 counter. c 文件，确定后单击

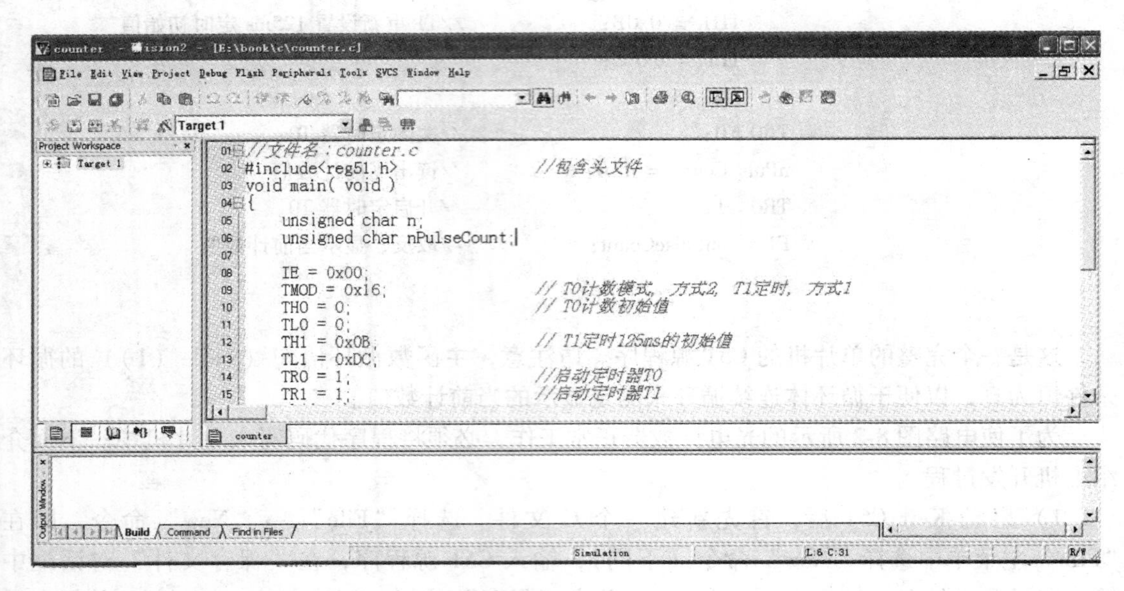

图 8-4　建立新工程 counter 后的窗口

“Close”关闭对话框，可以看到 Source Group 1 的子文件夹中有刚才添加的 counter. c 这个文件了。双击即可打开文件。这时如果程序的保留字没有加亮显示，就可以通过 Project | Option for Target ‘Target 1’命令打开对话框，选择“default”，确定就可以了，也可按自己的喜好选择其他的显示。将 counter. c 添加到工程中的窗口如图 8-5 所示。

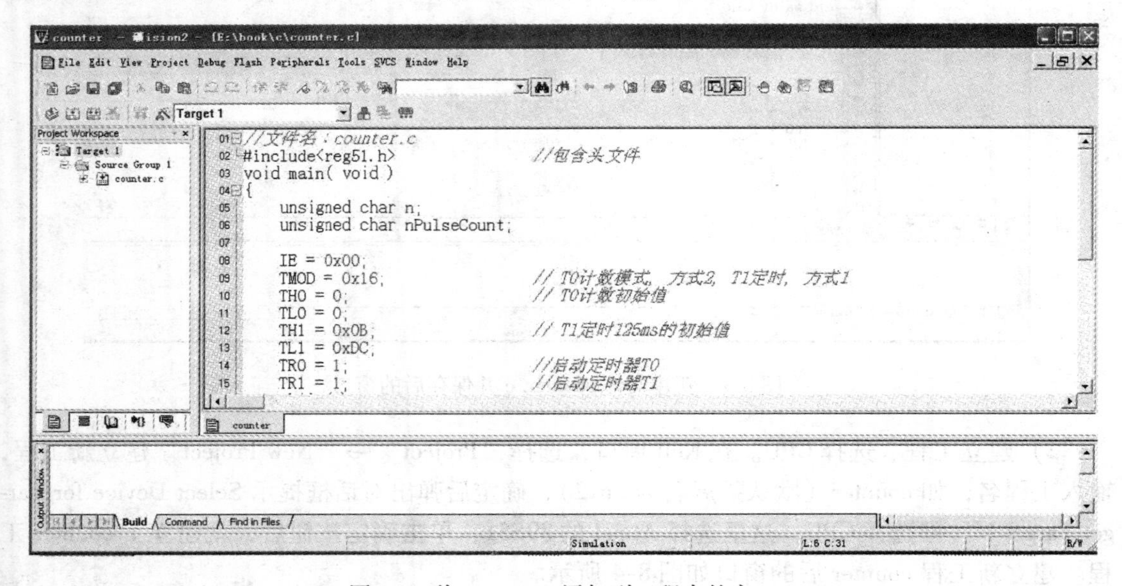

图 8-5　将 counter. c 添加到工程中的窗口

4）选择“Project”→“Options for Target‘Target 1’”选项，在 Xtal（MHz）后面的文字框中填入系统所用的晶体振荡器频率，如填入 6。再切换到“Output”选项，选中 Creat HEX File 复选框，然后确定。这样，Keil C51 编译器就可以生成单片机可以执行的 counter. hex 文件了。

5）选择“Project”→“Build target”，对工程文件进行编译，直至程序没有语法错误，编译成功。工程编译后的窗口如图 8-6 所示。然后选择“Debug”→“Start / Stop Debug Session”菜单或者相应的按钮，工程就会进入仿真调试窗口，如图 8-7 所示。

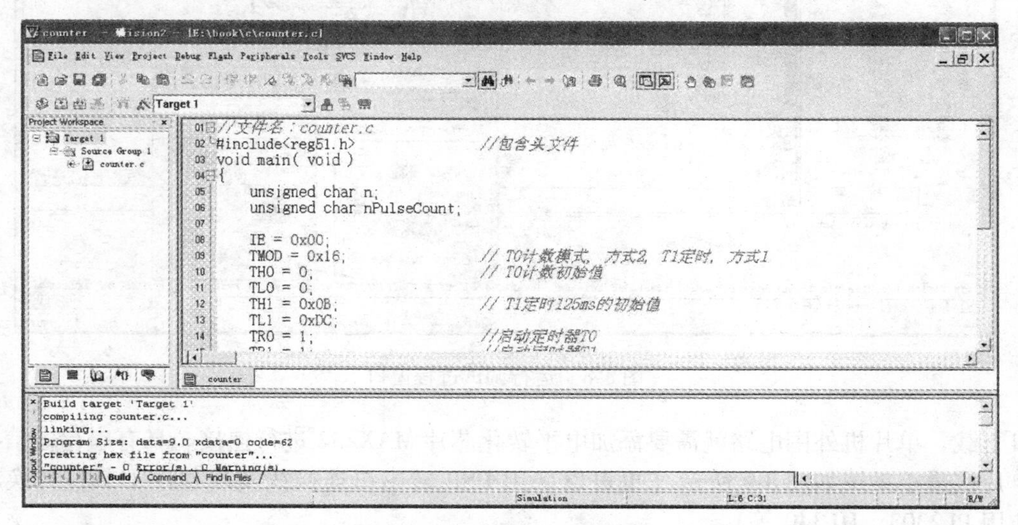

图 8-6　工程编译后的窗口

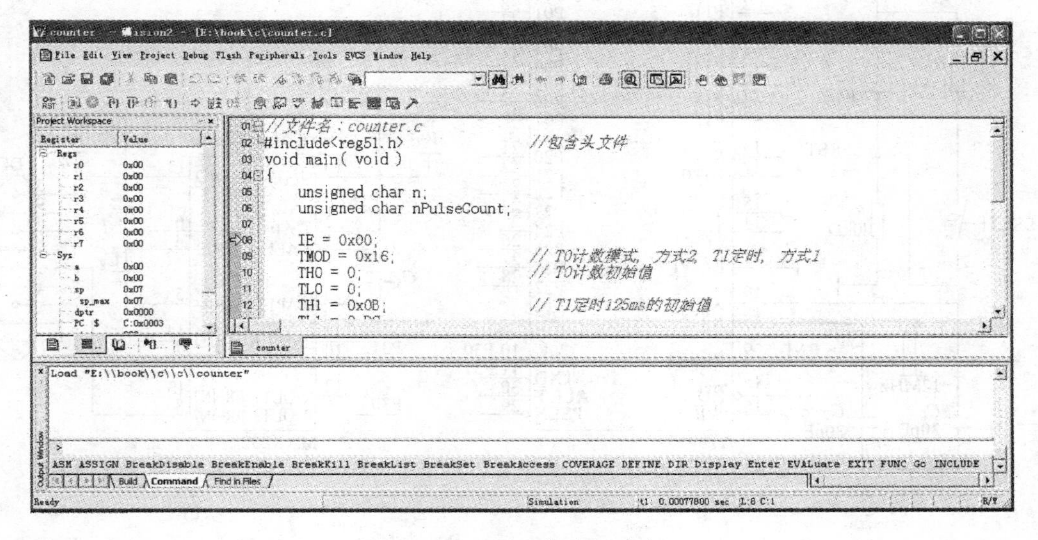

图 8-7　工程进入仿真调试窗口

6）软件调试 counter. c。可以根据程序的需要将相应的外设打开，在调试状态下，选出需要的资源，通过菜单“Peripherals”→“I/O Ports”下的“Port 1、Peripherals”→“Timer”下的 Timer 0 和 Timer 1，进入运行调试过程窗口，如图 8-8 所示。

7）程序的下载。在完成软件仿真后，可以将 Keil C51 生成的 counter. hex 文件通过编程器或者下载线写入所用的单片机芯片中（如支持 ISP 下载的 AT89S5X 系列单片机、具有串口下载支持的 STC 系列芯片，这里采用 STC 系列单片机 STC89C52）。如果通过计算机串行

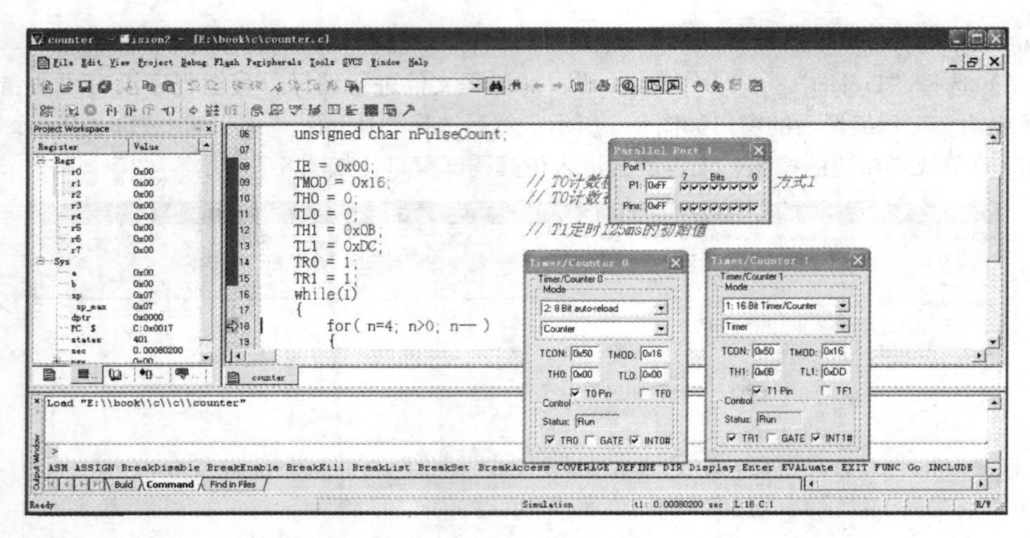

图 8-8　运行调试过程窗口

接口下载，单片机外围电路就需要添加电平转化芯片 MAX232 进行连接。具有串行通信接口的单片机最小系统如图 8-9 所示（也可以采用 USB 转串口连接线实现程序下载，转换芯片可使用 PL2303、HL340 等）。

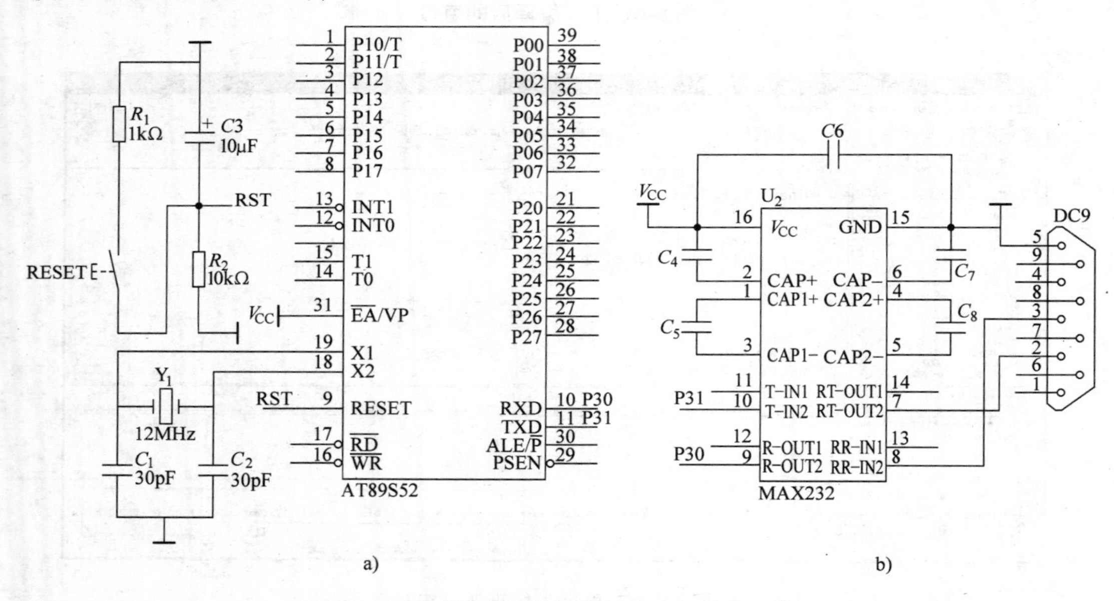

图 8-9　具有串行通信接口的单片机最小系统

a）单片机最小系统　b）串行通信电路

通过 9 针串口连接线将计算机与单片机连接在一起，运行计算机端的 STC-ISP 下载软件（如图 8-10 所示），进行相关的设置（如下载芯片选择、添加要下载的 HEX 文件、选择连接到计算机串口设备号等），然后就可以下载程序了。由于 STC 单片机内部已经固化了监控程序，所以下载时需要重新给系统加电，使单片机运行监控程序，以写入下载程序。下载完成后，即可运行下载程序，调试和观察单片机运行结果。

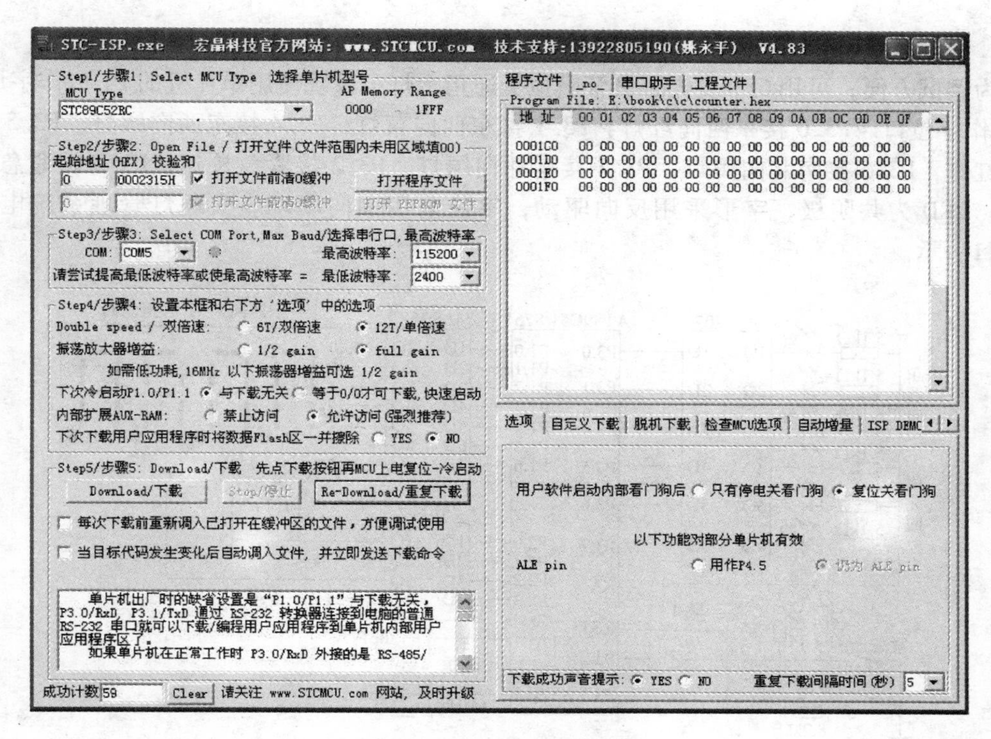

图 8-10 STC-ISP 下载软件

至此，经过以上步骤，即完成了光电计数器的整个开发过程，包括硬件设计、程序设计、软件的调试、程序的下载及硬件的调试等过程。

8.2.2 项目 2 交通灯管理系统

本设计能够真实模拟双干线交通信号的管理系统。系统设置两组红、黄、绿灯，并配置两对 LED 显示器和一个紧急车辆放行按钮。正常情况下，两个干线上的红、黄、绿灯按表 8-1 所示进行转换，并以倒计数的方式将剩余时间显示在每个干线对应的两位 LED 显示器上。当有紧急车辆要通过时，两个方向的红灯同时点亮，以禁止其他车辆通行；在紧急车辆通过后，再按一次紧急按钮，继续紧急车辆通过前的状态。交通灯状态转换见表 8-1。

表 8-1 交通灯状态转换表

状态	持续时间/s	紧急按钮	紧急解除按钮	南北线			东西线			控制码
				绿灯	黄灯	红灯	绿灯	黄灯	红灯	
		P3.2	P3.3	P3.7	P3.6	P3.5	P3.4	P3.1	P 3.0	
1	40	无效	无效	亮	灭	灭	灭	灭	亮	0111 1110B
2	5	无效	无效	灭	闪亮	灭	灭	灭	亮	1x11 1110B
3	20	无效	无效	灭	灭	亮	亮	灭	灭	1100 1111B
4	5	无效	无效	灭	灭	亮	灭	闪亮	灭	1101 11x1B
5（1）	40	无效	无效	亮	灭	灭	灭	灭	亮	0111 1110B
紧急	不定	点按	无效	灭	灭	亮	灭	灭	亮	1101 1110B
解除	无	无效	点按	记忆	记忆	记忆	记忆	记忆	记忆	恢复到原来状态

1. 硬件电路设计

为调试方便，可用6个发光二极管模拟交通指示灯，系统使用单片机的P1口作字形口，P2口作字位口。P3.0接东西向红灯，P3.1接东西向黄灯，P3.4接东西向绿灯，P3.5接南北向红灯，P3.6接南北向黄灯，P3.7接南北向绿灯。P3.2接紧急按钮，P3.3接紧急解除按钮。LED为共阴极，字形采用反向驱动，字位采用同向驱动。交通灯管理系统电路如图8-11所示。

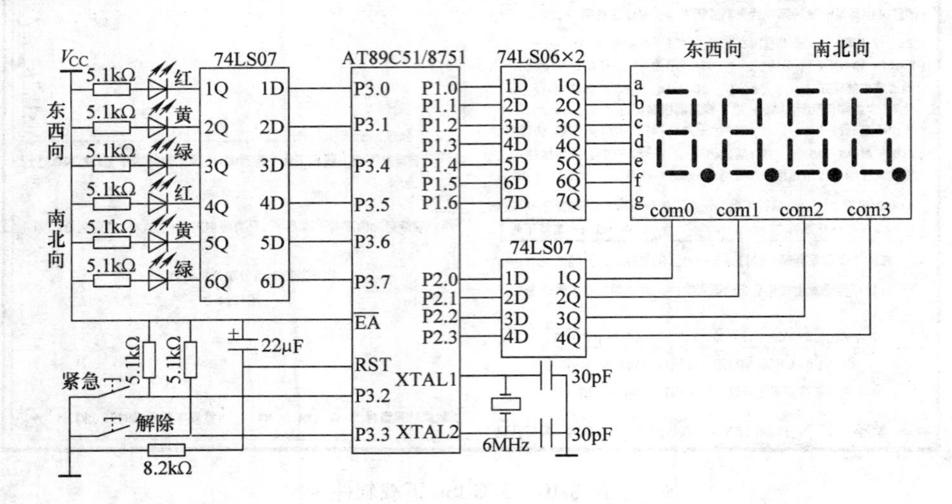

图8-11 交通灯管理系统电路图

2. 软件设计

程序代码清单如下。

```
        ORG     0000H
        AJMP    MAIN                ；转主程序
        ORG     000BH
        AJMP    T0-INT              ；转定时器0服务子程序
MAIN:   MOV     SP, #50H
        MOV     IE, #82H            ；允许T0中断
        MOV     TMOD, #01H          ；T0，定时方式1
        MOV     TL0, #78H           ；定时10ms，晶振为6MHz
        MOV     TH0, #0ECH
        SETB    TR0
N0:     MOV     R3, #45
        MOV     P3, #07EH           ；东西向红灯亮，南北向绿灯亮
N01:    CJNE    R3, #05, $          ；是否亮够40s?
N02:    MOV     P3, #0BEH           ；东西向红灯亮，南北向黄灯闪
N1:     MOV     R4, #00H
N11:    CJNE    R4, #32H $          ；到0.5s否?
N12:    CPL     P3.6                ；到0.5s闪亮0.5次（状态变换一次）
        CJNE    R3, #00, N1         ；检查是否闪亮5次
```

```
N2:     MOV     R3, #25
        MOV     P3, #0CFH          ; 东西向绿灯亮，南北向红灯亮
        CJNE    R3, #05, $         ; 检查是否亮 20s
        MOV     P3, #0DDH          ; 东西向黄灯闪，南北向红灯亮
N3:     MOV     R4, #00H
N31:    CJNE    R4, #32H, $
N32:    CPL     P3.1
        CJNE    R3, #00, N3
        MOV     R3, #45
        SJMP    N0
T0-INT: MOV     TL0, #78H          ; 定时器 0 中断子程序
        MOV     TH0, #0ECH
        JNB     P3.2, T02          ; 判断紧急按钮是否有效
        INC     R4                 ; 10ms 单元加 1
        INC     R5
        CJNE    R5, #64H, T01
        MOV     R5, #00H           ; 1s 单元
        DEC     R3
T01:    ACALL   DISP               ; 调用显示子程序
        RETI                       ; 中断子程序返回
T02:    CLR     TR0                ; 紧急状态处理子程序
        PUSH    P3                 ; 保护当前状态
PINT0:  MOV     P3, #0DEH          ; 送紧急状态控制码
PN0:    JNB     P3.3, PN2          ; 查验是否解除紧急状态
PN1:    ACALL   DISP               ; 调用显示子程序，使显示器静止显示
        SJMP    PN0
PN2:    POP     P3                 ; 恢复紧急状态前的状态
        SETB    TR0
        RETI                       ; 中断子程序返回
DISP:   MOV     R7, #00H           ; 显示子程序
        MOV     B, #0AH
        MOV     A, R3
        DIV     AB                 ; 将十六进制数转换成 2 位 BCD 码数
        MOV     79H, A             ; 低位 BCD 码数存入低位显示缓冲区
        MOV     7AH, B             ; 高位 BCD 码数存入高位显示缓冲区
DS1:    MOV     A, 79H             ; 取待显示数字低位
        MOV     DPTR, #TAB         ; 送字形码表首址
        MOVC    A, @A+DPTR         ; 取字形码
        MOV     P1, A
        MOV     P2, #11110101B     ; 送字位码
        DJNZ    R7, DS1            ; 延时
        MOV     R7, #00H
DS2:    MOV     A, 7AH             ; 取待显示数字高位
```

```
        MOV     CA, @A + DPTR           ; 取字形码
        MOV     P1, A
        MOV     P2, #11111010B
        DJNZ    R7, DS2                 ; 延时
        RET                             ; 显示子程序返回
   TAB: DB      0C0H, 0F9H, 0A4H        ; 字形码表
        DB      0B0H, 99H, 92H
        DB      82H, 0F8H, 80H
        DB      90H, 88H
        END
```

同样功能的C51程序如下。

```
#include <reg51.h>
unsigned char gc10ms, gcCount10ms, gcCount1Sec;
void Disp ( unsigned char nSecondsLeft );

void main ( void )
{
  unsigned char nflickerTimes;                /* 闪烁次数控制 */
  IE = 0x82;                                  /* 允许T0中断 */
  TMOD = 0x01;                                /* T0定时方式1 */
  TL0 = 0x78;                                 /* 定时10ms，晶振为6MHz */
  TH0 = 0xEC;
  TR0 = 1;
  while (1)
   {
      gcCount1Sec = 40;
      P3 = 0x7E;                              /* 东西向红灯亮，南北向绿灯亮 */
      while ( gcCount1Sec >0 );
      P3 = 0xBE;                              /* 东西向红灯亮，南北向黄灯闪 */
      for ( nflickerTimes =0; nflickerTimes <5; nflickerTimes ++ )
      {
        gcCount10ms = 0;
        while ( gcCount10ms < 50 );   /* 到0.5s否 */
        WR = ~WR;
      }
      P3 = 0xCF;                              /* 东西向绿灯亮，南北向红灯亮 */
      gcCount1Sec = 20;
      while ( gcCount1Sec >0 );
      P3 = 0xDD;                              /* 东西向黄灯闪，南北向红灯亮 */
      for ( nflickerTimes =0; nflickerTimes <5; nflickerTimes ++ )
      {
        gcCount10ms = 0;
        while ( gcCount10ms < 50 );   /* 到0.5s否 */
```

```
            TXD = ~TXD;
          }
      }
  }
/*中断服务函数：*/
void Timer0 (void) interrupt 1 using 1
{
  unsigned char ucTemp;
  TL0 = 0x78;                            /* 定时数据重置 */
  TH0 = 0xEC;
  if ( INT0 ! =0 )                       /* 判断紧急按钮是否有效 */
  {
    gcCount10ms ++ ;
    gc10ms ++ ;
    if ( gc10ms > = 100 )
        {
        gc10ms = 0;
        gcCount1Sec--;                   /* 秒数倒计时减 1 */
        }
        Disp ( gcCount1Sec );            /* 显示剩余秒数 */
        return;
  /*一旦紧急按钮按下 */
  TR0 = 0;
  ucTemp = P3;                           /* 保护当前状态 */
  P3 = 0xDE;                             /* 送紧急状态控制码 */
  while ( INT1 = =1 )                    /* 查验是否解除紧急状态 */
  {
      Disp ( 88 );                       /* 调用显示子程序，使显示器静止显示“88” */
  }
  P3 = ucTemp;                           /* 恢复紧急状态前的状态 */
  TR0 = 1;
}
/*显示子程序 */
void Disp ( unsigned char nSecondsLeft )
{
unsigned char aSegCodeTable [ ] =
{
    0xC0    // 0
    ,0xF9   // 1
    ,0xA4   // 2
    ,0xB0   // 3
    ,0x99   // 4
```

```
        ,0x92    // 5
        ,0x82    // 6
        ,0xF8    // 7
        ,0x80    // 8
        ,0x90    // 9
        ,0x88    // A
    };
    unsigned char nDelay;
    P1 = aSegCodeTable [nSecondsLeft/10];
    for ( nDelay =0; nDelay <0x255; nDelay ++ )
    {
        P2 = 0xf5;
    }
    P1 = aSegCodeTable [nSecondsLeft% 10];
    for ( nDelay =0; nDelay <0x255; nDelay ++ )
    {
        P2 = 0xfa;
    }
}
```

8.2.3 项目3 电子点阵显示屏

点阵显示屏广泛应用于车站时刻表、银行利率显示、股市行情、商场、商店等各行各业的公众信息和广告信息等。仔细观察可以发现，这样的显示屏是由成千上万个发光二极管组成的，为了便于应用，生产厂家将它们组合在一个单元模块上，由若干个单元模块组成一个大的显示屏。单元点阵模块是按照矩阵的形式组合在一起的，目前市场上有5×8、8×8、16×16等几种类型。根据发光二极管的直径分有1.9、3.0、5.0等，点阵模块按颜色分有单色（红色）和双色（红色和绿色如果同时发光，就可显示黄色）等。图8-12所示为8×8单色点阵的结构连接图。

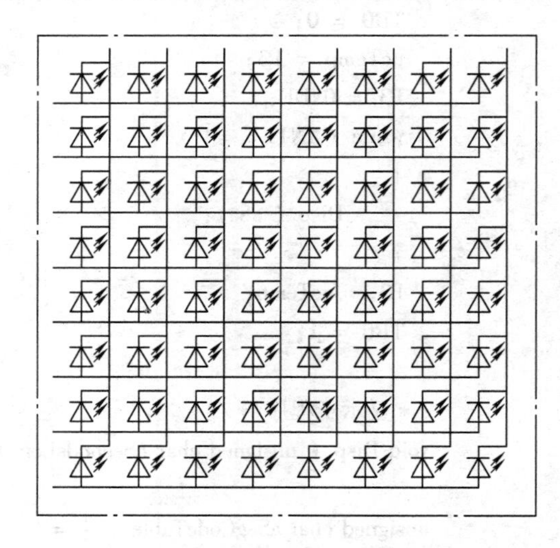

图8-12 8×8单色点阵的结构连接图

由图8-12可知，LED连接成了矩阵的形式，同一行LED的阳极共接在一起，同一列LED的阴极共接在一起，只有当LED阳极加高电平、阴极加低电平时，才能使在点阵模块中处于正偏的LED被点亮。

1. 硬件电路

为了说明点阵显示屏的设计原理，采用4块8×8点阵模块连接成为16×16的点阵显示屏，可以显示一个汉字。点阵显示屏电路原理图如图8-13所示。本电路采用一片4-16线译码器74HC154控制行选，两片移位寄存器74HC595控制列输出，两片74HC595级联在一起。

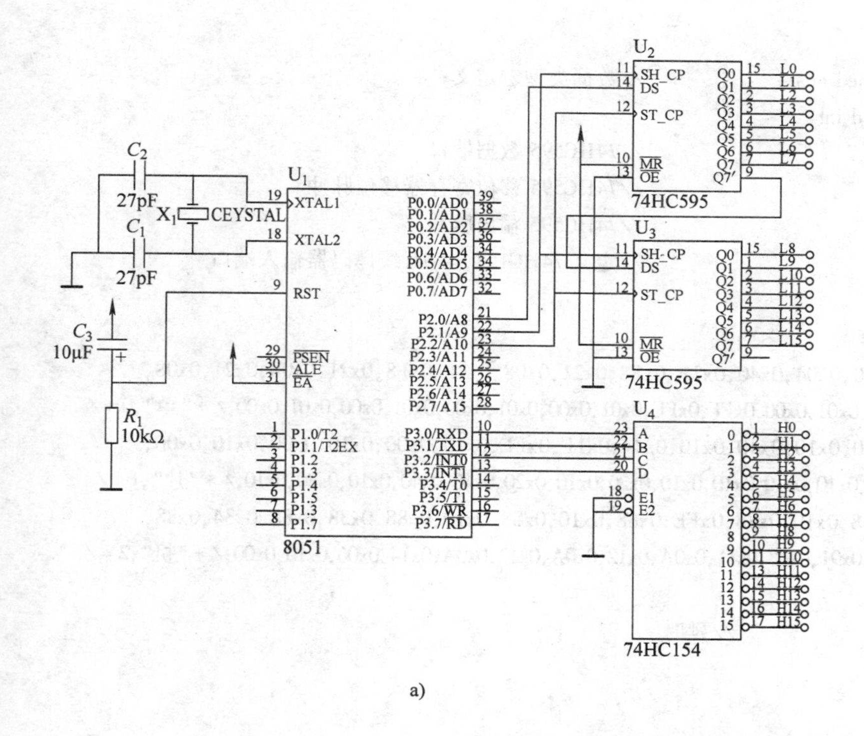

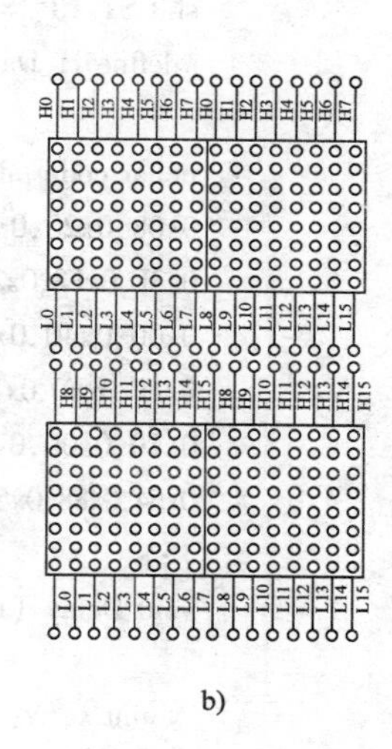

图 8-13 点阵显示屏电路原理图

a）单片机控制电路 b）点阵模块

采用行循环扫描法，即同时选中左右两块点阵的第一行，74HC595 同时送入列值，点亮相应的发光二极管，依次循环扫描其他各行。由于连接的发光二极管每一列只有可能同时被点亮一个，而每一行有可能全部被点亮，所以如果要实现更多块点阵连接时，就需要考虑行线上的驱动。

2. 软件设计

按照点亮的规则，一个 16×16 的汉字点阵显示数据（汉字的字模编码）需要占用 32 个字节。图 8-14 所示为一个“单”字的汉字字模编码显示图。按照从左向右、从上到下的顺序，字节正序（左为高位，右为低位），将字模取出存放于字模数组中，行线循环选通，列线查表输出，点亮相应的发光二极管，每一个字需要循环扫描多次才能看到稳定的显示汉字。

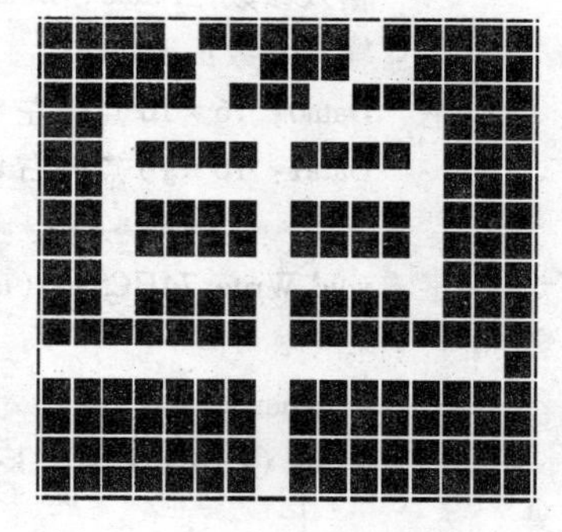

图 8-14 一个“单”字的汉字字模编码显示图

本程序设计在点阵显示屏上轮流显示“单片机”3 个汉字，每个汉字显示一屏，依次循环显示。程序代码如下。

```
/***************************************************************
功能：控制 16×16 点阵显示“单片机”3 个汉字
数据端口：P2.0
移位脉冲端口：P2.1
输出脉冲端口：P2.2
***************************************************************/
```

```
#include < reg52. h >
#define   uchar unsigned char                    //数据类型宏定义
#define   uint unsigned int
sbit Ds  =  P2^0;                                //74HC595 数据端口
sbit SH_CP  =  P2^1;                             //74HC595 移位寄存器移位脉冲
sbit ST_CP  =  P2^2;                             //74HC595 输出脉冲
#define H_Data P3                                //定义 74HC154，4-16 线译码器输入端口

uchar code tab [ ]  =  {
0x08,0x20,0x06,0x30,0x04,0x40,0x3F,0xF8,0x21,0x08,0x3F,0xF8,0x21,0x08,0x21,0x08,
0x3F,0xF8,0x21,0x08,0x01,0x00,0xFF,0xFE,0x01,0x00,0x01,0x00,0x01,0x00,0x01,0x00,/*"单",0*/
0x00,0x40,0x10,0x40,0x10,0x40,0x10,0x44,0x1F,0xFE,0x10,0x00,0x10,0x00,0x10,0x00,
0x1F,0xF0,0x10,0x10,0x10,0x10,0x10,0x10,0x20,0x10,0x20,0x10,0x40,0x10,0x80,0x10,/*"片",1*/
0x10,0x00,0x10,0xF8,0x10,0x88,0xFE,0x88,0x10,0x88,0x10,0x88,0x38,0x88,0x34,0x88,
0x54,0x88,0x50,0x88,0x91,0x08,0x11,0x0A,0x12,0x0A,0x12,0x0A,0x14,0x06,0x10,0x00,/*"机",2*/
};
void Delay (uint z)                   //延时
{
  uint x, y;
  for (x = 0; x < z; x--)
      for (y = 0; y < 110; y ++);
}
/*****************************************************************
函数功能：送点阵列数据
输入参数：Data0，Data1
输出参数：无
Data0：16×16 点阵左 8 位数据
Data1：16×16 点阵右 8 位数据
*****************************************************************/
void Write_74HC595 (uchar Data0, uchar Data1)
{
  uchar k;
  for (k=8; k>0; k--)
    {
    Data1 >>= 1;
    Ds = CY;
    SH_CP = 0;
    SH_CP = 1;
    }
for (k=8; k>0; k--)
{
    Data0 >>= 1;
    Ds = CY;
```

```
    SH_CP = 0;
    SH_CP = 1;
}

}
/***************************************************************
功能：扫描点阵一屏数据，即一帧
输入参数：*Data
输出参数：无
Data：所要显示数据的首地址
    ***************************************************************/
void Scan_Led (uchar *Data)
{
  uchar i;
  for (i = 0; i < 16; i++)
    {
    H_Data = i;
    Write_74HC595 (Data [i*2], Data [i*2+1]);
    ST_CP = 0;
    ST_CP = 1;
    Delay (1);
    Write_74HC595 (0x00, 0x00);
    ST_CP = 0;
    ST_CP = 1;
    }

}
/***************************************************************
功能：主函数
 ***************************************************************/
void main ()
{
  uint num = 0;
  uchar zi = 0;
while (1)
{
    if (num++ >= 25)                //延时，功能为交替显示不同的字
     {
        num = 0;
        zi++;
        if (zi > 2)
            zi = 0;
     }
```

```
            Scan_Led ( &tab [zi * 32] );
        }
    }
```

8.2.4 项目4 数字电压表

本项目采用8位串行A/D转换器TLC549，完成对模拟电压的测量，并显示电压值。

TLC549是美国德州仪器公司生产的8位串行A/D转换器芯片。该芯片通过引I/O CLOCK、CS、DATA OUT 3线与单片机进行串行接口，具有4MHz片内系统时钟、转换时间最长为17μs，最高转换速率为40 000次/s。TLC549芯片引脚图如图8-15所示。

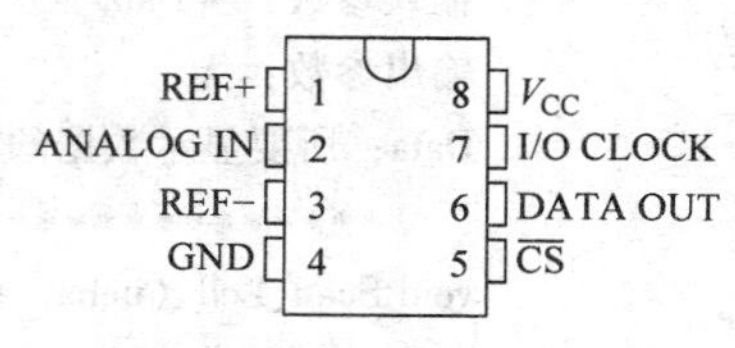

图8-15 TLC549芯片引脚图

1. 硬件电路设计

数字电压表硬件电路原理图如图8-16所示，采用TLC549转换器，完成对电位器RV1上电压的采集，单片机通过P1.0、P1.1及P1.2口与TLC549相连接，通过4位共阴极数码管来显示实时采集到的电压值，数码管显示采用两片74HC573来分别驱动数码管段和位选。由于采用动态扫描，所以在电路上未添加限流电阻，并且两片74HC573被连接成了直通型，单片机的P0口控制段码的输出，P3口输出位码。

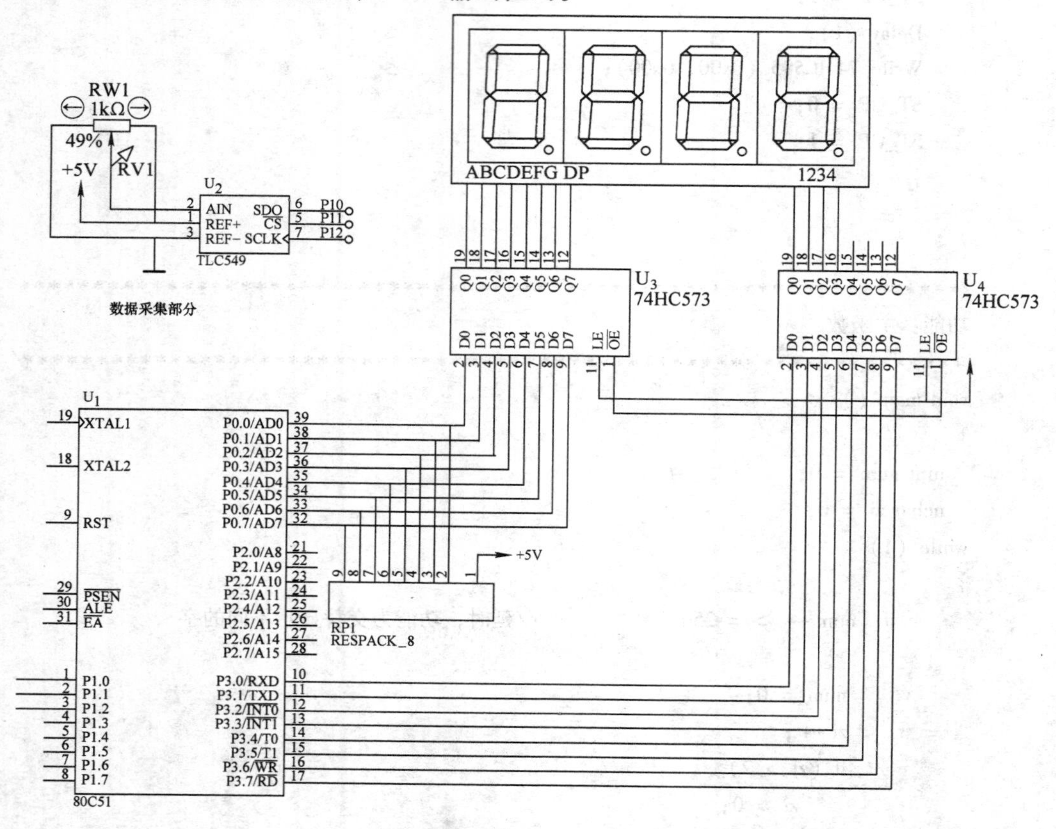

图8-16 数字电压表电路原理图

2. 软件设计

程序中由主函数完成读取 TLC549 的当前电压转换值，并将电压转换值换算成十进制的数值，然后送到数码管上显示出来。为了获得稳定的显示效果，每次读出的电压值扫描显示 10 次。

完整的 C51 程序代码如下。

```
/***********************************************************************/
//功能：串行 AD 转换器 TL549 进行一路模拟量的测量
//驱动 TLC549，TLC549 是串行 8 位 ADC
/***********************************************************************/
#include < reg52. h >
#include < intrins. h >
#define     uint unsigned int                     //宏定义
#define     uchar unsigned char
sbit CLK =  P1^2;                                 //定义 TLC549 串行总线操作端口
sbit DAT =  P1^0;
sbit CS  =  P1^1;
unsigned char code lab[ ] = {0x3f,0x06,0x5b,0x4f,0x66,0x6d,0x7d,0x07,0x7f,
                    0x6f,0x77,0x7c,0x39,0x5e,0x79,0x71};
uchar bdata ADCdata;
sbit    ADbit =     ADCdata^0;
uchar disp_buffer [4];
/***********************************************************************/
//延时程序（参数为延时 ms 数）
/***********************************************************************/
void delay (uint x)
{
    uint i, j;
    for (i =0; i < x; i ++ )
     {
        for (j =0; j < 124; j ++ )
          {;}
     }
}
/***********************************************************************/
//函   数   名：TLC549_READ ()
//功        能：A/D 转换子程序
//说        明：读取上一次 A/D 转换的数据，启动下一次 A/D 转换
/***********************************************************************/
uchar TLC549_READ (void)
{
    uchar i;
    CS =1;
```

```
    CLK = 0;
    DAT = 1;
    CS = 0;
    for (i = 0; i < 8; i ++)
      {
        CLK = 1;
        _nop_ ();
        _nop_ ();
        ADCdata < < = 1;                                  //读出 ADC 端口值
        ADbit = DAT;
        CLK = 0;
        _nop_ ();
      }
    return (ADCdata);
}
/*************************************************************************/
//显示函数
/*************************************************************************/
void display ()
{
    uchar i, temp;
    temp = 0xfe;
    for (i = 4; i > 0; i--)
      {
        if (i = = 4)
          {
            P0 = lab [disp_buffer [i-1]] | 0x80;        //添加小数点
          }
        else
            P0 = lab [disp_buffer [i-1]];
        P3 = temp;
        delay (2);
        P3 = 0xff;
        temp = (temp < < 1) | 0x01;
      }
}
/*************************************************************************/
//函  数  名: main ()
//功      能: 主程序
/*************************************************************************/
void main ()
{
    uchar i, ADC_DATA;                                    //定义 A/D 转换数据变量
```

```
        float b;
        uint a;
        while (1)
          {
            TLC549_READ ();                    //启动一次 A/D 转换
            delay (1);
            ADC_DATA = TLC549_READ ();         //读取当前电压值的 A/D 转换数据
            b = ADC_DATA * 0.0196;
            a = b * 1000 + 0.5;
            disp_buffer [3] = a/1000;
            disp_buffer [2] = (a%1000) /100;
            disp_buffer [1] = a%100/10;
            disp_buffer [0] = a%10;
            for (i = 0; i < 10; i ++)
              {
                display ();
              }
          }
    }
```

8.2.5 项目 5 智能循迹小车

智能循迹小车作为学生动手实践的一个课题，它不仅生动有趣，还涉及机械结构、电子基础、传感器、单片机的编程等诸多学科的知识。通过这个项目，可以增强学生的学习兴趣，更能提高学生的动手实践能力和解决实际问题的能力。

本项目：在一个 $1m^2$ 的白色场地上，有一条宽为 20mm 的闭合黑线，要求不管黑线如何弯曲，小车都能够按照预先设计好的路线自动行驶，不断前行。

1. 硬件电路设计

整体电路以 8051 单片机为核心。智能循迹小车的主控部分电路原理图如图 8-17 所示。采用 L298N 专用电机驱动芯片来驱动电动机的运行，其电动机驱动电路原理图如图 8-18 所示。黑线检测电路采用 3 个 Q817 光电对管和 LM393 来完成，其部分传感器电路原理图如图 8-19 所示。

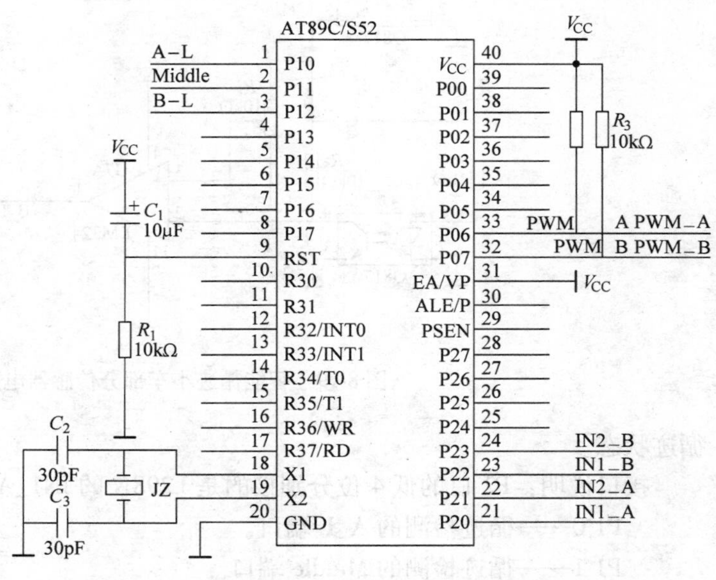

图 8-17 智能循迹小车的主控部分电路原理图

2. 软件设计

程序功能：启动后在大约前 3s 内是前进状态，在接着约 3s 的时间里是后退状态，之后保持

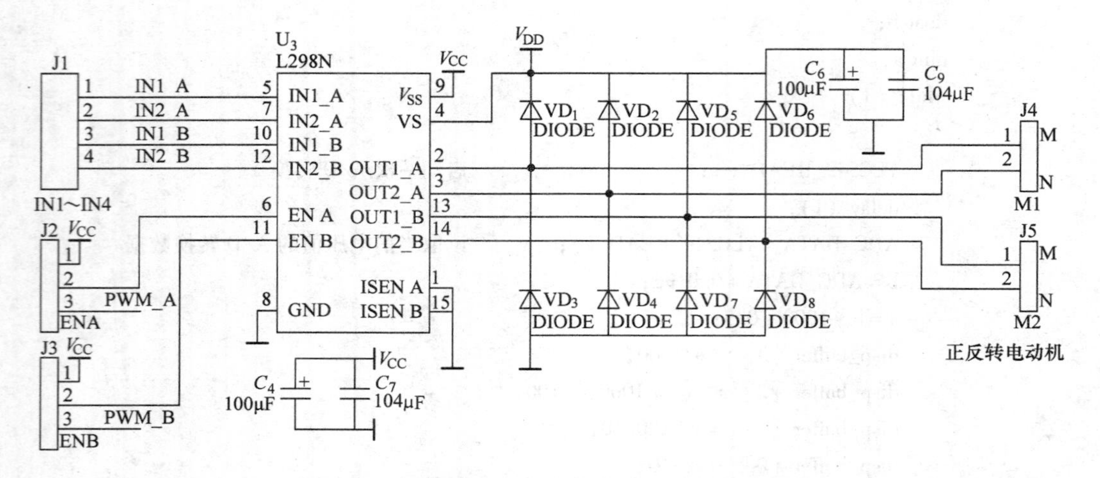

图 8-18　智能循迹小车的电动机驱动电路原理图

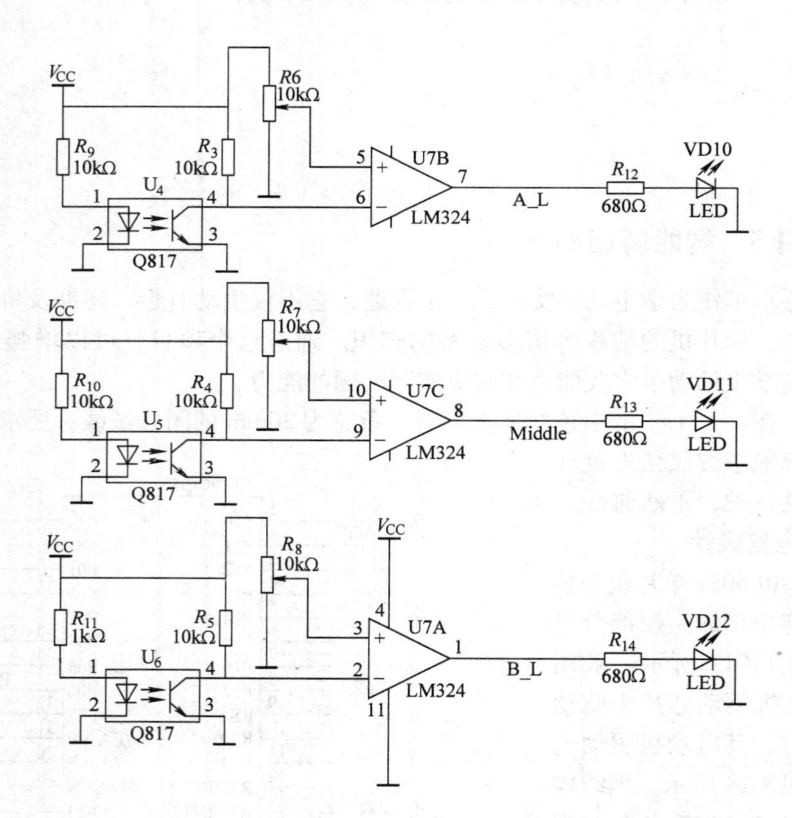

图 8-19　智能循迹小车部分传感器电路原理图

循迹状态。

接口说明：P2 口的低 4 位分别接的是 L298N 的 IN1_A、IN1_B、IN2_A 和 IN2_B。

P1^0——循迹检测的 A_L 端口。

P1^1——循迹检测的 Middle 端口。

P1^2——循迹检测的 B_L 端口。

P0^6——L298N 的 ENA 端口。

P0^7——L298N 的 ENB 端口。

C51 控制程序如下。

```
#include <reg52.h>
#define   uchar unsigned char
#define   uint   unsigned int
#define Dianji_Control P2                                    //电机控制宏定义
#define A_Qian 0x01
#define A_Hou 0x02
#define B_Qian 0x04
#define B_Hou 0x05
#define Stop 0x00
#define A_B_Qian 0x0a
#define A_B_Hou 0x05
sbit A_L    = P1^0;                                          //循迹检测定义
sbit Middle = P1^1;
sbit B_L    = P1^2;
sbit PWM_A  = P0^6;                                          //模拟 PWM
sbit PWM_B  = P0^7;
uint t0; //控制定时时间变量
/**************************************************************
函数功能：定时器 0 配置
**************************************************************/
void Timer0_Config ( )
{
    TMOD = 0x01;
    TH0  = (65535 - 50000) / 256;
    TL0  = (65535 - 50000) % 256;
    EA   = 1;
    ET0  = 1;
    TR0  = 1;
}
/**************************************************************
函数功能：AB 两车轮全部正转，向前走
**************************************************************/
void Qianjin ( )
{
    Dianji_Control = A_B_Qian;
}
/**************************************************************
函数功能：AB 两车轮全部反转，向后退
**************************************************************/
```

```
void Houtui ( )
{
    Dianji_Control = A_B_Hou;
}
/************************************************************
函数功能：向 A 轮的反方向转弯，即 A 转 B 停
************************************************************/
void A_zhuan ( )
{
    Dianji_Control = A_Qian; //向那个方向转弯是另一边的轮转动，该方向轮不动
}
/************************************************************

函数功能：向 B 轮的方向转弯，如果 B 轮在右边，就向右转
************************************************************/

void B_zhuan ( )
{
    Dianji_Control = B_Qian; //向那个方向转弯是另一边的轮转动，该方向轮不动
}
/************************************************************
函数功能：循迹功能，沿着黑线走
************************************************************/
void Xunji ( )
{
    if ( (A_L = = 0) && (Middle = = 0) && (B_L = = 0)) //3 个循迹头均在黑线上，保持前进
     {
        Qianjin ( );
     }
    if (A_L = = 1)       //A 头处了黑线，A 轮转动，B 轮停止往 B 轮方向转，直至 A =0
     {
        A_zhuan ( );
     }
    if (B_L = = 1)       //B 头处了黑线，B 轮转动，A 轮停止往 A 轮方向转，直至 B =0
     {
        B_zhuan ( );
     }
    if ( ( (A_L = = 1) && (B_L = = 1)) | | (Middle = = 1))
                         //如果 A =1，B =1 或者 Middle =1，那么小车就严重偏离黑线轨道，
                         //故后退到原来正确的位置上
     {
        Houtui ( );
     }
```

```
}
void main ()
{
    Timer0_Config ();
    PWM_A = 1;      //本程序不具备调速功能，故 PWM_A、PWM_B 设置为有效电平 1
    PWM_B = 1;
    while (1)
    {
        if (t0 < 60)                          //在大约前 3s 内是前进状态
            Qianjin ();
        if ((t0 >= 60) && (t0 < 120))        //在接着约 3s 的时间里是后退状态
            Houtui ();
        if (t0 > 120)                         //之后保持循迹状态
        {
            TR0 = 0;
            t0 = 0;
            Xunji ();
        }
    }
}
void time0 () interrupt 1                     //定时器 0，中断服务程序
{
    TH0 = (65536-50000) / 256;
    TL0 = (65536-50000) % 256;
    t0 ++;
}
```

8.2.6 项目 6 采用 DS12C887 时钟芯片及温度显示的 LCD 电子时钟

本系统以 STC89C52 单片机作为系统的核心控制器，采用 DS12C887 时钟专用芯片及 DS18B20 数字温度传感器等硬件为基础，实现万年历所具有的年、月、日、星期、时间及环境温度实时显示功能，同时以菜单形式设定其显示数据及闹钟等功能。

1. 硬件电路设计

LCD 电子时钟的硬件电路原理图如图 8-20 所示。本设计采用 STC89C52 把 DS12C887 时钟芯片内的时间读取出来，再送到液晶显示出来，单片机读取出 DS18B20 数字温度传感器的当前温度寄存器中的数据，再经过数据计算处理得到当前的温度值。系统设有 4 个按键，可以对 DS12C887 内的时钟初值进行修正。要求软件制作一个菜单选项，用按键选择需要的功能，并用蜂鸣器的不同响声对不同的现象提供不同的声音以示区别，并具有设定闹铃的功能等。

(1) LCD12864 液晶显示器

LCD12864 液晶显示器采用 ST7920 为主控芯片，此液晶显示器是一种具有 4 位/8 位并行、2 线或 3 线串行多种接口方式，内部含有国标一级、二级简体中文字库的点阵图形液晶

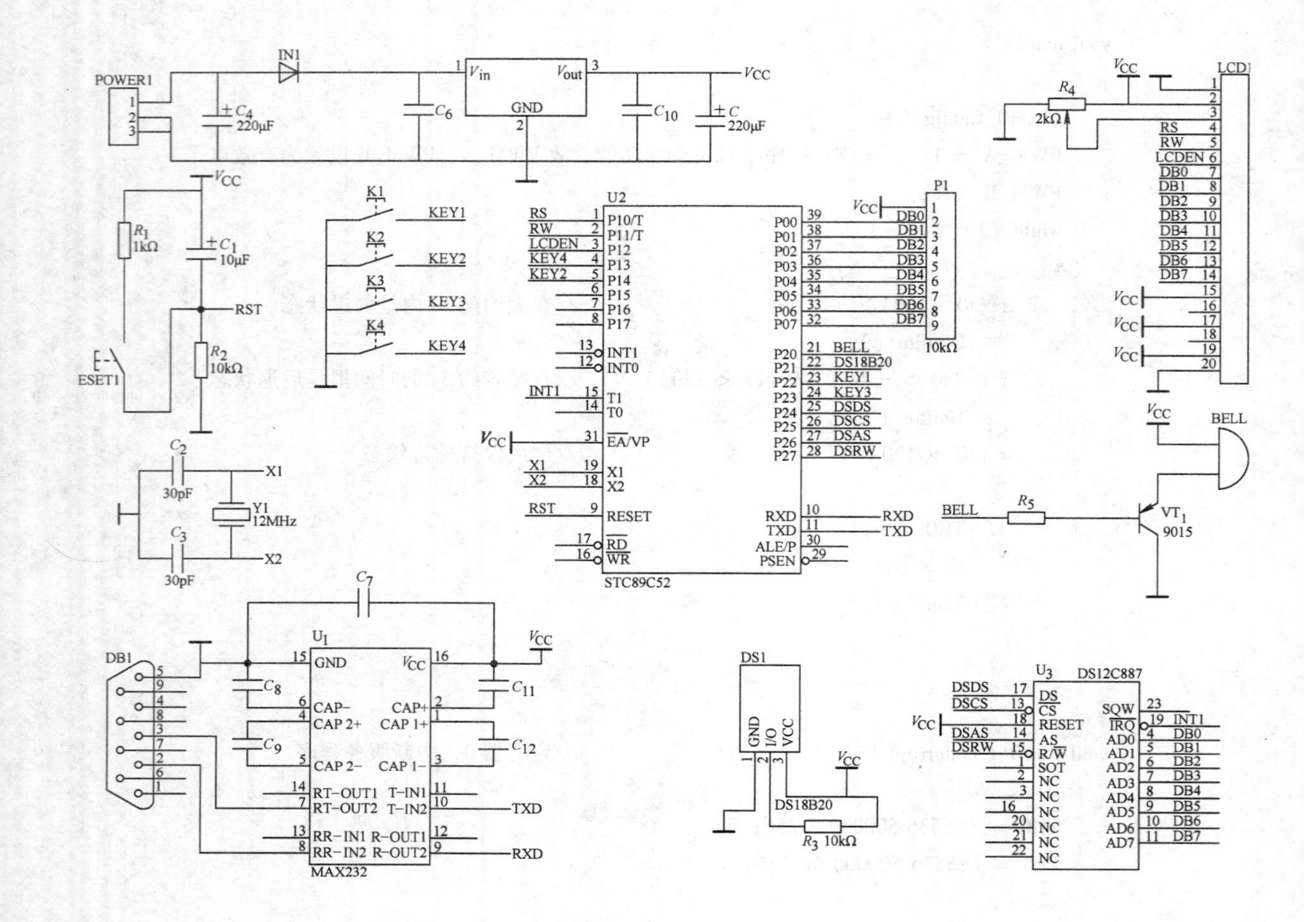

图 8-20　LCD 电子时钟的硬件电路原理图

显示模块。其显示分辨率为 128×64，内置 8192 个 16×16 点汉字和 128 个 16×8 点 ASCII 字符集。利用该模块灵活的接口方式和简单、方便的操作指令，可构成全中文人机交互图形界面。可以显示 8×4 行 16×16 点阵的汉字，也可完成图形显示。低电压、低功耗是其又一显著特点。由该模块构成的液晶显示方案与同类型的图形点阵液晶显示模块相比，不论硬件电路结构还是显示程序，都要简洁得多，且该模块的价格也略低于相同点阵的图形液晶模块。

1）LCD12864 液晶显示器的基本特性如下。

① 低电源电压（V_{DD}：+3.0 ~ +5.5V）。

② 显示分辨率：128×64 像素。

③ 内置汉字字库，提供 8192 个 16×16 点阵汉字（简繁体可选）。

④ 内置 128 个 16×8 点阵字符。

⑤ 2MHz 时钟频率。

⑥ 显示方式：STN、半透、正显。

⑦ 驱动方式：1/32DUTY，1/5BIAS。

⑧ 视角方向：6 点。

⑨ 背光方式：侧部高亮白色 LED，功耗仅为普通 LED 的（1/5）～（1/10）。

⑩ 通信方式：串行、并口可选。

⑪ 内置 DC-DC 转换电路，无需外加负压。

⑫ 无需片选信号，简化软件设计。

⑬ 工作温度：0～+55℃，存储温度为-20～+60℃。

2）液晶模块的接口说明见表 8-2。

表 8-2　液晶模块的接口说明表

引 脚 号	引 脚 名 称	电　平	引脚功能描述
1	V_{SS}	0V	电源地
2	V_{CC}	3.0+5V	电源正
3	V0	-	对比度（亮度）调整
4	RS（CS）	H/L	RS="H"，表示 DB7——DB0 为显示数据 RS="L"，表示 DB7——DB0 为显示指令数据
5	R/W（SID）	H/L	R/W="H"，E="H"，数据被读到 DB7——DB0 R/W="L"，E="H→L"，DB7——DB0 的数据被写到 IR 或 DR
6	E（SCLK）	H/L	使能信号
7	DB0	H/L	三态数据线
8	DB1	H/L	三态数据线
9	DB2	H/L	三态数据线
10	DB3	H/L	三态数据线
11	DB4	H/L	三态数据线
12	DB5	H/L	三态数据线
13	DB6	H/L	三态数据线
14	DB7	H/L	三态数据线
15	PSB	H/L	H：8 位或 4 位并口方式，L：串口方式（见注释 1）
16	NC	-	空脚
17	/RESET	H/L	复位端，低电平有效（见注释 2）
18	VOUT	-	LCD 驱动电压输出端
19	A	VDD	背光源正端（+5V）（见注释 3）
20	K	VSS	背光源负端（见注释 3）

注：1. 若在实际应用中仅使用串口通信模式，则可将 PSB 接固定低电平，也可以将模块上的 J8 和"GND"用焊锡短接。

2. 在模块内部接有上电复位电路，因此在不需要经常复位的场合可将该端悬空。

3. 若背光和模块共用一个电源，则可以将模块上的 JA、JK 用焊锡短接。

3）液晶模块控制器的指令说明如下。模块控制芯片提供两套控制命令，基本指令和扩充指令如下。

① 基本指令说明见表 8-3（RE=0：基本指令）。

表 8-3 基本指令说明表

指令	指令码										功能
	RS	R/W	D7	D6	D5	D4	D3	D2	D1	D0	
清除显示	0	0	0	0	0	0	0	0	0	1	将DDRAM填满"20H"，并且设定DDRAM的地址计数器（AC）到"00H"
地址归位	0	0	0	0	0	0	0	0	1	X	设定DDRAM的地址计数器（AC）到"00H"，并且将游标移到开头原点位置 这个指令不改变DDRAM的内容
显示状态开/关	0	0	0	0	0	0	1	D	C	B	D=1：整体显示ON；C=1：游标ON B=1：游标位置反白允许
进入点设定	0	0	0	0	0	0	0	1	I/D	S	指定在数据的读取与写入时，设定游标的移动方向及指定显示的移位
游标或显示移位控制	0	0	0	0	0	1	S/C	R/L	X	X	设定游标的移动与显示的移位控制位；这个指令不改变DDRAM的内容
功能设定	0	0	0	0	1	DL	X	RE	X	X	DL=0/1：4/8位数据 RE=1：扩充指令操作 RE=0：基本指令操作
设定CGRAM地址	0	0	0	1	AC5	AC4	AC3	AC2	AC1	AC0	设定CGRAM地址
设定DDRAM地址	0	0	1	0	AC5	AC4	AC3	AC2	AC1	AC0	设定DDRAM地址（显示位址） 第一行：80H~87H 第二行：90H~97H
读取忙标志和地址	0	1	BF	AC6	AC5	AC4	AC3	AC2	AC1	AC0	读取忙标志（BF）可以确认内部动作是否完成，同时可以读出地址计数器（AC）的值
写数据到RAM	1	0	数据								将数据D7——D0写入到内部的RAM（DDRAM/CGRAM/IRAM/GRAM）
读出RAM的值	1	1	数据								从内部RAM读取数据D7——D0（DDRAM/CGRAM/IRAM/GRAM）

② 扩充指令说明见表8-4（RE=1：扩充指令）。

表 8-4 扩充指令说明表

指令	指令码										功能
	RS	R/W	D7	D6	D5	D4	D3	D2	D1	D0	
待命模式	0	0	0	0	0	0	0	0	0	1	进入待命模式，执行其他指令都可终止待命模式
卷动地址开关开启	0	0	0	0	0	0	0	0	1	SR	SR=1：允许输入垂直卷动地址 SR=0：允许输入IRAM和CGRAM地址
反白选择	0	0	0	0	0	0	0	1	1	0	选择2行中的任一行作反白显示，并可决定反白与否 初始值R1R0=00，第一次设定为反白显示，再次设定变回正常

（续）

指令	指令码										功能
	RS	R/W	D7	D6	D5	D4	D3	D2	D1	D0	
睡眠模式	0	0	0	0	0	0	1	L	X	X	SL=0：进入睡眠模式 SL=1：脱离睡眠模式
扩充功能设定	0	0	0	0	1	CL	X	RE	G	0	CL=0/1：4/8位数据 RE=1：扩充指令操作 RE=0：基本指令操作 G=1/0：绘图开关
设定绘图RAM地址	0	0	1	0 AC6	0 AC5	0 AC4	AC3 AC3	AC2 AC2	AC1 AC1	AC0 AC0	设定绘图RAM 先设定垂直（列）地址AC6AC5……AC0 再设定水平（行）地址AC3AC2AC1AC0 将以上16位地址连续写入即可

注：当IC1在接受指令前，微处理器必须先确认其内部处于非忙碌状态，即读取BF标志时，BF需为零，方可接受新的指令；如果在送出一个指令前并不检查BF标志，那么在前一个指令和这个指令中间就必须延长一段较长的时间，即等待前一个指令确实执行完毕。

4）液晶显示器的显示方式如下。

① 字符显示方式如下。带中文字库的128×64每屏可显示4行8列共32个16×16点阵的汉字，每个显示RAM可显示1个中文字符或两个16×8点阵全高ASCII码字符，即每屏最多可实现32个中文字符或64个ASCII码字符的显示。带中文字库的128×64-0402B内部提供128×2字节的字符显示RAM缓冲区（DDRAM）。字符显示是通过将字符显示编码写入该字符显示RAM实现的。根据写入内容的不同，可分别在液晶屏上显示CGROM（中文字库）、HCGROM（ASCII码字库）及CGRAM（自定义字形）的内容。3种不同字符/字型的选择编码范围为0000～0006H（其代码分别是0000、0002、0004、0006共4个）显示自定义字型，02H～7FH显示半宽ASCII码字符，A1A0H～F7FFH显示8192种GB2312中文字库字形。字符显示RAM在液晶模块中的地址为80H～9FH。字符显示的RAM的地址与32个字符显示区域有着一一对应的关系。字符显示的RAM地址见表8-5。

表8-5　字符显示的RAM地址

80H	81H	82H	83H	84H	85H	86H	87H
90H	91H	92H	93H	94H	95H	96H	97H
88H	89H	8AH	8BH	8CH	8DH	8EH	8FH
98H	99H	9AH	9BH	9CH	9DH	9EH	9FH

② 图形显示方式。先设垂直地址，再设水平地址（连续写入两个字节的资料来完成垂直与水平的坐标地址）。

垂直地址范围为AC5……AC0。

水平地址范围为AC3……AC0。

绘图RAM的地址计数器（AC）只会对水平地址（X轴）自动加1，当水平地址=0FH时，会重新设为00H，但并不会对垂直地址做进位自动加1，故当连续写入多笔资料时，程序需自行判断垂直地址是否需要重新设定。

（2）DS12C887时钟芯片

DS12C887 时钟日历芯片是由美国 DALLAS 公司生产的新型时钟日历芯片，采用 CMOS 技术制成。芯片采用 24 引脚双列直插式封装，内部集成晶振、振荡电路、充电电路和可充电锂电池，组成一个加厚的集成电路模块，在没有外部电源的情况下可工作 10 年。具有良好的微机接口、精度高、外围接口简单、工作稳定可靠等优点，可广泛使用于各种需要较高精度的实时场合。

1）DS12C887 时钟芯片的特性如下。

① 可计算到 2100 年前的秒、分、小时、星期、日期、月、年 7 种日历信息，并带闰年补偿。

② 自带晶体振荡器和锂电池。

③ 对于一天内的时间记录，有 12h 制和 24h 制两种模式。在 12h 制模式中，用 am 和 pm 区分上午和下午，可选用夏令时模式。

④ 时间表示方法有两种：一种用二进制数表示，一种用 BCD 码表示。

⑤ DS12C887 中带有 128B 的 RAM，其中 11B 用来存储时间信息，4B 的 RAM 用来存储 DS12C887 的控制信息，称为控制寄存器，113B 的 RAM 供用户使用。

⑥ 3 种可编程中断：定闹中断、时钟更新结束中断、周期性中断。

⑦ 数据/地址总线复用、可编程，以实现多种方波输出等。

2）DS12C887 引脚功能说明如图 8-21 所示。

3）将各引脚的功能说明如下。

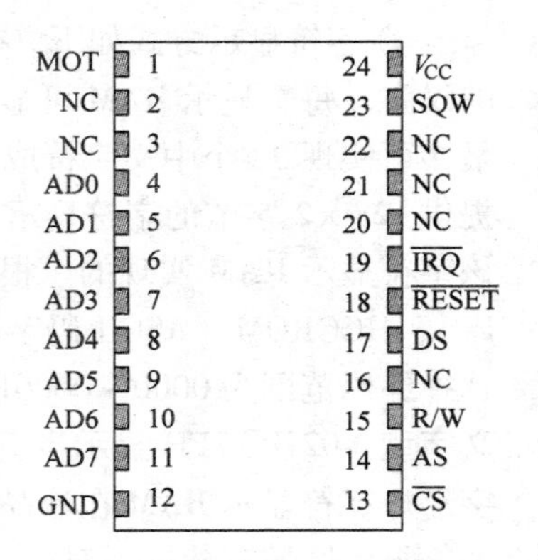

图 8-21 DS12C887 的引脚功能图

GND、V_{CC}：直流电源，其中 V_{CC} 接 +5V 输入，GND 接地，当 V_{CC} 输入为 +5V 时，用户可以访问 DS12C887 内 RAM 中的数据，并可对其进行读、写操作；当 V_{CC} 的输入小于 +4.25V 时，禁止用户对内部 RAM 进行读、写操作，此时用户不能正确获取芯片内的时间信息；当 V_{CC} 的输入小于 +3V 时，DS12C887 会自动将电源发换到内部自带的锂电池上，以保证内部的电路能够正常工作。

MOT：模式选择脚。DA12C887 有两种工作模式，即 Motorola 模式和 Intel 模式，当 MOT 接 V_{CC} 时，选用的工作模式是 Motorola 模式；当 MOT 接 GND 时，选用的是 Intel 模式。

SQW：方波输出脚。当供电电压 V_{CC} 大于 4.25V 时，SQW 脚可进行方波输出，此时用户可以通过对控制寄存器编程来得到 13 种方波信号的输出。

AD0 ~ AD7：复用地址数据总线。该总线采用时分复用技术，总线周期的前半部分出现在 AD0 ~ AD7 上的是地址信息，可用以选通 DS12C887 内的 RAM；总线周期的后半部分出现在 AD0 ~ AD7 上的是数据信息。

AS：地址选通输入脚。在进行读写操作时，AS 的上升沿将 AD0 ~ AD7 上出现的地址信息锁存到 DS12C887 上，而下一个下降沿清除 AD0 ~ AD7 上的地址信息，不论是否有效，DS12C887 都将执行该操作。

DS/RD：数据选择或读输入脚。该引脚有两种工作模式：当 MOT 接 V_{CC} 时，选用 Motorola 工作模式，在这种工作模式中，每个总线周期的后一部分的 DS 为高电平，被称为数据选通。在读操作中，DS 的上升沿使 DS12C887 将内部数据送往总线 AD0 ~ AD7 上，以供外部读取。在写操作中，DS 的下降沿将使总线 AD0 ~ AD7 上的数据锁存在 DS12C887 中；当 MOT 接 GND

时，选用 Intel 工作模式，在该模式中，该引脚是读允许输入脚，即 ReadEnable。

R/W：读/写输入端。该引脚也有两种工作模式。当 MOT 接 V_{CC} 时，R/W 工作在 Motorola 模式，此时，该引脚的作用是区分进行的是读操作还是写操作，当 R/W 为高电平时，为读操作，当 R/W 为低电平时，为写操作；当 MOT 接 GND 时，该脚工作在 Intel 工作模式，此时该脚作为写允许输入，即 Write Enable。

$\overline{CS}$：片选输入。低电平有效。

$\overline{IRQ}$：中断请求输入。低电平有效。该脚有效对 DS12C887 内的时钟、日历和 RAM 中的内容没有任何影响，仅对内部的控制寄存器有影响。在典型的应用中，RESET 可以直接接 V_{CC}，这样可以保证 DS12C887 在掉电时，其内部控制寄存器不受影响。

在 DS12C887 内有 10B 的 RAM 用来存储时间信息，4B 用来存储控制信息，具体的地址、功能及取值范围见表 8-6 所示的 DS12C887 存储功能说明。DS12C887 内部有控制寄存器的 A ~ B 等 4 个控制寄存器，用户可以在任何时候对其进行访问，以对 DS12C887 进行控制操作。

表 8-6　DS12C887 存储功能说明表

地　址	功　能	取值范围十进制数	取值范围	
			二　进　制	BCD 码
0	秒	0 ~ 59	00 ~ 3B	00 ~ 59
1	秒闹铃	0 ~ 59	00 ~ 3B	00 ~ 59
2	分	0 ~ 59	00 ~ 3B	00 ~ 59
3	分闹铃	0 ~ 59	00 ~ 3B	00 ~ 59
4	12h 模式	0 ~ 12	01 ~ 0C AM，81 ~ 8C PM	01 ~ 12AM，81 ~ 92PM
	24h 模式	0 ~ 23	00 ~ 17	00 ~ 23
5	时闹铃，12h 制	1 ~ 12	01 ~ 0C AM，81 ~ 8C PM	01 ~ 12AM，81 ~ 92PM
	时闹铃，24h 制	0 ~ 23	00 ~ 17	00 ~ 23
6	星期几（星期天 = 1）	1 ~ 7	01 ~ 07	01 ~ 07
7	日	1 ~ 31	01 ~ 1F	01 ~ 31
8	月	1 ~ 12	01 ~ 0C	01 ~ 12
9	年	0 ~ 99	00 ~ 63	00 ~ 99

（3）DS18B20 数字温度传感器

DS18B20 数字温度传感器也是美国 DALLAS 公司生产的，具有可编程的分辨率为 9 ~ 12 位，对应的可分辨温度分别为 0.5℃、0.25℃、0.125℃和 0.0625℃，可实现高精度测温。DS18B20 独特的单线接口方式，在与微处理器连接时，仅需要一条口线即可实现微处理器与 DS18B20 的双向通信。

1）DS18B20 有 3 个主要的数据部分。

① 光刻 ROM 中的 64 位序列号是出厂前被光刻好的，它可以看做是该 DS18B20 的地址序列码。64 位光刻 ROM 的排列是：开始 8 位（28H）是产品类型标号，接着的 48 位是该 DS18B20 自身的序列号，最后 8 位是前面 56 位的循环冗余校验码（CRC = X8 + X5 + X4 + 1）。光刻 ROM 的作用是使每一个 DS18B20 都各不相同，这样就可以达到在一根总线上挂接多个 DS18B20 的目的。

② DS18B20 中的温度传感器可完成对温度的测量，以 12 位转化为例：用 16 位符号扩展的二进制补码读数形式提供，以 0.0625℃/LSB 形式表达，其中 S 为符号位。

这是 12 位转化后得到的 12 位数据，存储在 18B20 的两个 8bit 的 RAM 中，二进制中的前面 5 位是符号位，如果测得的温度大于 0，那么这 5 位为 0，只要将测到的数值乘以 0.0625 即可得到实际温度；如果测得的温度小于 0，那么这 5 位为 1，测到的数值需要取反加 1 再乘以 0.0625 即可得到实际温度。

例如，+125℃的数字输出为 07D0H，+25.0625℃的数字输出为 0191H，-25.0625℃的数字输出为 FF6FH，-55℃的数字输出为 FC90H。

③ DS18B20 温度传感器的存储器

DS18B20 温度传感器的内部存储器包括一个高速暂存 RAM 和一个非易失性的可电擦除的 EEPRAM，后者存放高温度和低温度触发器 TH、TL 和结构寄存器。

2）DS18B20 暂存寄存器的内容及字节地址见表 8-7。ROM 指令见表 8-8。

表 8-7　DS18B20 暂存寄存器的内容及字节地址

寄存器内容	字节地址
温度值低位（LS Byte）	0
温度值高位（MS Byte）	1
高温限值（TH）	2
低温限值（TL）	3
配置寄存器	4
保留	5
保留	6
保留	7
CRC 校验值	8

表 8-8　ROM 指令表

指　令	指令代码	功　能
读 ROM	33H	读 DS18B20 温度传感器 ROM 中的编码（即 64 位地址）
符合 ROM	55H	发出此命令之后，接着发出 64 位 ROM 编码，访问单总线上与该编码相对应的 DS18B20，使之作出响应，为下一步对该 DS18B20 的读写做准备
搜索 ROM	0FOH	用于确定挂接在同一总线上 DS18B20 的个数和识别 64 位 ROM 地址。为操作各器件做好准备
跳过 ROM	0CCH	忽略 64 位 ROM 地址，直接向 DS18B20 发温度变换命令。适用于单片工作
告警搜索命令	0ECH	执行后，只有温度超过设定值上限或下限的片子才做出响应

根据 DS18B20 的通信协议，主机（单片机）控制 DS18B20 完成温度转换必须经过 3 个步骤：每一次读写之前都要对 DS18B20 进行复位操作，复位成功后发送一条 ROM 指令，最后发送 RAM 指令，这样才能对 DS18B20 进行预定的操作。复位要求主 CPU 将数据线下拉 480μs 以上，然后释放，在 DS18B20 收到信号后等待 16～60μs 左右，然后再发出 60～240μs 的存在低脉冲，主 CPU 收到此信号表示复位成功。

2. 软件设计

图 8-22 所示为程序流程图。

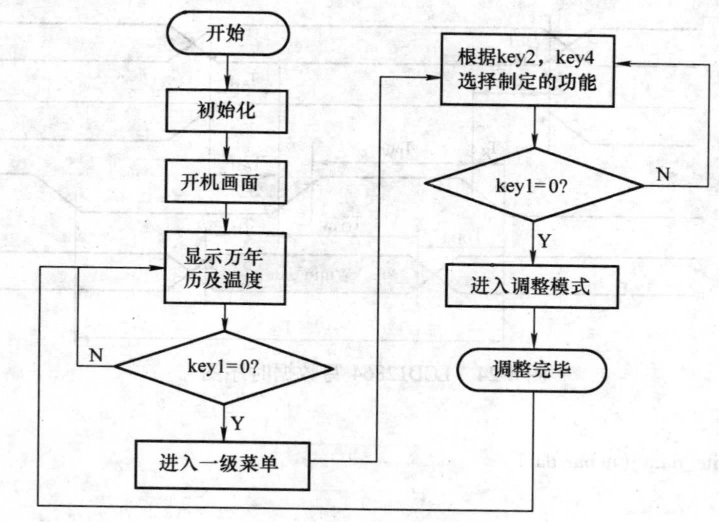

图 8-22　程序流程图

由于整个程序编写代码较长，所以在此仅介绍主要的底层操作函数。

(1) LCD12864 写指令函数

LCD12864 写指令程序可参考图 8-23 所示的 LCD12864 写指令时序图。

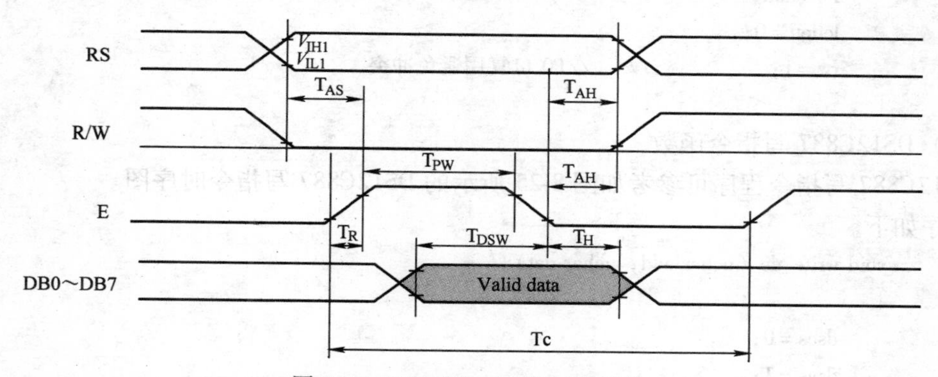

图 8-23　LCD12864 写指令时序图

程序如下。

```
void write_com (uchar com)
{
    chk_busy ();
    rs = 0;
    rw = 0;
    lcden = 1;
    P0 = com;
    lcden = 0;
    rw = 1;                    //P0 口复用避免冲突
}
```

(2) LCD12864 写数据函数

LCD12864 写数据程序可参考图 8-24 所示的 LCD12864 写数据时序图。

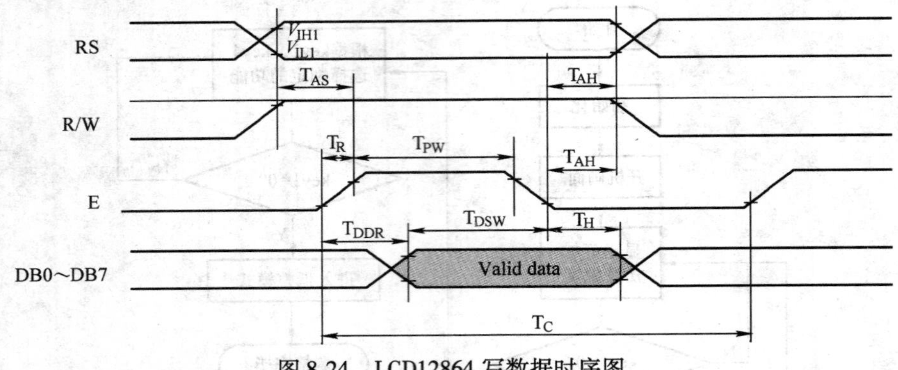

图 8-24　LCD12864 写数据时序图

程序如下。

```
void write_data (uchar dat)
{
    chk_busy ( );
    rs = 1;
    rw = 0;
    lcden = 1;
    P0 = dat;
    lcden = 0;
    rw = 1;                  //P0 口复用避免冲突
}
```

(3) DS12C887 写指令函数

DS12C887 写指令程序可参考如图 8-25 所示的 DS12C887 写指令时序图。

程序如下。

```
void write_ds (uchar add, uchar dat)
{
    dscs = 0;
    dsas = 1;
    dsds = 1;
    dsrw = 1;
    P0 = add;
    dsas = 0;
    dsrw = 0;
    P0 = dat;
    dsrw = 1;
    dsas = 1;
    dscs = 1;
}
```

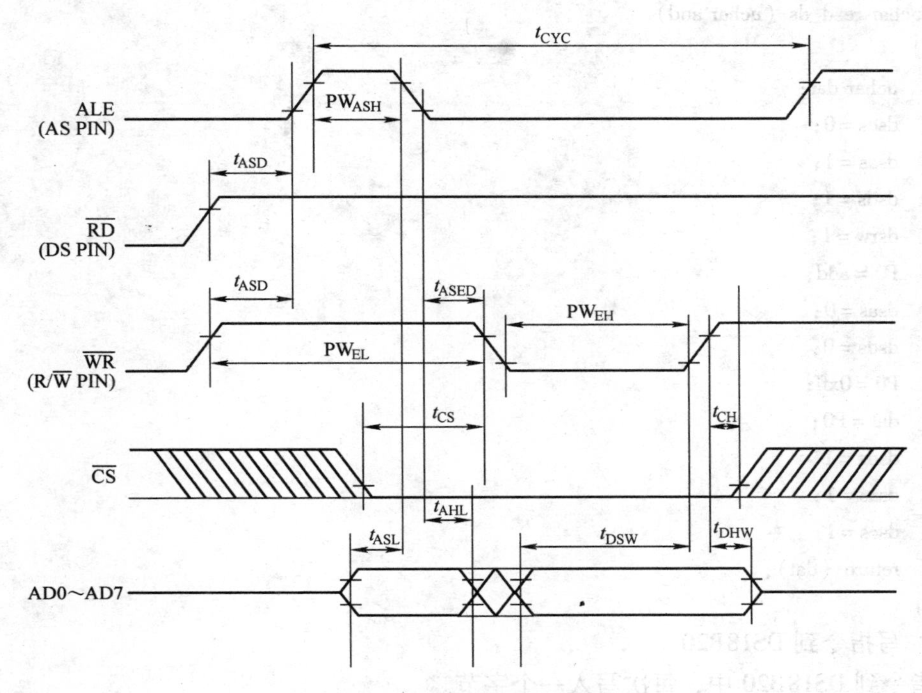

图 8-25　DS12C887 写指令时序图

（4）DS12C887 读数据函数

DS12C887 读数据程序可参考如图 8-26 所示的 DS12C887 读数据时序图。

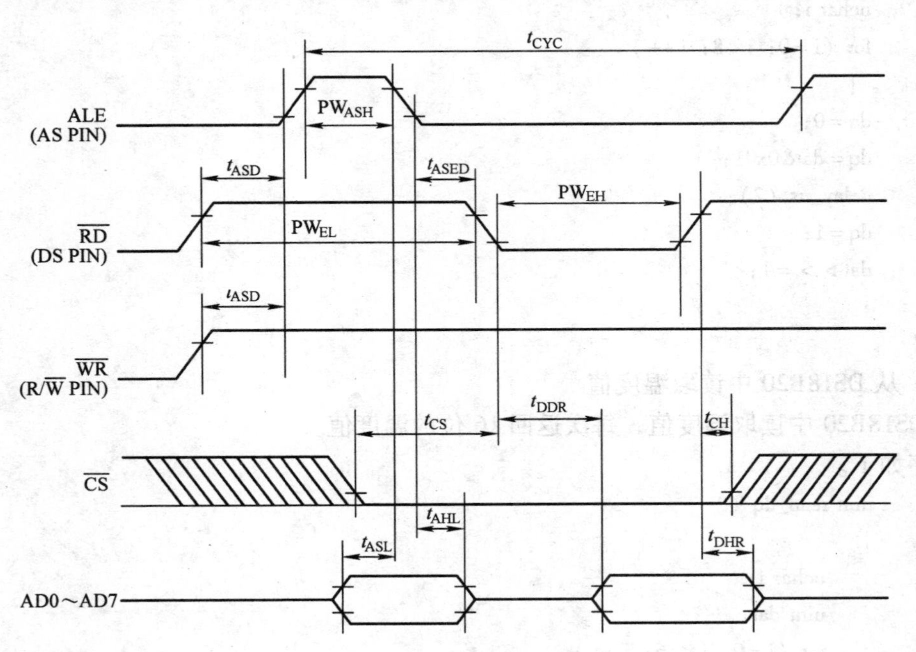

图 8-26　DS12C887 读数据时序图

程序如下。

```
uchar read_ds (uchar add)
{
  uchar dat;
  dscs = 0;
  dsas = 1;
  dsds = 1;
  dsrw = 1;
  P0 = add;
  dsas = 0;
  dsds = 0;
  P0 = 0xff;
  dat = P0;
  dsds = 1;
  dsas = 1;
  dscs = 1;
  return (dat);
}
```

(5) 写指令到 DS18B20

写指令到 DS18B20 中，每次写入一个字节。

程序如下。

```
void write_dq (uchar dat)
{
    uchar i;
    for (i = 0; i < 8; i ++)
     {
    dq = 0;
    dq = dat&0x01;
    delay_us (2);
    dq = 1;
    dat > > = 1;
    }
}
```

(6) 从 DS18B20 中读取温度值

从 DS18B20 中读取温度值，每次返回 16 位的温度值。

程序如下。

```
uint read_dq ()
{
    uchar i;
    uint dat;
    for (i = 0; i < 16; i ++)
    {
```

```
            dq = 0;
            dq = 1;
            if (dq)
            {
                dat = (dat > >1) | 0x8000;
            }
            Else dat > > =1;
            dq = 1;
            delay_us (1);
        }
        return (dat);
    }
```

主程序部分代码如下。

```
/**********************************************************************
//主函数
**********************************************************************/
void main ()
{
    uchar i =0, j;
    IT1 =1;
    EX1 =1;
    EA =1;
    start ();
    j = read_ds (0x0c);                    //开机时闹铃禁响
    alarm =0;
    while (1)
    {
        init ();
        while (flag1 = =0)
        {
            disp_sfm ();                   //在液晶上显示万年历
            disp_nyr ();
            disp_week ();
            scan_key1 ();
            scan_key2 ();
            disp_temper ();
            if (alarm = =1)
            {
                di (200);
                i ++;
                if (i >150)
                {
                    i =0;
```

```
                    alarm = 0;
                }
                delay (200);
            }
        }
        while (flag1 = =1)
        {
            menu_1 ();
        }
        while (flag1 = =2)
        {
            if (menu = =0)
            {
                set_time ();
            }
            if (menu = =1)
            {
                set_alarm ();
            }
        }
    }
}
```

其他函数（子程序）形式如下。

```
void delay (uint x);
void delay_us (uint x);
void chk_busy ();
void write_com (uchar com);
void write_data (uchar dat);
void write_word (uchar * s);
void clear_img ();
void write_ds (uchar add, uchar dat);
uchar read_ds (uchar add);
void display (uchar add, uchar dat);
void deal (uchar sfm);
void img ();
void di (uint x);
void start ();
void init ();
void disp_sfm ();
void scan_key1 ();
void scan_key2 ();
void scan_key3 ();
void scan_key4 ();
```

```
void write_dq (uchar dat);
uint read_dq ();
void init_dq ();
void disp_sfm ();
void disp_nyr ();
void disp_week ();
uint readtemperature ();
void disp_temper ();
void menu_1 ();
void set_time ();
void set_alarm ();
```

8.3 思考与练习

1. 哪些场合适合使用单片机系统？
2. 从事单片机应用系统开发需要具备哪些基本知识和设备配置？
3. 简述单片机的应用开发过程。
4. 什么是在线可编程（ISP）技术？在单片机开发过程中如何使用？
5. 设计完成一个电子时钟，可以根据需要选择实现下列功能：
   1）具有显示年、月、日、时、分、秒的功能。
   2）具有校正功能。
   3）可以选用 LED 数码管或者 LCD 显示。
   4）能够显示星期、温度等信息。（发挥部分）。
   5）具有整点报时、设定闹钟等附加功能。（发挥部分）。

附　　录

附录 A　MCS-51 指令表

MCS-51 指令表如表 A-1 ~ 表 A-5 所示。

表 A-1　数据传送指令

助 记 符	十六进制代码	功　　能	对标志影响				字节数	周期数
			P	OV	AC	Cy		
MOV A, Rn	E8 ~ EF	Rn→A	√	×	×	×	1	1
MOV A, direct	E5	(direct) →A	√	×	×	×	2	1
MOV A, @ Ri	E6、E7	(Ri) →A	√	×	×	×	1	1
MOV A, #data	74	data→A	√	×	×	×	2	1
MOV Rn, A	F8 ~ FF	A→Rn	×	×	×	×	1	1
MOV Rn, direct	A8 ~ AF	direct→Rn	×	×	×	×	2	2
MOV Rn, #data	78 ~ 7F	data→Rn	×	×	×	×	2	1
MOV direct, A	F5	A→ (direct)	×	×	×	×	2	1
MOV direct, Rn	88 ~ 8F	Rn→ (direct)	×	×	×	×	2	2
MOV direct1, direct2	85	(direct2) → (direct1)	×	×	×	×	3	2
MOV direct, @ Ri	86, 87	(Ri) → (direct)	×	×	×	×	2	2
MOV direct, #data	75	data→ (direct)	×	×	×	×	3	2
MOV@ Ri, A	F6, F7	A→ (Ri)	×	×	×	×	1	1
MOV@ Ri, direct	A6, A7	(direct) → (Ri)	×	×	×	×	2	2
MOV@ Ri, #data	76, 77	data→ (Ri)	×	×	×	×	2	1
MOV DPTR, #data16	90	data16→DPTR	×	×	×	×	3	2
MOVC A, @ A + DPTR	93	(A + DPTR) →A	√	×	×	×	1	2
MOVC A, @ A + PC	83	PC + 1→PC, (A + PC) →A	√	×	×	×	1	2
MOVX A, @ Ri	E2, E3	(Ri) →A	√	×	×	×	1	2
MOVX A, @ DPTR	E0	(DPTR) →A	√	×	×	×	1	2
MOVX@ Ri, A	F2, F3	A→ (Ri)	×	×	×	×	1	2
MOVX@ DPTR, A	F0	A→ (DPTR)	×	×	×	×	1	2
PUSH direct	C0	SP + 1→SP　(direct) → (SP)	×	×	×	×	2	2
POP direct	D0	(SP) → (direct) SP-1→SP	×	×	×	×	2	2
XCH A, Rn	C8 ~ CF	A↔Rn	√	×	×	×	1	1
XCH A, direct	C5	A↔ (direct)	√	×	×	×	2	1
XCH A, @ Ri	C6, C7	A↔ (Ri)	√	×	×	×	1	1
XCHD A, @ Ri	D6, D7	A0 ~ 3↔ (Ri) 0 ~ 3	√	×	×	×	1	1

表 A-2 算术运算指令

助记符	十六进制代码	功能	对标志影响				字节数	周期数
			P	OV	AC	Cy		
ADD A，Rn	28～2F	A+Rn→A	√	√	√	√	1	1
ADD A，direct	25	A+（direct）→A	√	√	√	√	2	1
ADD A，@Ri	26，27	A+（Ri）→A	√	√	√	√	1	1
ADD A，#data	24	A+data→A	√	√	√	√	2	1
ADDC A，Rn	38～3F	A+Rn+Cy→A	√	√	√	√	1	1
ADDC A，direct	35	A+（direct）+Cy→A	√	√	√	√	2	1
ADDC A，@Ri	36，37	A+（Ri）+Cy→A	√	√	√	√	1	1
ADDC A，#data	34	A+data+Cy→A	√	√	√	√	2	1
SUBB A，Rn	98～9F	A-Rn-Cy→A	√	√	√	√	1	1
SUBB A，direct	95	A-（direct）-Cy→A	√	√	√	√	2	1
SUBB A，@Ri	96，97	A-（Ri）-Cy→A	√	√	√	√	1	1
SUBB A，#data	94	A-data-Cy→A	√	√	√	√	2	1
INC	04	A+1→A	√	×	×	×	1	1
INC Rn	08～0F	Rn+1→Rn	×	×	×	×	1	1
INC direct	05	（direct）+1→（direct）	×	×	×	×	2	1
INC @Ri	06，07	（Ri）+1→（Ri）	×	×	×	×	1	1
INC DPTR	A3	DPTR+1→DPTR					1	2
DEC A	14	A-1→A	√	×	×	×	1	1
DEC Rn	18～1F	Rn-1→Rn	×	×	×	×	1	1
DEC direct	15	（direct）-1→（direct）	×	×	×	×	2	1
DEC @Ri	16，17	（Ri）-1→（Ri）	×	×	×	×	1	1
MUL AB	A4	A·B→AB	√	√	×	0	1	4
DIV AB	84	A/B→AB	√	√	×	0	1	4
DA，A	D4	对A进行十进制调整	√	×	√	√	1	1

表 A-3 逻辑运算指令

助记符	十六进制代码	功能	对标志影响				字节数	周期数
			P	OV	AC	Cy		
ANL A，Rn	58～5F	A∧Rn→A	√	×	×	×	1	1
ANL A，direct	55	A∧（direct）→A	√	×	×	×	2	1
ANL A，@Ri	56，57	A∧（Ri）→A	√	×	×	×	1	1
ANL A，#DATA	54	A∧data→A	√	×	×	×	2	1
ANL direct，A	52	（direct）∧A→（direct）	×	×	×	×	2	1
ANL direct，#data	53	（direct）∧data→（direct）	×	×	×	×	3	2
ORL A，Rn	48～4F	A∨Rn→A	√	×	×	×	1	1
ORL A，direct	45	A∨（direct）→A	√	×	×	×	2	1
ORL A，@Ri	46，47	A∨（Ri）→A	√	×	×	×	1	1
ORL A，#data	44	A∨data→A	√	×	×	×	2	1
ORL direct，A	42	（direct）∨A→（direct）	×	×	×	×	2	1
ORL direct，#data	43	（direct）∨data→（direct）	×	×	×	×	3	2
XRL A，Rn	68～6F	A⊕Rn→A	√	×	×	×	1	1
XRL A，direct	65	A⊕（direct）→A	√	×	×	×	2	1
XRL A，@Ri	66，67	A⊕（Ri）→A	√	×	×	×	1	1
XRL A，#data	64	A⊕data→A	√	×	×	×	2	1

（续）

助 记 符	十六进制代码	功 能	对标志影响				字节数	周期数
			P	OV	AC	Cy		
XRL direct，A	62	（direct）⊕ A→（direct）	×	×	×	×	2	1
XRL direct，#data	63	（direct）⊕ data→（direct）	×	×	×	×	3	2
CLR A	E4	0→A	√	×	×	×	1	1
CPL A	F4	$\overline{A}$→A	×	×	×	×	1	1
RL A	23	A 循环左移一位	×	×	×	×	1	1
RLC A	33	A 带进位循环左移一位	√	×	×	√	1	1
RR A	03	A 循环右移一位	×	×	×	×	1	1
RRC A	13	A 带进位循环右移一位	√	×	×	√	1	1
SWAP A	C4	A 半字节交换	×	×	×	×	1	1

表 A-4 控制转移指令

助 记 符	十六进制代码	功 能	对标志影响				字节数	周期数
			P	OV	AC	Cy		
ACALL addr11	*1	PC+2→PC，SP+1→SP，PCL→（SP），SP+1→SP，PCH→（SP），addr11→PC10~0	×	×	×	×	2	2
LCALL addr16	12	PC+3→PC，SP+1→SP，PCL→（SP），SP+1→SP，PCH→（SP），addr16→PC	×	×	×	×	3	2
RET	22	（SP）→PCH，SP-1→SP，（SP）→PCL SP-1→SP	×	×	×	×	1	2
RETI	32	（SP）→PCH，SP-1→SP，（SP）→PCL SP-1→SP，从中断返回	×	×	×	×	1	2
AJMP addr11	*1	PC+2→PC，addr11→PC10~0	×	×	×	×	2	2
LJMP addr16	02	addr16→PC	×	×	×	×	3	2
SJMP rel	80	PC+2→PC，PC+rel→PC	×	×	×	×	2	2
JMP @A+DPTR	73	（A+DPTR）→PC	×	×	×	×	1	2
JZ rel	60	PC+2→PC，若 A=0，PC+rel→PC	×	×	×	×	2	2
JNZ rel	70	PC+2→PC，若 A 不等于 0，则 PC+rel→PC	×	×	×	×	2	2
JC rel	40	PC+2→PC，若 Cy=1，则 PC+rel→PC	×	×	×	×	2	2
JNC rel	50	PC+2→PC，若 Cy=0，则 PC+rel→PC	×	×	×	×	2	2
JB bit，rel	20	PC+3→PC，若 bit=1，则 PC+rel→PC	×	×	×	×	3	2
JNB bit，rel	30	PC+3→PC，若 bit=0，则 PC+rel→PC	×	×	×	×	3	2
JBC bit，rel	10	PC+3→PC，若 bit=1，则 0→bit，PC+rel→PC	×	×	×	×	3	2
CJNE A，direct，rel	B5	PC+3→PC，若 A 不等于（direct），则 PC+rel→PC，若 A<（direct），则 1→Cy	×	×	×	×	3	2
CJNE A，#data，rel	B4	PC+3→PC，若 A 不等于 data，则 PC+rel→PC，若 A<data，则 1→Cy	×	×	×	×	3	2
CJNE Rn，#data，rel	B8~BF	PC+3→PC，若 Rn 不等于 data，则 PC+rel→PC，若 Rn<data，则 1→Cy	×	×	×	×	3	2
CJNE @Ri，#data，rel	B6~B7	PC+3→PC，若 Ri 不等于 data，则 PC+rel→PC，若 Ri<data，则 1→Cy	×	×	×	×	3	2
DJNZ Rn，rel	D8~DF	Rn-1→Rn，PC+2→PC，若 Rn 不等于 0，则 PC+rel→PC	×	×	×	×	3	2
DJNZ direct，rel	D5	PC+2→PC，（direct）-1→（direct），若（direct）不等于 0，则 PC+rel→PC	×	×	×	×	3	2
NOP	00	空操作	×	×	×	×	1	1

表 A-5　位操作指令

助　记　符	十六进制代码	功　　能	对标志影响				字节数	周期数
			P	OV	AC	Cy		
CLR C	C3	0→Cy	×	×	×	√	×	1
CLR bit	C2	0→bit	×	×	×		×	1
SETB C	D3	1→Cy	×	×	×	√	1	1
SETB bit	D2	1→bit	×	×	×		2	1
CPL C	B3	$\overline{\text{Cy}}$→Cy	×	×	×	√	1	1
CPL bit	B2	$\overline{\text{bit}}$→bit	×	×	×		2	1
ANL C，bit	82	Cy∧bit→Cy	×	×	×	√	2	2
ANL C，/bit	B0	Cy∧ < $\overline{\text{bitt}}$→Cy	×	×	×	√	2	2
ORL C，bit	72	Cy∨bit→Cy	×	×	×	√	2	2
ORL C，/bit	A0	Cy∨$\overline{\text{bit}}$→Cy	×	×	×	√	2	2
MOV C，bit	A2	Bit→Cy	×	×	×	√	2	1
MOV bit，C	92	Cy→bit	×	×	×	√	2	2

MCS-51 指令系统所用符号和含义如下。

addr11	11 位地址
addr16	16 位地址
bit	位地址
rel	相对偏移量，为 8 位有符号数（补码形式）
direct	直接地址单元（RAM、SFR、I/O）
#data	立即数
Rn	工作寄存器 R_0 ~ R_7
A	累加器
Ri	i＝0，1，数据指针 R_0 或 R_1
X	片内 RAM 中的直接地址或寄存器
@	在间接寻址方式中，表示间址寄存器的符号
（X）	在直接寻址方式中，表示直接地址 X 中的内容；在间接寻址方式中，表示间址寄存器 X 指出的地址单元中的内容
→	数据传送方向
∧	逻辑与
∨	逻辑或
⊕	逻辑异或
√	对标志产生影响
×	不影响标志

附录 B　ASCII（美国标准信息交换码）码表

行	列	0③	1③	2③	3	4	5	6	7③
	位 654→ ↓ 3210	000	001	010	011	100	101	110	111
0	0000	NUL	DLE	SP	0	@	P	、	p
1	0001	SOH	DC1	!	1	A	Q	a	q
2	0010	STX	DC2	"	2	B	R	b	r
3	0011	ETX	DC3	#	3	C	S	c	s
4	0100	EOT	DC4	$	4	D	T	d	t
5	0101	ENQ	NAK	%	5	E	U	e	u
6	0110	ACK	SYN	&	6	F	V	f	v
7	0111	BEL	ETB	,	7	G	W	g	w
8	1000	BS	CAN	(	8	H	X	h	x
9	1001	HT	EM	)	9	I	Y	i	y
A	1010	LF	SUB	*	:	J	Z	j	z
B	1011	VT	ESC	+	;	K	[	k	{
C	1100	FF	FS	,	<	L	\	l	|
D	1101	CR	GS	-	=	M	]	m	}
E	1110	SO	RS	.	>	N	Ω①	n	~
F	1111	ST	US	/	?	O	_②	o	DEL

注释：

① 取决于使用这种代码的机器，它的符号可以是弯曲符号、向上箭头或（-）标记。

② 取决于使用这种代码的机器，它的符号可以是在下面画线、向下箭头或心形。

③ 是第 0、1、2 和 7 列特殊控制功能的解释。

附录 C　常用 C51 库函数

C51 软件包的库函数包含标准的应用程序，每个函数都在相应的头文件（. h）中有原型声明。如果使用库函数，就必须在源程序中用预编译指令定义与该函数相关的头文件（即包含该函数的原型声明）。例如：

```
#include <intrins. h>
#include <ctype. h>
```

表 C-1 所示为 C51 常用库函数及部分函数功能或说明。

表 C-1　C51 常用库函数及部分函数功能或说明

分类及文件包含	函　数　名	部分函数功能或说明
特殊功能寄存器访问 REG5x. H （REG51. H、 REG52. H 等）		对 51 系列单片机的 SFR 可寻址位定义

（续）

分类及文件包含	函 数 名	部分函数功能或说明
字符函数 CTYPE. H	bit isalpha（char c） bit isalnum（char c） bit iscntrl（char c） bit isdigit（char c） bit isgraph（char c） bit isprint（char c） bit ispunct（char c） bit islower（char c） bit isupper（char c） bit isspace（char c） bit isxdigit（char c） char toint（char c） char tolower（char c） char _-tolower（char c） char toupper（char c） char_-toupper（char c）	检查参数字符是否为英文字母（是，返回1；否则，返回0） 检查参数字符是否为英文字母或数字字符（是，返回1；否则，返回0）。 检查参数值是否为控制字符（是，返回1；否则，返回0） 检查参数值是否为数字0~9（是，返回1；否则，返回0） 检查参数值是否为可打印字符（是，返回1；否则，返回0） 与isgraph函数相似，还接受空格符 检查字符参数是否为标点、空格或格式符（是，返回1；否则，返回0） 检查字符参数是否为小写字母（是，返回1；否则，返回0） 检查字符参数是否为大写字母（是，返回1；否则，返回0） 检查字符参数是否为空格、回车、换行等，（是，返回1；否则，返回0） 检查字符参数是否为十六进制数字字符（是，返回1；否则，返回0） 将字符0~9、a~f（A~F）转换为十六进制数字 将大写字母转换为小写形式 将小写字母转换为大写字母
I/O函数 STDIO. H 用于串行口操作，操作前需要先对串行口进行初始化	char - getkey（void） char getchar（void） char * gets（char * s，int n） char ungetchar（char c） char putchar（char c） int printf（const char * fmts） int scanf（const char * fmts）	等待从51单片机串行口读入字符，返回读入的字符 利用getchar从串行口读入长度为*n*的字符串，存入s指向的数组 通过51单片机串行口输出字符 以第一个参数字符串指定的格式，通过51单片机串行口输出数值和字符串，返回值是实际输出的字符数
串函数 STRING. H 用于字符串操作，如串搜索、串比较、串拷贝、确定串长度等	void * memchr(void * s1,char val,int len) void * memcmp(void * s1,void * s2,int len) void * memcpy(void * dest,void * src,int len) void * memmove(void * dest,void * src int len) void * menset(void * s,char val, int len) void * strcat(char * s1,char * s2) char * strcmp(char * s1,char * s2) char * strcpy(char * s1,char * s2) int strlen(char * s1) char * strchr(char * s1,char c) char * strrchr(char * s1,char c) int strspn(char * s1,char set)	顺序搜索字符串s1前len个字符，查找字符val，当找到时，返回是s1中val的指针，未找到返回NULL 比较s1和s2的前len个字符，当相等时返回0。若s1串大于或小于s2，则返回一个正数或一个负数 用val来填充指针s中的len个单元 将串s2复制到s1的尾部 比较s1和s2，相等时返回0。若s1串大于或小于s2，则返回一个正数或一个负数 将串s2复制到s1中 返回s1中的字符个数 搜索s1中第一个出现的字符c，找到后，返回该字符的指针

（续）

分类及文件包含	函 数 名	部分函数功能或说明
类型转换及内存分配函数 STDLIB. H 将字符型参数转换成浮点型、长型或整型，产生随机数	float atof（char ＊s1） long atol（char ＊s1） int atoi（char ＊s1） int rand（） void srand（int n）	将字符串 s1 转换成浮点数值并返回它 将字符串 s1 转换成长整型数值并返回它 将字符串 s1 转换成整型数值并返回它 产生一个 0～32767 之间的伪随机数并作为返回值 将随机数发生器初始化成一个已知值
数学函数 MATH. H 完成数学运算（求绝对值、指数、对数、平方根、三角函数、双曲函数等）	int abs（int val） float fabs（float val） float exp（float x） float log（float x） float log10（float x） float sqrt（float） float sin（float x） float cos（float x） float tan（float x） float asin（float x） float acos（float x） float atan（float x） float pow（float y，float x）	返回 val 的整型绝对值 返回 val 的浮点型绝对值 返回 x 的自然对数 返回 x 的平方根 返回 x 的正弦值 返回 x 的反正弦值 返回 x 的 y 次方
绝对地址访问 ABSACC. H	CBYTE DBYTE PBYTE XBYTE CWORD DWORD PWORD XWORD	对不同的存储空间进行字节或字的绝对地址访问
本征函数 INTRINS. H	unsigned char-crol-_（unsigned char val，unsigned char n） unsigned int-irol-_（unsigned int val，unsigned char n）_ unsigned long-lrol-_（unsigned long val，unsigned char n）_ unsigned char-cror-_（unsigned char val，unsigned char n） unsigned int-iror-_（unsigned int val，unsigned char n） unsigned long-lror-_（unsigned long val，unsigned char n） int-test-(bit x) unsigned char -chkfloat-（float ual） void-nop-(void）_	将 val 左移 *n* 位 将 val 左移 *n* 位 将 val 左移 *n* 位 将 val 右移 *n* 位 将 val 右移 *n* 位 将 val 右移 *n* 位 相当于 JBC bit 指令 测试并返回浮点数状态 产生一个 NOP 命令

（续）

分类及文件包含	函数名	部分函数功能或说明
变量参数表 STDARG. H	va_start va_arg va_end	
全程跳转 SETJMP. H	setjmp longjmp	

附录 D　书中非标准符号与国标的对照表

元器件名称	书中符号	国标符号
电解电容	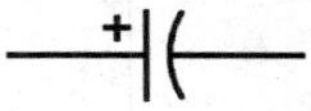	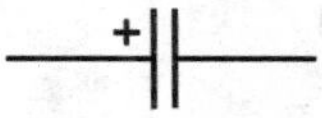
电解电容	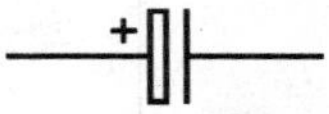	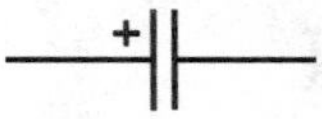
普通二极管		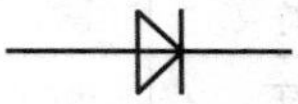
稳压二极管		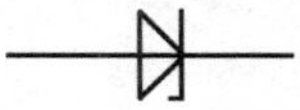
晶闸管		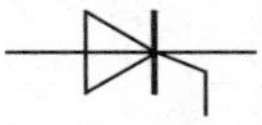
线路接地	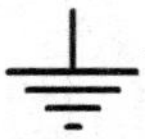	
与非门	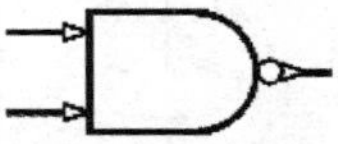	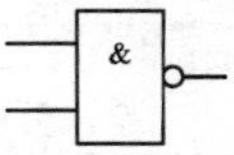 &
非门	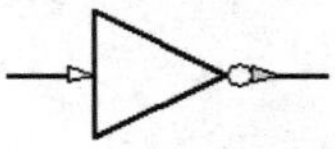	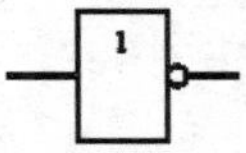 1
发光二极管		
晶体管	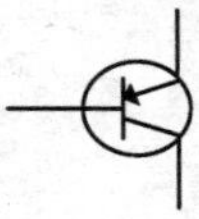	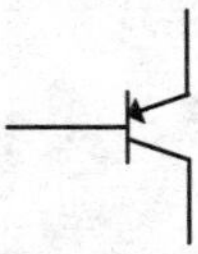
电阻		
滑动触电电阻器	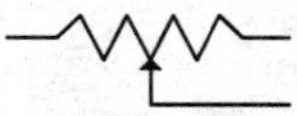	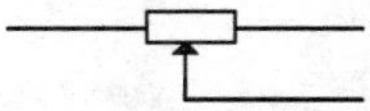

（续）

元器件名称	书中符号	国标符号
或门		≥1
或非门		≥1
与门		&
三态门		1 ∇ EN
n 位总线	n	
电容标识符	C	C
电阻标识符	R	R

参 考 文 献

[1] 赵全利，肖兴达. 单片机原理及应用教程 [M]. 北京：机械工业出版社，2007.
[2] 马忠梅，等. 单片机的C语言应用程序设计 [M]. 北京：北京航空航天大学出版社，2007.
[3] 李全利. 单片机原理及接口技术 [M]. 北京：高等教育出版社，2009.
[4] 李群芳，肖看. 单片机原理、接口及应用 [M]. 北京：清华大学出版社，2005.
[5] 周坚. 单片机C语言轻松入门 [M]. 北京：北京航空航天大学出版社，2006.
[6] 蔡美琴，张为民，等. MCS-51 系列单片机系统及其应用 [M]. 北京：高等教育出版社，2004.

精品教材推荐

计算机电路基础

书号：ISBN 978-7-111-35933-3

定价：31.00 元　　作者：张志良

推荐简言：

本书内容安排合理、难度适中，有利于教师讲课和学生学习，配有《计算机电路基础学习指导与习题解答》。

高级维修电工实训教程

书号：ISBN 978-7-111-34092-8

定价：29.00 元　　作者：张静之

推荐简言：

本书细化操作步骤，配合图片和照片一步一步进行实训操作的分析，说明操作方法；采用理论与实训相结合的一体化形式。

汽车电工电子技术基础

书号：ISBN 978-7-111-34109-3

定价：32.00 元　　作者：罗富坤

推荐简言：

本书注重实用技术，突出电工电子基本知识和技能。与现代汽车电子控制技术紧密相连，重难点突出。每一章节实训与理论紧密结合，实训项目设置合理，有助于学生加深理论知识的理解和对基本技能掌握。

单片机应用技术学程

书号：ISBN 978-7-111-33054-7

定价：21.00 元　　作者：徐江海

推荐简言：

本书是开展单片机工作过程行动导向教学过程中学生使用的学材，它是根据教学情景划分的工学结合的课程，每个教学情景实施通过几个学习任务实现。

数字平板电视技术

书号：ISBN 978-7-111-33394-4

定价：38.00 元　　作者：朱胜泉

推荐简言：

本书全面介绍了平板电视的屏、电视驱动板、电源和软件，提供有习题和实训指导，实训的机型，使学生真正掌握一种液晶电视机的维修方法与技巧，全面和系统介绍了液晶电视机内主要电路板和屏的代换方法，以面对实用性人才为读者对象。

电力电子技术　第2版

书号：ISBN 978-7-111-29255-5

定价：26.00 元　　作者：周渊深

获奖情况：普通高等教育“十一五”国家级规划教材

推荐简言：本书内容全面，涵盖了理论教学、实践教学等多个教学环节。实践性强，提供了典型电路的仿真和实验波形。体系新颖，提供了与理论分析相对应的仿真实验和实物实验波形，有利于加强学生的感性认识。

精品教材推荐

EDA 技术基础与应用

书号：ISBN 978-7-111-33132-2

定价：32.00 元　作者：郭勇

推荐简言：

本书内容先进，按项目设计的实际步骤进行编排，可操作性强，配备大量实验和项目实训内容，供教师在教学中选用。

电子测量仪器应用

书号：ISBN 978-7-111-33080-6

定价：19.00 元　作者：周友兵

推荐简言：

本书采用“工学结合”的方式，基于工作过程系统化；遵循“行动导向”教学范式；便于实施项目化教学；淡化理论，注重实践；以企业的真实工作任务为授课内容；以职业技能培养为目标

高频电子技术

书号：ISBN 978-7-111-35374-4

定价：31.00 元　作者：郭兵　唐志凌

推荐简言：

本书突出专业知识的实用性、综合性和先进性，通过学习本课程，使读者能迅速掌握高频电子电路的基本工作原理、基本分析方法和基本单元电路以及相关典型技术的应用，具备高频电子电路的设计和测试能力。

单片机技术与应用

书号：ISBN 978-7-111-32301-3

定价：25.00 元　作者：刘松

推荐简言：

本书以制作产品为目标，通过模块项目训练，以实践训练培养学生面向过程的程序的阅读分析能力和编写能力为重点，注重培养学生把技能应用于实践的能力。构建模块化、组合型、进阶式能力训练体系。

Verilog HDL 与 CPLD/FPGA 项目开发教程

书号：ISBN 978-7-111-31365-6

定价：25.00 元　作者：聂章龙

获奖情况：高职高专计算机类优秀教材

推荐简言：

本书内容的选取是以培养从事嵌入式产品设计、开发、综合调试和维护人员所必须的技能为目标，可以掌握 CPLD/FPGA 的基础知识和基本技能，锻炼学生实际运用硬件编程语言进行编程的能力，本书融理论和实践于一体，集教学内容与实验内容于一体。

电子信息技术专业英语

书号：ISBN 978-7-111-32141-5

定价：18.00 元　作者：张福强

推荐简言：

本书突出专业英语的知识体系和技能，有针对性地讲解英语的特点等。再配以适当的原版专业文章对前述的知识和技能进行针对性联系和巩固。实用文体写作给出范文。以附录的形式给出电子信息专业经常会遇到的术语、符号。

精品教材推荐

电子工艺与技能实训教程

书号：ISBN 978-7-111-34459-9

定价：33.00 元　作者：夏西泉　刘良华

推荐简言：

本书以理论够用为度、注重培养学生的实践基本技能为目的，具有指导性、可实施性和可操作性的特点。内容丰富、取材新颖、图文并茂、直观易懂，具有很强的实用性。

综合布线技术

书号：ISBN 978-7-111-32332-7

定价：26.00 元　作者：王用伦　陈学平

推荐简言：

本书面向学生，便于自学。习题丰富，内容、例题、习题与工程实际结合，性价比高，有实用价值。

集成电路芯片制造实用技术

书号：ISBN 978-7-111-34458-2

定价：31.00 元　作者：卢静

推荐简言：

本书的内容覆盖面较宽，浅显易懂；减少理论部分，突出实用性和可操作性，内容上涵盖了部分工艺设备的操作入门知识，为学生步入工作岗位奠定了基础，而且重点放在基本技术和工艺的讲解上。

通信终端设备原理与维修 第2版

书号：ISBN 978-7-111-34098-0

定价：27.00 元　作者：陈良

推荐简言：

本书是在 2006 年第 1 版《通信终端设备原理与维修》基础上，结合当今技术发展进行的改编版本，旨在为高职高专电子信息、通信工程专业学生提供现代通信终端设备原理与维修的专门教材。

SMT 基础与工艺

书号：ISBN 978-7-111-35230-3

定价：31.00 元　作者：何丽梅

推荐简言：

本书具有很高的实用参考价值，适用面较广，特别强调了生产现场的技能性指导，印刷、贴片、焊接、检测等 SMT 关键工艺制程与关键设备使用维护方面的内容尤为突出。为便于理解与掌握，书中配有大量的插图及照片。

MATLAB 应用技术

书号：ISBN 978-7-111-36131-2

定价：22.00 元　作者：于润伟

推荐简言：

本书系统地介绍了 MATLAB 的工作环境和操作要点，书末附有部分习题答案。编排风格上注重精讲多练，配备丰富的例题和习题，突出 MATLAB 的应用，为更好地理解专业理论奠定基础，也便于读者学习及领会 MATLAB 的应用技巧。